Bernhard Weßling

DER RUF DER KRANICHE

Vielen Dank für das Interesse
an meinem Buch, ich wünsche
viel Vergnügen beim Lesen!
Bernhard Weßling

GOLDMANN
Lesen erleben

Bernhard Weßling

DER RUF DER KRANICHE

Expeditionen in eine geheimnisvolle Welt

GOLDMANN

MIX
Papier aus verantwortungsvollen Quellen
FSC® C014496

Penguin Random House Verlagsgruppe FSC® N001967

4. Auflage
Originalausgabe März 2020

Umschlaggestaltung: UNO Werbeagentur, München,
unter Verwendung eines Fotos von © Bernhard Weßling
Lektorat: Judith Mark
MP | Herstellung: KW
Satz: Uhl + Massopust, Aalen
Druck und Bindung: GGP Media GmbH, Pößneck
Printed in Germany
ISBN 978-3-442-31543-7
www.goldmann-verlag.de

Für George, ohne den
dieses Buch nicht einmal halb so interessant wäre;

für meine Enkel,
deren Nachfragen mich anregten, es zu schreiben;

für meine Lebensgefährtin,
die mich so sehr unterstützt.

Inhalt

Vorwort

Es war ein langer Weg aus dem engen und verschmutzten Ruhrgebiet, in dem ich aufwuchs und studierte, bis in den Duvenstedter Brook bei Hamburg, wo ich erstmals Kraniche sah. Noch länger und beschwerlicher war meine Expedition in die verborgene, rätselhafte Welt der Kraniche, ihr Leben und Denken.

Schon sehr früh kam ich mit den Themen Umweltverschmutzung und Bedrohung der Natur in Berührung. Als Kind erlebte ich oft, wie die saubere Wäsche der achtköpfigen Familie draußen im Garten hing und sich plötzlich eine Rußwolke aus den Schloten der nahe gelegenen Kokerei in Herne erhob und hässliche schwarze Flecken auf der Wäsche hinterließ. Als Jugendlicher liebte ich die späten Herbstabende, in denen der dichte Nebel die damals noch wenigen Autos zum Schritttempo zwang, während ich mit meinem Rad und zusätzlich angebrachten starken Lampen kräftige Lichtkegel in den Nebel zauberte, der in Wirklichkeit Smog war.

Als Chemiestudent im dritten Semester meldete ich mich 1971 auf einen Aushang, in dem Chemiker zur Analyse von illegal abgelagerten Fässern[1] gesucht wurden. Diese enthielten zum großen Teil Cyanidverbindungen, zum kleineren Teil andere Stoffe, in einigen befand sich Schwefelsäure. Die Fässer waren in ein eigens ausgehobenes Loch gekippt worden, das sich nach und nach mit Wasser gefüllt hatte. Die Schwefelsäurefässer verrotteten zuerst, sodass dieser Tümpel inzwischen stark sauer war, was im Kontakt mit Cyanidsalzen zur Freisetzung von Blausäuregas führte. Um den Tümpel herum lagen und auf dem Wasser schwammen tote Tiere. Es war ein »Doomsday«-Szenario. Als Student ohne finanzielle Mittel benötigte ich dringend Geld für meinen Lebensunterhalt. Der schwere und gefährliche Job wurde gut bezahlt. So fand ich mich in den Semesterferien bei brütender Hitze in Vollatemschutzkleidung wieder. Ich analysierte wochenlang täglich, oftmals in hochgiftige Staubwolken eingehüllt, sechs bis acht Stunden lang verrottende Fässer darauf hin, ob sie Cyanide (»nach links auf den großen Fassberg«) oder andere, weniger giftige Abfallsalze enthielten (»nach rechts zu dem anderen Giftmüll«).

Es war drückend heiß. Aus allen Richtungen zogen bedrohliche Staubwolken über uns hinweg. Die notwendige Vollschutzkleidung und Gasmasken waren eigentlich unerträglich. Das verführte einige Arbeiter dazu, ohne Atemschutz zu arbeiten. Einer davon saß vor mir oben auf seinem Bagger. Ich sollte die Fässer, die er ausgrub, untersuchen. Seine Schaufel erfasste ein Fass mit Pulver, das verrottete Fass zerbrach, eine Staubwolke umhüllte mich und den Bagger, der Baggerfahrer brach vor meinen Augen oben auf dem Fahrersitz sofort tot zusammen. Ich alarmierte den Notarzt, der Arbeiter wurde schnellstens in die auf dem Gelände installierte mobile Notfallklinik gebracht, bekam innerhalb von Sekunden ein Gegenmittel gespritzt, wurde dadurch wiederbelebt und zusätzlich beatmet. Am nächsten Tag saß er wieder auf dem Bagger, nun aber mit Gasmaske und Vollschutzkleidung. Keiner der Arbeiter verweigerte von nun an die notwendigen Schutzmaßnahmen. Der wochenlange Studentenjob hat meine Haltung zum Umwelt- und später Naturschutz geprägt. Ein Jahr später, 1972, erschien der erste Bericht des Club of Rome *Die Grenzen des Wachstums*, der unter uns Chemiestudenten heiß diskutiert wurde. Für mich wurde immer klarer: Wir müssen diesen Planeten und seine Ökosysteme mit viel mehr Respekt behandeln. Als Chemiker wollte ich durch Forschung meinen Beitrag dazu leisten.

Schon als etwa 14-jähriger Junge hatte ich mich intensiv mit Naturwissenschaften befasst, unter anderem mit Astronomie. Wenn ich durch mein mühsam erspartes Teleskop in den Weltraum schaute, empfand ich neben unstillbarer Neugierde und grenzenloser Ehrfurcht auch eine tiefsitzende Furcht vor der Unendlichkeit des Universums. Mich befiel daraufhin eine schwere Depression: Wir sind mit unserer Erde allein im lebensfeindlichen Weltraum, so empfand ich es, und ich selbst fühlte mich einsam, hatte in der Familie wenig Rückhalt und war ein Einzelgänger.

Als ich wieder einmal ziellos durch einen kleinen Wald in Herne stromerte, fand ich eine winzige, bläulich schimmernde Feder. Ich fand heraus, dass es eine Eichelhäherfeder war, und legte sie in ein kleines Kästchen. Bei weiteren Ausflügen sammelte ich immer mehr Federn, unter anderem sogar eine Adlerfeder. Ich befestigte sie auf einer weißen Pappe, die ich in meinem Zimmer an die Wand hängte; ich therapierte mich durch die Beschäftigung mit Vogelfedern und bei Aufenthalten in der Natur selbst und fand aus meinen Ängsten und meiner tiefen Niedergeschlagenheit heraus. Wald und Feld waren für mich Rückzugsorte geworden, in denen ich mich entspannen, über mich selbst und die Welt nachdenken konnte. Die Natur – als von Menschen geformte Landschaft gleichermaßen wie wilde, raue, schwer zugängliche und einsame Gegenden – ist seitdem regelmäßig Quelle der Entspannung und der Linderung von beruflichem und privatem Stress gewesen. (Um diesen Effekt festzustellen, scheint man heute aufwändige Forschung zu benötigen, aber immerhin bestätigen die neuesten Studien aus den USA und Japan meine Erfahrungen aus den letzten über fünf Jahrzehnten.)

Als junger Familienvater brachte ich meine Kinder von Anfang an mit der Natur in Kontakt. Insbesondere beobachteten wir Vögel und entdeckten dabei die Kraniche für uns. Zusammen mit meinen heranwachsenden Söhnen erkannte ich ihre Verletzlichkeit, und mir wurde bewusst, wie schwierig es ist, ihren Lebensraum zu schützen beziehungsweise wiederherzustellen, und dass Natur- und Artenschutz immer Hand in Hand mit Umweltschutz gehen muss. Ich beschloss, am Kranichschutzprogramm teilzunehmen, das ich später etwa fünf Jahre lang leiten sollte.

Bei meiner intensiven Beobachtung der Kraniche stellte ich fest, dass über das Leben und Verhalten dieser eindrucksvollen Vögel erschütternd wenig bekannt war. Mit ihrem rätselhaften Wesen weckten sie meine naturwissenschaftlich geschulte Neugierde und regten mich zum Forschen außerhalb meines angestammten Berufs an.

Es wird kaum einen anderen Ort auf der Welt geben, an dem freie und wilde Kraniche in so enger Nachbarschaft mit Menschen leben und brüten, wie den Duvenstedter und den Hansdorfer Brook. Beide befinden sich am Nordrand der Millionenstadt Hamburg, von deren Einwohnern jährlich Zehntausende das Naturschutzgebiet besuchen, wandern, sich erholen und die Natur beobachten. (Leider störte eine nicht zu vernachlässigende Minderheit der Besucher durch Picknicks, Ostereiersuchen und Fotografieren abseits der Wege, einige Male sogar mit Wilderei und Eierdiebstahl, das Naturschutzgebiet empfindlich. Das hat sich inzwischen aufgrund unserer beharrlichen Arbeit stark verbessert.)

Vielleicht waren Kranichbeobachter nirgendwo sonst so intensiv mit »ihren« Kranichen verbunden wie wir. Die Aufgabe der »Kranichbewacher«, wie wir uns selbst nannten und von den Besuchern genannt wurden, war es, Störungen zu verhindern. So »bewachten« wir eigentlich nicht die Kraniche, sondern die Besucher, zumindest diejenigen, die bewusst oder unbewusst zu Störern wurden.

Während der Brutzeit waren zumeist zwei Kranichbewacher jeweils für eine Woche täglich ganztägig im Brook. Viele von uns übernachteten dort sogar. Wir standen in aller Herrgottsfrühe auf und gingen erst nach dem »Waldschnepfenstrich« schlafen (so nennt man das Verhalten der Waldschnepfen, die in der Dämmerung am Waldrand oder über die Wiesen in ihrem Revier hinweg »streichen«).

Von Mitte Februar bis Mitte November sind die Kraniche »bei uns«. Bis Ende der 1990er Jahre waren es vier bis sechs Kranich-Brutpaare und jedes Jahr einige »Junggesellen«, die sich in unserem Gebiet herumtrieben. Anfang der 2000er-Jahre und um 2016 herum besetzten etwa ein

Dutzend Kranichpaare je ein Revier. Im Jahre 2019 hielten sich neben einem Dutzend Revierpaaren und weiteren Reviere suchenden Paaren zeitweilig über 20 Jungkraniche, zum Teil als eine große Gruppe, im Brook auf. An einem Tag im Mai sah ich auf einer Wiese im Kern des Brooks 65 Kraniche. Die Reviere im engeren Sinn sind übrigens nicht größer als ca. einen halben Quadratkilometer und an manchen Stellen gut einzusehen (zum Vorteil der Kraniche aber größtenteils sehr unübersichtlich). Die Revierpaare verteidigen allerdings gegen andere Kraniche ein weit größeres Gebiet, die Reviere umfassen also eine Kernzone mit Brutplatz und Nahrungsaufnahmegebiet sowie eine Pufferzone.

So waren mir über Jahre hinweg – vielleicht einzigartig auf der Welt – nur wenige Minuten von meiner Wohnung und meinem Arbeitsplatz entfernt sehr viele Kranich-Beobachtungen unter Freilandbedingungen möglich. Im Sinne unserer Schutzaufgabe beobachteten wir die Tiere von weitem, von außerhalb der Fluchtdistanz, sodass die Beobachtung selbst nicht störend wirkte.

Ich führte keine Verhaltens-Experimente mit Kranichen durch, sondern beobachtete sie nur. Das bedeutet jedoch nicht, dass ich »von Menschen unbeeinflusste Kraniche« beobachten und beschreiben kann. Die Menschen schränken durch Wanderwege, Straßen oder landwirtschaftliche Nutzflächen die Brut- und Nahrungsräume und die Beweglichkeit der Tiere ein. Diese haben ihr Verhalten angepasst, und so beobachtet man immer auch die Reaktionen der Vögel auf menschliche Einflüsse. Das Verhalten der Tiere in einer Kulturlandschaft wie dem Brook ist sicher nicht dasselbe wie in der Wildnis, in der weitgehend ungestörten sibirischen Tundra, der mittelschwedischen Wald- oder der finnischen Seenlandschaft, wenngleich inzwischen in unserem Naturschutzgebiet einige kleinere Stellen wieder ihrer natürlichen Entwicklung überlassen bleiben.

Genau dieser Umstand machte die Beobachtungen besonders reizvoll: Wie gehen Kraniche mit ihnen unbekannten Situationen um? Wie verhalten sie sich, wenn andere Tiere, vor allem aber Menschen ihr Brutgeschäft oder die Nahrungsaufnahme stören? Wer wie ich von Jugend an Spaß an der Naturbeobachtung hat, egal auf welchem Gebiet, wird früher oder später auf Merkwürdigkeiten stoßen. Mir fiel auf, dass »meine« Kraniche sich anders verhielten, als ich es erwartet hatte, nachdem ich meine Kenntnisse in Verhaltensforschung aufgefrischt oder mir neuere Artikel und Bücher über Kraniche besorgt hatte. Sie verhielten sich nicht stereotyp, nicht so, wie man es sich gemäß eines vererbten Verhaltensschemas vorstellt, sondern wie Persönlichkeiten mit eigenen Plänen und individuellen Charakterzügen.

Das hat mich nicht vollkommen überrascht. Immer wieder hatte ich darüber nachgedacht, wie eigentlich »Denken« vor sich geht, was die materielle Grundlage des Gedächtnisses ist, wie das Bewusstsein entsteht. Dabei fragte ich mich gelegentlich, ob Tiere wirklich so ganz anders denken als wir, und es würde mir völlig normal vorkommen, wenn man eines Tages feststellte, dass Tiere auf prinzipiell ähnliche Weise wie Menschen denken, lediglich – je nach Art – graduell verschieden von uns und voneinander. So lese ich immer wieder begierig Artikel oder Bücher, die über Forschungsergebnisse zur Denk-, Intelligenz- und Bewusstseinsleistung von Tieren berichten.

Ich hatte nicht erwartet, dass ich als Freizeit-Naturschützer jemals in die Lage kommen würde, zu dieser Thematik eigene systematische Beobachtungen beizutragen. Als ich dann aber anlässlich der Europäischen Kranichkonferenz (European Crane Conference) 1996 in Stralsund einige besonders bemerkenswerte Beobachtungen meiner ersten Jahre vortrug, befand sich George Archibald im Raum, der unter Kranichexperten in aller Welt berühmte Gründer der International Crane Foundation (ICF) und ihr Motor. Er motivierte mich, meine Studien zu vertiefen und zusätzlich international zu betreiben, mit anderen Kranicharten als dem bei uns beheimateten Grauen Kranich. So kam es, dass ich im Laufe der Zeit an zahlreichen internationalen Projekten aktiv teilnahm, neben meinem Beruf und dem Aufbau meines Unternehmens Kranichforschung betrieb und die Ergebnisse meiner Arbeit auf Konferenzen und in Fachpublikationen veröffentlichte.

Seit Mitte Mai 2018 kann es geschehen, dass meine Lebensgefährtin und ich morgens nach dem Aufwachen Kranichrufe hören. Wenn ich in meinem Arbeitszimmer unter dem Dach am Schreibtisch sitze, schaue ich während der Denkpausen in die Landschaft. Wir leben nun in unmittelbarer Nähe des Hansdorfer Brooks am Rande von Hamburg. Immer wieder fliegen Kraniche in nur 50 oder 150 Metern Entfernung vorbei. Noch öfter höre ich sie rufen. Kurz nachdem wir in das Haus an der Grenze des Brooks eingezogen waren, erzählte ich meinem damals neunjährigen Enkel die Geschichte von »Romeo und Julia«, dem

Kranichpaar, das die Leser dieses Buches später noch näher kennenlernen werden. Ihr letzter Nistplatz liegt nur etwa 300 Meter Luftlinie von unserem Haus entfernt. Damals fasste ich den Entschluss, das vorliegende Buch zu schreiben.

Hier zeichne ich meine Expeditionen in die geheimnisvolle Welt der Kraniche nach. Ich schildere Erlebnisse und Beobachtungen, die es mir erlaubten, einige der Rätsel zu lösen, die diese schönen Vögel uns Menschen seit Jahrtausenden präsentieren. Dies führt uns zu Fragen über uns selbst und unser Bewusstsein: Wie rational, wie bewusst handeln wir Menschen, und wie verschieden ist dies vom Handeln und Denken der Tiere, hier speziell der Kraniche?

Von der Erkenntnis, dass diese Vögel anders sind, als bisher in den Lehrbüchern beschrieben, ist es kein weiter Weg, um zu sehen, dass wir viel umfassender über Naturschutz nachdenken, dass wir ganzheitlicher handeln müssen – basierend auf einem tiefen Respekt vor der Natur.

KAPITEL 1

Wie alles anfing

Seltsame trompetende Rufe erschallten von irgendwo aus dem direkt vor uns liegenden Moor heraus. Wir hatten so etwas noch nie gehört und keine Vorstellung davon, was das sein könnte, aber es interessierte uns brennend. Ihre Verursacher – es mussten wohl Vögel sein, aber was für welche? – konnten wir allerdings nicht ausfindig machen, denn sie waren hinter Büschen, Bäumen und Schilf verborgen. Meine damalige Frau und ich waren mit unseren beiden noch sehr kleinen Söhnen im Frühling 1982 wieder dabei, die neue Umgebung zu erkunden, denn wir waren erst wenige Monate zuvor nach Bargteheide gezogen. Das Naturschutzgebiet »Duvenstedter Brook« lag nicht weit von unserer neuen Wohnung entfernt im Norden von Hamburg, wir hatten es schon einige Male im Winter besucht, an diesem Tag aber erstmals im Frühjahr.

Wir fanden bald heraus, dass diese klaren und kräftigen, weit tragenden Rufe von Kranichen stammten, dem seit unwahrscheinlich langer Zeit ersten Paar, das gerade ein Jahr zuvor sein Revier im Duvenstedter Brook bezogen hatte. Mit hochgereckten Hälsen und aufgerichteten Schnäbeln trompeteten sie im Duett »oooo – i, i, i« mehrmals hintereinander, immer wieder – faszinierend.[2] Atemberaubend schön war es, die Kraniche bei unseren immer zahlreicher werdenden Besuchen im Duvenstedter Brook zu beobachten: Sie tanzten umeinander herum, schwangen ihre Flügel, sprangen elegant und federnd hoch[3], landeten ebenso tänzerisch und ließen bei ihrem Tanz kurze Laute hören. Manchmal beendeten sie einen Tanz mit einem Duettruf. Schon wenn sie nur über die Wiesen oder durch das Buschland schritten, so gemessen, selbstbewusst, ruhig hier und dort nach Futter suchend, aber auch in Vorbereitung oder anstelle eines Tanzes, konnten sie grazil umeinander herum schreiten, sich dabei anschauend, oder nebeneinander mit erhobenen Köpfen hergehen, sich einander präsentierend. Einfach wunderschön.

Wir waren bei weitem nicht die Einzigen, die sich von diesen Bildern gefangen nehmen ließen. Und nahezu jeder Mensch, der im Herbst oder Frühjahr schon ziehende Kraniche gesehen hat, ihre Flugrufe hören konnte – über Frankfurt, über dem Bergischen Land oder Kassel –, merkt auf und ruft: »Schau mal, da ziehen wieder die Kraniche!« Inzwischen reisen immer mehr Menschen im Herbst in die Vorpommersche Boddenlandschaft, um dort ein großartiges Naturereignis zu erleben: Zehntausende von Kranichen aus Schweden, Finnland, Estland, Lettland, Polen und der Ukraine rasten hier für ein paar Tage oder Wochen, fliegen frühmorgens von den Schlafplätzen in den Uferzonen der Bodden auf die umliegenden Felder und Wiesen, um Futter zu suchen. Am späten Nachmittag oder frühen Abend kommen die Heerscharen zurück, fliegen, begleitet vom Rauschen ihrer Flügel und ihrer lauten Unterhaltung, zurück in die riesigen Schilflandschaften, um dort zu schlafen.

All dies konnte ich als Jugendlicher im Ruhrgebiet und als junger Mann nach meiner Promotion, als ich zuerst in Düsseldorf arbeitete, nicht erleben, denn dort gab es keine Kraniche. Sie flogen nicht über das Ruhrgebiet oder das Rheinland hinweg, und die Boddenlandschaft war nicht zugänglich, selbst wenn ich davon gewusst hätte, denn sie lag damals noch auf dem Gebiet der DDR.

Ein wichtiger Schritt auf meinem Weg zu den Kranichen war eine Entscheidung, die meine damalige Frau und ich trafen, als unser erster Sohn Bengt 1978 geboren war. Wir wollten mehr über die Natur wissen. Wir wollten, wenn wir später mit unseren Kindern spazieren gehen und wandern würden, von Anfang an nicht »Vogel« (geschweige denn »Piepmatz«), sondern »Schwarzdrossel«, »Kohlmeise« oder »Turmfalke« sagen, wenn wir etwas entdecken und den Kindern zeigen würden. So kauften wir ein Vogelbestimmungsbuch und studierten es.

Ebenso entscheidend war, dass ich 1981 eine neue Arbeitsstelle annahm und wir von Düsseldorf nach Bargteheide, einer Kleinstadt nordöstlich von Hamburg, zogen. Inzwischen war unser zweiter Sohn Børge geboren, und wir spazierten mit den Kindern im Buggy und auf den Schultern an fast jedem Wochenende in das nahe gelegene Naturschutzgebiet, den Duvenstedter Brook. Die Liebe zur Natur und zur Naturwissenschaft wollte ich unseren Kindern durch gemeinsames Beobachten und Erleben von Anfang an vermitteln.

Kurz nachdem wir die ersten Kraniche gehört und dann beobachtet hatten, lernten wir einige der Kranichschützer kennen. Der Deutsche Bund für Vogelschutz (DBV, heute:

Naturschutzbund Deutschland, NABU) und der World Wide Fund For Nature (WWF) hatten ab 1982 den Kranichschutz in Hamburg aufgenommen. Es wurden Wege gesperrt, Besucher informiert und zur Rücksichtnahme bewegt, um die Brut jedenfalls nicht durch Menschen stören zu lassen. Das Konzept war schon nach kurzer Zeit erfolgreich.

Damals konnte ich nicht ahnen, dass ich selbst wenige Jahre später das Schutzprogramm leiten würde. Mein Vorgänger führte mich ab Mitte der 80er Jahre an die Feinheiten der Kranich-Beobachtung heran und übergab mir schließlich, als er sich den Kranichen im Osten Deutschlands zuwandte und nach Mecklenburg zog, dieses Projekt. Zu diesem Zeitpunkt hatte ich bereits reichlich Erfahrung gesammelt, kannte das Gebiet und die dort brütenden Kraniche bestens.

Erste Grübeleien über das Verhalten der Kraniche verursachte mir ein Paar, das 1994 sehr nahe an einem Wanderweg brütete. Dort lag ein schönes Wasserloch, das früher wohl ein Teich für die Fischzucht, nun aber versumpft war. Drumherum boten Büsche und Bäume eine schöne Tarnung. Und im Jahr zuvor schon hatte sich dieses Paar dort niedergelassen, Eier gelegt und bebrütet – bis sie von einem Eierdieb gestohlen wurden. Für uns ein Schock! Wie konnte dieser so gut versteckte, so schwer einsehbare und nahezu unzugängliche Brutplatz entdeckt und ausgeraubt werden?

In Deutschland (und sicher ebenso anderen Ländern) gibt es immer wieder illegale Entnahmen von Kranicheiern aus Gelegen. Während meiner Zeit als Kranichschutzverantwortlicher zählten wir drei solcher Fälle – trotz Kranichbewachung. Das Gelände ist unübersichtlich, nachts und in der Morgen- oder Abenddämmerung kann man sich gut verbergen.

Im Jahre 1997 wurde am Amtsgericht Kiel ein Vogelzüchter (der sein Geschäft mit staatlicher Genehmigung betrieb) unter anderem angeklagt, seine Zucht mit illegal beschafften Eiern zu betreiben. Er hielt 60 Kraniche, darunter drei ausländische Arten. Aufgefallen war er dadurch, dass seine Aufzuchtergebnisse bei Kranichen deutlich besser als die des Vogelparks Walsrode waren. Eine Genanalyse wies nach, dass die »Nachkommen« mit ihren »Eltern« nicht verwandt waren, was die Anklagebehörde zu dem Schluss kommen ließ, er habe die Eier aus wilden Gelegen erhalten. Während der Ermittlungen flog in Mecklenburg ein Schmugglerring auf, der Eier aus Kranichgelegen stahl und meist in die Benelux-Staaten verschickte. Bei einem einzigen dieser Transporte wurden über 40 Eier sichergestellt. In der Adresskartei des Schmugglerringes wurde auch der schleswig-holsteinische Züchter gefunden. All dies hat leider den Richter nicht überzeugt, der immer wieder fragte, ob ein Zeuge beim Eierdiebstahl oder bei der Übergabe der Eier an den Angeklagten dabei gewesen sei, was – natürlich – nicht der Fall war. Der Züchter wurde also nicht verurteilt, jedenfalls nicht wegen der Eier. Ohne Frage aber gibt es in Deutschland und Benelux Zuchtbetriebe, legale und möglicherweise illegale, die Kraniche aus wilden Gelegen züchten und verkaufen.

Es gibt auch nicht-kommerzielle Motive für den Diebstahl von Eiern aus den Gelegen wild lebender Vögel. 1999 flog ein Ring von Eiersammlern auf, dessen Mitglieder Eier tauschten wie andere Leute Briefmarken. Was diese Leute an Eiern zusammengetragen hatten, treibt Naturschützern Tränen in die Augen. Es wurden über 100 000 ausgeblasene Eier sichergestellt, darunter zahlreiche Kranicheier, sogar einige Eier des Schneekranichs, von dem es in der westlichen Population damals gerade noch zwölf Exemplare gab, heute nur noch eines.

Verhaftet wurden ganz seriöse Menschen (nicht wie beim Handel mit zu bebrütenden Eiern einige von Züchtern angeheuerte Arbeits- und Obdachlose aus Mecklenburg). Dem Hobby des Sammelns, Ausblasens und Tauschens von Eiern aller Vogelarten der Welt gingen angeblich ehrbare Zollbeamte, kaufmännische Angestellte und Erdkundelehrer nach. Der aufgeflogene Ring wird nur die Spitze des Ei(s)berges gewesen sein.

Zurück zu dem unvorsichtigen Kranichpaar. 1993 waren alle Versuche, sein Nest zu bewachen, erfolglos geblieben. Und ein Jahr später brütete das Paar an derselben Stelle erneut. Wir beratschlagten und verstärkten die Bewachung, suchten uns Plätze, von denen aus wir – ohne von Besuchern gesehen zu werden – das Brutgebiet überschauen konnten. Natürlich konnte es keine wirkliche Sicherheit geben. Der Dieb (falls er noch mehr Eier wollte) hätte sich die Zeiten für weitere Raubzüge aussuchen können. Wäre es besser, wenn wir die Eier selbst entnähmen und so das Paar vergrämten und hoffentlich zu einer Nachbrut an einem geeigneteren Platz bewegten?

Ich war strikt gegen ein solches Vorgehen. Die Kraniche hatten sich nun einmal in diesem Gebiet niedergelassen und mussten wohl oder übel mit den Menschen klarkommen. Wenn sie das hier – unter unserer Bewachung – nicht schafften, konnten wir auch nicht helfen. Es konnte nicht unsere Aufgabe sein, ständig einzugreifen, wenn ein Gelege ungünstig angelegt oder gefährdet war. Wir ließen die Kraniche also brüten. Wenigstens sollten es aber diesmal die Eierdiebe schwerer haben, schworen wir uns, und beobachteten die Umgebung dieses Nistplatzes besonders intensiv. Mein damals 16-jähriger älterer Sohn Bengt und ich nahmen uns vor, in der Dämmerung die Zugänge zum näheren Revierumfeld zu kontrollieren.

Wegen der nahe gelegenen Großstadt hat man bei bewölktem Himmel im Brook auch nachts eine gute Sicht. Einigermaßen dunkel ist nur eine wolkenlose Nacht bei Neumond, und in einer solchen Nacht bewachten mein Sohn und ich damals das Kranichnest.

Es war schon spät, eigentlich wollten wir gehen. Wir froren, es war still geworden. Bengt war von seinem Standort zu mir herübergekommen. Wir standen im Dunklen und lauschten. Das Erste, was wir mitbekamen, war kein Geräusch, sondern eine schemenhafte Bewegung über dem freien Acker am Rande des Brooks, der aber schon zum Naturschutzgebiet gehörte. »Da ist jemand!« Wir schlichen vorwärts und aus der Deckung des Knicks heraus, um die Gestalt sehen zu können, wenn sie aus der nächsten Senke herauskommen würde – wenn es denn eine war. Vielleicht war es ja auch nur ein großer Hund, und die Aufregung war umsonst?

Nein, es war kein großer Hund, es war eine komplett schwarz gekleidete Gestalt, die sich sogar das Gesicht vermummt hatte. Wir überlegten fieberhaft: Was machen wir? Warten, bis er zum Nest geht? Nein, womöglich würden wir ihn im Gestrüpp nicht mehr erkennen oder gar verlieren. Außerdem wollten wir keine Störung am Nest riskieren. Auch wenn dieser Vermummte kein Eierdieb war, war es in Ordnung, wenn wir ihn ansprachen, denn das Verlassen der Wege ist in diesem Gelände verboten, auch nachts.

Also entschieden wir uns dafür, der Gestalt entgegenzulaufen – Bengt außen, ich innen –, um ihr den Weg abzuschneiden. Nun sah der Vermummte uns, verschwand im Knick, versteckte einen Rucksack, wie wir schemenhaft zu erkennen meinten – und schon stand er auf dem Weg. »Halt, was machen Sie hier?«, rief ich ihn an. Wie ich jetzt sehen konnte, handelte es sich um einen etwa 15-jährigen Jungen. Er behauptete, sein eigenes Geländespiel zu spielen, wusste auch, dass er verbotswidrig vom Weg abgewichen war. Von einem Rucksack wollte er nichts wissen, er behauptete, keinen gehabt zu haben. Leider konnten wir in der Dunkelheit später nichts finden.

Ich blieb bei dem Jungen, während Bengt zur nächstgelegenen Telefonzelle lief – Mobiltelefone gab es noch nicht –, um die Polizei zu holen. Die allerdings kam nicht, und so holten wir schließlich den Flurwart. Ihm war es sichtlich unangenehm, er kannte den Jungen wohl. Das Ganze ging aus wie das Hornberger Schießen. Ob der Junge wirklich Eier stehlen wollte oder was sonst hinter seinem Verhalten steckte, haben wir nie herausbekommen. Jedenfalls wurden in jenem Jahr die Eier nicht gestohlen.

Das aber enthob mich keineswegs meiner Sorge um dieses Kranichpaar, denn Kraniche benötigen für eine erfolgreiche Brut drei Voraussetzungen: erstens eine ständig feuchte Stelle mit etwa knietiefem Wasser. Zweitens absolute Ungestörtheit, da sie bei jeder Störung das Nest oder die Jungen verlassen, sodass dann alle möglichen Räuber leichtes Spiel haben, vom Raben über das Wildschwein und den Fuchs bis zum Marder. Ohne Störungen durch Menschen kommen die Kraniche mit diesen räuberischen Nahrungssuchenden ganz gut klar. Drittens brauchen Kraniche für ihre Brut in der Nähe des Nestes eine übersichtliche Wiese oder Lichtung, auf der sie nach der Schlupf[4] die Jungen ausführen und füttern können, bis diese flügge sind (was etwa drei Monate dauert). Bei diesem Kranichpaar sah es diesbezüglich nicht gut aus: Wasser war vorhanden. Für die Ungestörtheit sorgten wir, so gut wir konnten. Nur – wo war die Wiese oder die Lichtung? Hinter dem Brutplatz befand sich zwar eine ehemalige Weide, aber die war viel zu klein und viel zu nahe am Hauptweg, auf dem sich an sonnigen Sonntagen die Menschen zu Hunderten entlangschlängelten. Kein normaler Kranich würde dies aushalten.

Der Tag der Schlupf war gekommen. Ich hatte eine Stelle gefunden, von der aus wir mit guten Ferngläsern oder Fernrohr fast direkt in das Nest sehen konnten, ohne selbst gesehen zu werden. Niemals vorher oder nachher hatten wir die Möglichkeit, die beiden Küken so früh zu sehen. Wie klein sie waren, kuschelig eingehüllt in ihr hellbraunes »Fell« und schon ziemlich aufmerksam!

Normalerweise verlassen Kranicheltern mit ihren Jungen nach wenigen Tagen den Nestbereich und gehen auf die Nahrungswiese. Dabei werden die Ausflüge immer länger. Nachts gehen sie entweder wieder zum Nistplatz zurück oder suchen eine andere (wiederum ca. knietief feuchte) Stelle zum Übernachten. Beim Schlafen stehen sie im Wasser. Doch unsere Kraniche hier bewegten sich kaum vom Fleck. Sie blieben in ihrem kleinen Sumpf, oft weniger als 20 oder 30 Meter vom Nest entfernt, oder versteckten sich im angrenzenden Gebüsch. Das alles machte keinen guten Eindruck auf mich, und ich hatte nicht die geringste Vorstellung, wie die Kraniche es anstellen würden, ihre Jungen groß (und flügge!) zu bekommen. Dann wurden die Jungen größer, und ich beobachtete, dass der Ort als Nahrungsquelle sehr gut gewählt war. Zwar bot er wenig Auslauf, aber reichlich proteinhaltige Nahrung: Die Alten fingen viele Fluginsekten und verfütterten diese an ihre Jungen.

Nur, wie sollte die Aufzucht weitergehen, wenn die Jungen den engeren Nistbereich verlassen würden? Wie wollten die Eltern ihnen zeigen, was gut und was weniger schmackhaft war, so ganz ohne offene Fütterungsfläche? Während im Süden der Brutplatz durch dichtes Buschwerk, eine Abbruchkante (der Brutplatz lag etwa zwei Meter tiefer) und eine schmale Wiese vom Haupteinfallsweg der Hamburger in den Duvenstedter Brook her uneinsehbar und unzugänglich war, erstreckten sich nach Osten, Norden und Westen nahezu undurchdringliche Waldstücke mit viel Unterholz, Büschen unter den Birken und Nadelbäumen. Wie traurig, dass Kraniche so sehr an den einmal genutzten Brutplatz gebunden und so gar nicht flexibel sind! So dachte ich damals, als ich die Kranichjungen langsam größer werden sah, weil die Alten wirklich geschickt die großen Insekten fingen. Aber wie sollten sich die Jungen weiterentwickeln, wenn sie wachsen und normalerweise immer größere Gebiete erwandern und kennenlernen?

Damals konnte ich noch nicht wissen, dass die Kranicheltern einen Plan hatten – dazu später mehr. Erst einmal treten wir einen Schritt zurück und schauen uns an, was wir Kranichbewacher, aber auch generell die Kranichexperten und Biologen seinerzeit über Kraniche wussten. Und wir blicken einige Jahrhunderte und Jahrtausende zurück, um uns anzusehen, was die Kraniche den Menschen früher bedeuteten.

KAPITEL 2

Kranichwissen kompakt: die Mythen und die Fakten

Als ich damals sorgenvoll das anscheinend rein mechanisch von seinen Instinkten gesteuerte Kranichpaar beobachtete, wusste ich über das Verhalten der Vögel kaum mehr als ein paar grundlegende Fakten.

Kraniche sind Rallen und daher mit den bekannten Blässrallen oder »Blässhühnern« verwandt (die es auf vielen Gewässern, unter anderem auf den Parkteichen in Städten gibt), auch mit den Trappen (die in Deutschland nahezu ausgerottet wurden). Im Gegensatz zur landläufigen Meinung sind die Kraniche nicht mit den Graureihern (»Fischreiher«) oder Störchen verwandt. Zwar sehen sie ein wenig ähnlich aus (lange Beine, langer Hals, langer Schnabel), aber das ist auch schon alles.

Seit 60 Millionen Jahren leben Kraniche auf der Erde. Damit sind sie 20- bis 30-mal früher aufgetaucht als die unmittelbaren Vorfahren der Menschen, früher sogar als die frühesten Säugetiere. Kraniche gibt es mutmaßlich, seit die Dinosaurier von der Erde verschwanden. Natürlich haben sie sich in dieser langen Zeit stark verändert, aber sie sind eine der erfolgreichsten Artenfamilien der Evolutionsgeschichte. Es gibt immer mehr Hinweise dafür, dass Kraniche und alle anderen Vögel letztlich von Dinosauriern abstammen – sie sind eigentlich moderne Dinos. Nicht nur zeichnet sich immer klarer die Entwicklung des Federkleids in der Evolution der Dinosaurier ab. Auch die Färbung der Eier deutet auf ihre direkte Abstammung von den Dinos hin: Alle Vogeleier weisen unabhängig von ihrem konkreten Aussehen nur zwei Farbpigmente auf. Diejenigen Dinosaurier, die mit den Vögeln eng verwandt sind (die Maniraptora) legten ebenfalls gefärbte Eier, deren Färbung auf den gleichen Pigmenten beruhte.[5] Besonders der Kanadakranich scheint eng verwandt zu sein mit den Vorfahren, die vor etwa 60 Millionen Jahren gelebt haben.

Wie verbreitet und alltäglich Kraniche in Europa in früheren Jahrhunderten und Jahrtausenden waren, zeigt eine Untersuchung des Iren Lorcan O'Toole.[6] Bei archäologischen Ausgrabungen wurden in Irland oftmals Kranichknochen gefunden – in einem Land, in dem es seit Hunderten von Jahren keine Kraniche mehr gibt. Viele irische Ortsnamen sind wohl von früheren Kranichrevieren abgeleitet. O'Toole vermutet darüber hinaus, dass Ortsnamen gälischen Ursprungs auf dem europäischen Festland, die mit »Cor« oder »Kor« beginnen – es sind Hunderte –, aus der Bronzezeit stammen und ebenfalls mit Kranichplätzen zu tun haben. Im modernen Gälischen gibt es eine Reihe von Begriffen, die aus früheren, übertragenen Bedeutungen herrühren könnten, wie »Corr duine« (»Kranich-Person«) für »Einzelgänger« oder »Corrluach« (»Kranich-Portion«), was »übrig gebliebenes Korn« bedeutet.

Ein irisches Diptychon (ein zweiteiliges Relief oder Gemälde mit Scharnieren zum Aufklappen) von 1399 zeigt die Geburt von Richard II.: Alle umstehenden Engel haben Kranichflügel! Auf uralten Grabsteinen und Stelen sind Menschenfiguren mit Kranichköpfen zu sehen.

Während in Irland wie in England die Kraniche unter anderem durch intensive Jagd ausgerottet wurden, ist die Jagd auf sie in Spanien, Schweden und anderen europäischen Ländern seit Langem verboten. Das ist sicherlich einer der Gründe dafür, dass sich der Bestand an Grauen Kranichen in einigen Ländern Europas seit etwa 1980 erholt hat. Andere maßgebliche Gründe sind der jahrzehntelang erfolgreiche Schutz der Kraniche in der DDR, was zu einer »Überbevölkerung« führte, zusätzliche Naturschutzverordnungen, wiedervernässte Feuchtgebiete und die Verschiebung der Kranichzugwege westwärts. Dass es heute wieder mehr Kraniche gibt, kann aber auch eine Folge der Lernfähigkeit der Vögel sein, denn Kraniche nehmen zunehmend Brutplätze an, die sie früher gemieden hätten.

Vor der Wiedervereinigung waren Kraniche in der Bundesrepublik Deutschland nahezu ausgestorben, in Dänemark und Norwegen komplett verschwunden. Erst intensive Naturschutzmaßnahmen bewirkten einen Umschwung. In Deutschland konnte der Kranich inzwischen von der Roten Liste gefährdeter Arten gestrichen werden. Bevor nun aber Euphorie ausbricht, sei daran erinnert, dass Kraniche früher überall in Deutschland und Mitteleuropa bis hin nach Großbritannien und mit nennenswerter Verbreitung in Frankreich, Spanien, Italien, Griechenland, Österreich, Schweiz, Rumänien und Ungarn vorkamen – Länder, in denen heute keine Kraniche mehr brüten. In Deutschland gibt es beispielsweise in Hessen, Nordrhein-Westfalen oder Bayern nach wie vor kaum Brutpaare.

Der Graue Kranich kommt heute wieder in nennenswerten Zahlen in Schweden und Finnland (zusammen über 30 000 Brutpaare beziehungsweise 100 000 Individuen) sowie in Russland (rund 20 000 Paare) vor. Nachdem es lange Jahre nur wenige Kraniche in Norwegen gab, ist die Population inzwischen wieder auf fast 5000 Paare angestiegen. Im kleinen und dicht besiedelten Dänemark sind es inzwischen fast 500 Paare. In Deutschland hat sich die Kranichpopulation deutlich erholt, man schätzt etwa 7500 Brutpaare, von denen die allermeisten in Brandenburg und Mecklenburg-Vorpommern leben. In Russland unterscheidet man zwei Rassen, wobei die östliche Rasse etwas heller gefärbt und kleiner ist. Kleinere Vorkommen sind in Polen, den baltischen Staaten und den übrigen östlichen Nachfolgestaaten der UdSSR zu finden. In der Mongolei, Kasachstan und China leben jeweils ebenfalls einige hundert Paare. Außerdem gibt es noch an die 300 Brutpaare in der Türkei.

Erst Ende der 1990er Jahre tauchte ein Kranichpaar in England auf und begann zu brüten. Inzwischen (nachdem in Südwest-England zusätzlich Auswilderung von künstlich erbrüteten Kranichen stattfand) brüten wieder etwas mehr als 50 Paare mehr oder weniger regelmäßig in England. Ein anderes Kranichpaar brütete zwei- oder dreimal in der Normandie, hielt sich dort aber nicht. Seit jüngstem gibt es eine Handvoll Paare in Lothringen. Die Schätzungen für Eurasien (Europa, Sibirien, Mongolei, Nordost-China mit Überwinterung zum Beispiel in Indien) insgesamt liegen bei etwa 450 000, vielleicht sogar 500 000 Individuen. Einige Forscher gehen davon aus, dass die Grauen Kraniche östlich des Urals eine Unterart bilden (*Grus grus lilfordi*), die sich mit der westlich des Urals verbreiteten Art nicht mischt (genetische Untersuchungen gibt es hierzu bisher nicht). Möglicherweise gibt es zwei weitere Unterarten in Transkaukasien und Tibet, doch das ist alles sehr spekulativ.

Schweden, wo wirklich genügend Raum für Menschen wie für Kraniche ist, erlaubt den Bauern, Kraniche abzuschießen, wenn sie sich zu oft auf den Feldern aufhalten. Unsere schwedischen Kranichschutzfreunde haben sich auf der Europäischen Kranichkonferenz in Stralsund dafür entschuldigt. Besonders in den Rast- und Überwinterungsgebieten sind die Konflikte zwischen Kranich und Bauer, zwischen Naturschutz und Landwirtschaft, wenngleich lokal sehr begrenzt, nicht zu übersehen.

Ein Kranichweibchen (eine Henne) wiegt trotz seiner imposanten Größe (Kraniche werden 1,10 bis 1,30 Meter groß bei einer Flügelspannweite von 2,20 bis 2,40 Metern) bescheidene 4,5 bis 5,8 Kilogramm. Die Männchen (Hähne) wiegen 5,1 bis 6,1 Kilogramm. Zum Vergleich: Die viel kleinere Graugans wiegt um 3,5 Kilogramm, ein Höckerschwan bis zu 12 Kilogramm. Zur Aufrechterhaltung seines Körpergewichtes braucht der Kranich erstaunlich wenig Nahrung. In seinem Magen finden sich normalerweise etwa 100 Gramm, wovon allein 30 Gramm kleine Steinchen sind. Doch wenn Tausende von Kranichen auf einem Acker Futter suchen, kommt trotz der geringen Nahrungsmenge pro Individuum einiges zusammen, zumal eine Gruppe von Kranichen im Frühjahr auf einem Acker mit z. B. frisch gekeimten Ackerbohnen diesen vollständig ruinieren kann, wenn sie nicht vergrämt werden, weil sie die Pflanzen ausreißen. Auch der Kranichschutz muss sich, wie Natur- und Artenschutz generell, den Interessenkonflikten u. a. mit der Landwirtschaft stellen und diese kreativ lösen helfen.

Kraniche fressen Wurzeln, Knollen und Zwiebeln verschiedener Pflanzen, Kartoffeln, Samen, Mais- und Getreidekörner. An tierischem Eiweiß fressen sie größere Insekten und ihre Larven (Grillen, Schmetterlinge, Libellen, Käfer), Regenwürmer und gelegentlich Eidechsen, Frösche oder Mäuse. Allerdings sind sie im Gegensatz zu Reihern oder Störchen keine guten Jäger. Dennoch habe ich einmal zufällig beobachten können, wie ein Kranich einen kleinen vorbeifliegenden Vogel erwischte und sofort verschlang. Im Allgemeinen sagt man, dass Kraniche sich nicht räuberisch ernähren. Diese Ansicht scheint sich derzeit jedoch nach und nach aufgrund gelegentlicher – alles andere als einfach zu machender – Beobachtungen zu wandeln. Eine Geschichte hierzu finden Sie im Anhang unter der Überschrift »Friedfertige Kraniche?«.

Ein Kranich nimmt am Tag durchschnittlich etwa 130 Gramm, im Winterquartier etwa 180 Gramm Nahrung auf. Es ist daher erstaunlich, dass Kraniche so ausdauernde Flieger sind. Auf dem Weg in ihr Winterquartier können sie offenbar 24 Stunden an einem Stück (vielleicht unterbrochen durch kurze Pausen) fliegen, im Durchschnitt sind es aber eher nur 50 bis 200 Kilometer am Tag. Während des Zuges verbringen Kraniche etwa drei Viertel der Zeit in Rastgebieten. Die Gesamtflugleistung beträgt – je nach Brutgebiet und Lage des Winterquartiers – bis zu 4000 oder sogar 5000 Kilometer. Die Flugleistungen sind deshalb erstaunlich, weil Kraniche sogenannte Ruderflieger sind, sich also im Gegensatz zu Störchen nicht überwiegend im Segelflug tragen lassen. Daher ist ihre Geschwindigkeit nicht besonders aufregend: Je nach Windrichtung werden im Mittel um die 45 Stundenkilometer erreicht.

In der Regel fliegen Kraniche nicht höher als 1000 Meter, sind aber von Piloten auch schon in 4300 Metern Höhe angetroffen worden. In Tibet beziehungsweise im Tibet-Hochland in West-China lebende Schwarzhalskraniche sind auf dem Weg ins Winterquartier südlich des Himalayas sogar in Höhen von über 8000 Metern beobachtet worden. Die Schwarmgrößen variieren beim Zug: Beim Abflug sind die Gruppen um 100 Vögel stark, nehmen zur Mitte des Fluges auf 60 bis 70 ab, dann gegen Ende der Strecke auf 25, bis schließlich nur noch um die zehn Individuen einen Schwarm bilden. Kurzzeitig können 400 bis 500 Kraniche beim gemeinsamen Flug angetroffen werden, dies ist jedoch sehr selten.

Unüberhörbar sind die trompetenartigen Rufe der Kraniche am Boden, zumeist paarweise im Duett. Sie sind manchmal kilometerweit zu hören. Diese Lautstärke ist möglich aufgrund der bis zu 1,30 Meter langen Luftröhre.

Kraniche hören gut, riechen vermutlich nicht besonders gut, können aber exzellent sehen. Sie erkennen jede verdächtige Bewegung, selbst von Weitem. Wenn man sich einem Kranich nähern will (was man unbedingt vermeiden sollte, denn wir wollen wildlebende Tiere nicht stören, aber Fotografen und Forscher müssen dies gelegentlich versuchen), wird man meist feststellen, dass er einen schon längst hat kommen sehen, während man den Vogel selbst noch gar nicht gesehen hat. Früher sagten die Menschen: »Kraniche haben auf den Schwanzfedern hundert Augen«, weil die Vögel uns Menschen sogar dann erkennen und sich verdrücken, wenn sie uns scheinbar nur den Rücken zugekehrt haben.

Das Gedächtnis und die Differenzierung von Bildern scheinen bei Kranichen ebenfalls sehr ausgeprägt zu sein. Sie können uns Menschen auseinanderhalten, während wir uns schwer damit tun, das »Gesicht« des einen Kranichs von dem eines anderen zu unterscheiden. Eigentlich sehen sie für uns alle gleich aus – wir offenbar für sie nicht; darüber können Sie im Anhang unter »USA: menschliche Freunde und Feinde« lesen.

Kraniche sind etwa ab dem vierten Lebensjahr geschlechtsreif. Sie können rund 25 Jahre (im Durchschnitt angeblich 13 Jahre), im Zoo über 40 Jahre alt werden; von Schnee- und Mandschurenkranichen wird berichtet, dass (in Gefangenschaft) sogar 80 Jahre möglich seien.

Die wissenschaftliche Literatur über Kraniche[7] ist nicht mit der zum Beispiel über Menschenaffen zu vergleichen, weder in Umfang noch Inhalt – über Primaten und andere Säugetiere wird unvergleichlich viel mehr geforscht und veröffentlicht. Die Kranich-Literatur aus aller Welt umfasst einige tausend Quellen und wird dominiert von Arbeiten über die Verbreitung der Kraniche: wann wie viele wo zu finden sind, Veränderungen der Brut-, Zug- und Überwinterungszahlen, Forschung über die Zugwege. Die nächstgrößere Gruppe besteht aus Arbeiten über die Art und Qualität der Brut- und Nahrungs- und Überwinterungsgebiete sowie die Nahrung selbst.

Wenn man nach Literatur zum Verhalten der Kraniche sucht, findet sich kaum noch etwas. Die wenigen Arbeiten, die es gibt, bestehen aus rein systematischen (zum Teil sogar statistischen) Auswertungen von beobachteten Bewegungen einzelner Kraniche am Nest oder bei der Nahrungsaufnahme (»fliegt auf, steht, putzt sich, pickt, sichert ...«). Balz und Tanz, Revierverteidigung, Brut und Aufzucht werden ausführlich beschrieben. Bemerkenswert ist, dass man sich dabei gerne zu einer mechanisch anmutenden Beschreibung verleiten lässt und die beobachteten Verhaltenselemente »Funktionskreisen« zuordnet. Darunter versteht man »Körperhaltung«, »Schlafen/Ruhen«, »Aufmerken, Wachen«, »Körperpflege und Komfortverhalten«, »Lokomotion« (also »Bewegung von einem Ort zum andern«), »Nahrungssuche und -aufnahme«, »antagonistisches Verhalten« (also Verhalten anderen Kranichen gegenüber) und »Fortpflanzung, Balz«.

Die Aufzählung von 132 verschiedenen Körperhaltungen (wie zum Beispiel für den japanischen Mandschurenkranich) oder von ca. 50 Körperhaltungen in den acht »Funktionskreisen« erweckt den Eindruck, als würde das »Verhaltensinventar« maschinenähnlicher Tiere beschrieben.

Alle diese Arbeiten sind wichtig, sachdienlich und hilfreich, gehen aber nicht in die Tiefe. Denn was weiß man wirklich über Kraniche, wenn man ihre »Funktionskreise« kennt? Ich meine, Begriffe wie »Funktionskreis« und »Verhaltensinventar« verleiten uns dazu, eine wichtige Kompetenz zu übersehen: die Fähigkeit zu flexiblem, situations- und umgebungs-angepasstem Verhalten. Mir ist keine einzige Veröffentlichung bekannt, die sich mit dem eigentlichen Verhalten der Kraniche befasst, also ihrem Sozialverhalten, ihren Reaktionen auf die Umgebung, ihrer Intelligenz und Lernfähigkeit, vor allem nicht im Freiland. So, wie über viele Tierarten (vor allem Primaten und andere Säugetiere, seltener über Vögel wie zum Beispiel Raben) in aufwändigen Freilandbeobachtungen gearbeitet wurde, wurde noch nie über Kraniche geforscht.

Verhaltensstudien an Vögeln werden in aller Regel in Gefangenschaft gemacht. Hier sind Graugänse, Tauben, Papageien oder Rabenvögel beliebte Studienobjekte. Doch obwohl in zwei Einrichtungen in den USA zahlreiche Kraniche, darunter viele Kanadakraniche, gehalten werden, gab und gibt es nicht einmal hier Verhaltensforschung. Wir sind also in Bezug auf das Verhalten und die kognitiven Fähigkeiten der Kraniche nicht viel weiter als die Menschen früherer Jahrhunderte und Jahrtausende.

Tatsächlich existieren rund um den Kranich zahlreiche Mythen. Besonders in Asien (vor allem in China und Japan) weit verbreitet ist der Aberglaube, dass Kraniche sehr lange leben, vielleicht sogar unsterblich sind. Das rührt daher, dass dort, wo Menschen Kranichreviere kennen, sie über Generationen hinweg beobachtet haben, dass »jedes Jahr die gleichen Kraniche« dort brüteten. Bis vor gar nicht so vielen Jahren gab es ja keinerlei Möglichkeiten festzustellen, um welche Kranichindividuen es sich handelte, die dort in diesem, dann im nächsten und schließlich in den folgenden Jahren und Jahrzehnten brüteten.

In der chinesischen Sprache gibt es das Wort 鹤年 (gesprochen »hè nián«, wobei die Akzente die korrekte Betonung der Silbe andeuten), wörtlich Silbe für Silbe übersetzt »Kranich-Jahr(e)«, es bedeutet »langes Leben«, und manche Eltern nennen ihr Kind so in der Hoffnung, es möge ein langes, erfülltes Leben haben.

In Japan, besonders aber auch in China gibt es zahllose Gemälde und Seidenstickereien, die Kraniche auf dort typischen Kiefern zeigen.[8] Ich fragte meine dortigen Freunde oft, ob sie nicht wüssten, dass Kraniche (im Gegensatz zu Reihern) gar nicht auf den Ästen irgendwelcher Bäume landen oder stehen könnten. Ihre Krallen sind einfach nicht dazu geeignet. Aber keiner der Chinesen, die ich kenne (und das sind sehr viele), hatte jemals Kraniche gesehen, von einer Unterscheidung zwischen Kranichen und Reihern ganz zu schweigen. Also hielt ich die künstlerische Darstellung für Unwissen der Maler und für eine Verwechslung mit Reihern, bis ich lernte, dass einerseits diese Kiefernart, andererseits die Kraniche für »langes Leben« stehen, die Kiefern zusätzlich noch für Robustheit – beides zusammen drückt also auf doppelte Weise den Wunsch nach einem langen Leben aus.

Während der Kranich zumindest in Asien hoch geachtet ist, wird er in einer Fabel von Aesop als naiv und dumm, als Loser dargestellt: Der Wolf hat allzu gierig ein Schaf gefressen, ein Knochen steckt in seinem Hals; der Kranich hilft ihm, steckt seinen Kopf in das Wolfsmaul, zieht mit dem Schnabel den Knochen heraus und verlangt anschließend die versprochene Belohnung; der Wolf aber weist dies zurück und meint, es sei Belohnung genug, dass der

Kranich seinen Kopf unbeschadet aus seinem Maul herausziehen durfte. Diese Fabel spiegelt vermutlich die damalige Meinung über Kraniche wider, die zwar als elegant und tugendhaft galten, aber eben nicht als »schlau« wie Wölfe und Füchse.

In Japan dagegen steht der Kranich für Autorität. Wenn man sagen will, dass jemandes Wort Gewicht hat und keinen Widerspruch duldet, dann ist dies »ein Wort des Kranichs«.

Schon bei den alten Griechen entwickelte der Kranich sich zum Symbol der Wachsamkeit: Man glaubte, er schlafe mit einem Stein in einer seiner beiden Krallen, die er hochhalte; sobald ihm der Stein herunterfalle, weil er tief eingeschlafen sei, wache er auf. Heute wissen wir, dass Kraniche keineswegs auf einem Bein stehend schlafen, wie zum Beispiel Flamingos dies tun. Das diesbezügliche Unwissen der Antike ist vermutlich darin begründet, dass Kraniche im Unterschied zu Flamingos nur sehr selten an ihren Schlafplätzen beobachtet werden können. Nichtsdestoweniger findet man auf alten Häusern Zeichnungen und Figuren, die auf diesen uralten Glauben hindeuten – übrigens auch in Deutschland. Hierzulande nutzt die Mendelssohn-Gesellschaft den wachsamen Kranich mit dem Stein in der Kralle als ihr Logo, zusammen mit dem Motto »Ich wach«. Wilhelm Busch hat darüber das liebenswerte Gedicht »Zu guter Letzt, der kluge Kranich« geschrieben.

Unwissenheit und reine Phantasie sind auch der Hintergrund der merkwürdigen Interpretation des Kranichzugs in den Süden, wie sie in der *Ilias* von Homer zu finden ist: Demnach fliegen menschenfressende Kraniche in den

Süden, um dort in Afrika mit den Pygmäen zu kämpfen. Der Zug der Kraniche spielt auch in Schillers Ballade »Die Kraniche des Ibykus« eine Rolle, denn diese sind die einzigen Zeugen eines Mordes; als der Mörder wieder einmal ziehende Kraniche sieht, entlarvt er sich selbst.

Im Chinesischen ist der Kranich oft Akteur einer Geschichte, einer Fabel, die einem der vielen tausend wunderschönen und lebensklugen chinesischen Sprichwörter zugrunde liegt. In einer dieser Erzählungen lädt der Fuchs einen Kranich zum Essen ein, allerdings serviert er die Suppe auf einem flachen Teller, sodass der Kranich diese gar nicht verspeisen kann. Der Fuchs schlabbert sie mit der Zunge ganz einfach weg. Der Kranich lässt ihm bald darauf eine Gegeneinladung zukommen, allerdings ist das Mahl am Boden eines Kruges zu finden, der einen langen, schmalen Hals aufweist, einen Flaschenhals. Nun muss der Fuchs einsehen, dass seine Trickserei dazu führte, dass er selbst im Gegenzug ausgetrickst wurde, denn er kommt nicht an den Boden des Kruges heran. Diese Geschichte existiert in vielen Varianten; in Europa ist sie seit altersher als Fabel von Aesop bekannt, teils mit wechselnden Akteuren, zum Beispiel dem Storch anstelle des Kranichs. Sie scheint aber ihren Ursprung in China zu haben.

In einer anderen jahrtausendealten chinesischen Geschichte wird einem General gehuldigt, der bei einer Invasion seines Königreichs trotz enormer Verluste bei seinem König bleibt, ihn beschützt und das Land rettet. Die Menschen sagten daraufhin, er sei so herausragend »wie ein Kranich, der unter Hühnern steht«. Die Chinesen haben aus dieser wie aus Tausenden anderer Geschichten

Sprichwörter gemacht, indem sie die Geschichte auf genau vier oder acht Schriftzeichen kondensierten, und jeder einigermaßen Gebildete versteht den Hintergrund. In diesem Fall heißt das entsprechende »Cheng Yu« (so nennt man diese Art Sprichworte) »鹤立鸡群 hè lì jī qún«, wörtlich übersetzt »Kranich steht (in) Hühnerschar«. »Einen Kranich nach YangZhou reiten« bedeutet, dass jemand eine höhere, attraktivere Position erreicht hat. »风声鹤唳 fēng shēng hè lì«, »Geräusch des Windes (und) des Kranichrufs«, kennzeichnet besonders furchtsame Menschen (ursprünglich Soldaten), die bei jedem unerwarteten Geräusch gleich in Panik geraten.

In allen Ländern der Erde, in denen es Kraniche gibt, gelten diese als Glücksbringer und Frühlingsboten, weil sie im Frühjahr zurückkommen und dann so wunderschön tanzen. »Frühlingsbote«, dagegen ist aus rein fachlicher Sicht nichts einzuwenden: Ziehen die Kraniche im Februar, wenn wir nachts ihre Flugrufe hören, nach Norden zurück, wird es in absehbarer Zeit Frühling. »Glücksbringer« – nun, das ist jedem selbst überlassen und entzieht sich der wissenschaftlichen Analyse. Mir haben Kraniche sehr viel Glück gebracht: Wann immer ich sie sah und heute noch sehe, huscht ein Lächeln über mein Gesicht, und meine Stimmung hebt sich.

Nach einem der ältesten und hartnäckigsten Mythen sind Kranichpaare sich lebenslang treu; ein Kranich habe in seinem Leben nur einen einzigen Partner. Diese Auffassung ist wiederum in China und Japan besonders populär (obwohl die allermeisten Menschen dort noch nie einen Kranich gesehen haben). In Japan sind Kraniche deshalb äußerst beliebt als Abbildung auf dem Hochzeitskleid. Diese Vorstellung ist ja auch allzu schön und so wohlig-romantisch. Diesem Glauben, der auch unter Kranichfreunden, -experten und -forschern nach wie vor weit verbreitet ist, werde ich mich an späterer Stelle zuwenden. Im nächsten Kapitel möchte ich mich erneut dem Kranichpaar widmen, das hartnäckig genug war, um erneut an einem Ort zu brüten, der doch eigentlich ungeeignet war.

KAPITEL 3

Problemlösungen, Ballett-Balz und Fuchsalarm: Wie kommunizieren Kraniche miteinander?

Das Kranichpaar, das wieder dort nistete, wo ihm im Vorjahr die Eier geraubt worden waren, wo es nebenan gar keine Wiese zum Führen und Ernähren der Jungen gab, machte mir immer mehr Sorgen.

Eines sonnigen Sonntagmorgens konnte ich die Kranicheltern mit den Jungen wieder auf dem Sumpf in der Nähe des Nestes beobachten. Zu dieser Zeit hatte ich mich schon fast an den Gedanken gewöhnt, dass sie wohl nie aus ihrem selbstgewählten Sumpfloch herauskommen würden, und damit wäre die Brut erfolglos gewesen. Inzwischen, zwei Wochen nach der Schlupf, waren die Jungen schon hühner- beziehungsweise putengroß.[9] Wir hatten bisher nie beobachtet, dass sich eine Kranichfamilie so lange in direkter Umgebung ihres Nestes aufhielt.

Am Nachmittag desselben Tages fuhr ich nochmals in den Brook. Die Kranichfamilie war verschwunden. Nun hatte ich sie schon zuvor manchmal nicht oder nur schwer entdecken können, wenn sie sich – aus welchem Grund auch immer – besonders gut versteckt hatten. Aber dieses

Mal waren die Vögel wirklich nicht zu sehen. Ich war beunruhigt.

Aus reiner Routine hielt ich auf dem Weg nach Hause hier und da an, suchte noch einige andere Stellen mit dem Fernglas ab, und irgendwann konnte ich aufatmen: Die gesuchte Familie befand sich auf einer Wiese, die 500 Meter vom Brutplatz entfernt und durch einen ziemlich wilden, verbuschten und unwegsamen Wald davon abgetrennt lag. Es war eindeutig: Die Kraniche mussten gegen Mittag (ich hatte sie zuletzt gegen zwölf Uhr gesehen) losmarschiert sein und waren spätestens um 17 Uhr auf der neuen Wiese angekommen (das war der Zeitpunkt, an dem ich sie dort entdeckte), wahrscheinlich schon deutlich eher.

Ich war sprachlos. Wochenlang hatte ich mir Gedanken gemacht, was die Kranicheltern wohl unternehmen würden, um ihr Problem zu lösen, und es war so einfach: Sie warteten, bis ihre Jungen groß und stark genug waren, um gemeinsam mit ihnen den Weg zur Wiese zurückzulegen und dabei über Äste und umgefallene Bäume zu steigen.

Im Frühjahr hatte ich auf eben dieser Wiese ein Kranichpaar bei der Balz beobachtet – nun nahm ich an, dass es sich um die jungen Eltern handelte, die ich hier wiederum vor mir hatte. Dies war »ihre« Wiese, sie gehörte ihrer Ansicht nach zu ihrem Revier, und offenbar war dem Paar von vornherein »klar« gewesen, wie es die Jungen aufziehen würde, wann es den Platz wechseln würde usw. Die Altvögel hatten wohl nie »in Erwägung gezogen«, die unmittelbar an das Brutrevier angrenzende Wiese direkt am Hauptwanderweg zu nutzen. Wie viele Menschen sich dort zeitweilig aufhielten, war ihnen sicher nicht entgangen.

Ich war beeindruckt. Ich hatte mir Sorgen gemacht und war auf das Nächstliegende doch nicht gekommen. Für mich stand nun fest, dass dieses Paar seit seiner Ankunft im Revier einen Plan entwickelt hatte, wie es seine Jungen mit Nahrung versorgen würde. Einen auf der Wiese gelegenen Schlafplatz (wiederum eine ausreichend feuchte Stelle), der als Nistplatz ungeeignet war, hatten sie ebenfalls vorher bereits ausgesucht – denn diesen strebten sie nunmehr allabendlich an.

Mein Erlebnis gab mir zu denken: Ich hatte die Kraniche für nicht besonders intelligent gehalten, jedenfalls für dümmer, als sie sich mir hier präsentiert hatten. Ganz sicher hatte ich schon in den Jahren zuvor mancherlei Hinweise übersehen, wie intelligent Kraniche sind, wie flexibel sie sich ihrer Umgebung und Umwelt anpassen und es schaffen, Probleme zu lösen und sich selbst unter widrigen Umständen zu behaupten.

Beschämt musste ich mir eingestehen, dass ich der menschlichen Selbstüberschätzung erlegen war: Wir glauben immer, dass unsere außerordentliche Intelligenzleistung darin besteht, dass wir es schaffen, uns über die Widrigkeiten der Natur hinwegzusetzen. Wir bauen uns Werkzeuge, Häuser und Autos und umgehen damit unsere natürlichen Beschränkungen.

Die Fähigkeiten der Tiere, in ihrer natürlichen (oder in der von uns Menschen veränderten) Umwelt zu überleben, mehr noch: ein ihnen gemäßes erfülltes und schönes Leben zu leben (und nicht einfach nur täglich um das Überleben zu kämpfen, wie es oft so schön gruselig heißt), nennen wir dann »vererbt«. Das, so meinen wir, können die

Tiere quasi »automatisch«, weil ihre Instinkte sie so und nicht anders programmiert haben. Wir übersehen dabei geflissentlich, wie viel Intelligenz und Erfindungsgabe hinter dem Verhalten der Tiere und ihren Anpassungsleistungen steckt, wie viele ihrer erfolgreichen Verhaltensweisen sie auch erst mühsam, aber pfiffig erlernen mussten.

Für mich war dieses Ereignis ein Schlüsselerlebnis. Ich nahm mir vor, noch intensiver, vor allem aber anders zu beobachten. Unvoreingenommener. Seither hat mich das ruhige Betrachten, Hören, Riechen und Fühlen der Vorgänge in der Natur unzählige Male regelrecht glücklich gemacht. Immer wieder hatte und habe ich Gelegenheit, über die erstaunlichen Leistungen der Evolution nachzudenken – unsere eigenen und diejenigen anderer Lebewesen. Das hat mich im Verlauf meines Lebens immer bescheidener gemacht – bescheidener, was meine Rolle als Mensch in der Welt und was die Rolle der Menschen insgesamt in der Natur anbetrifft.

Ich habe mir seit diesem Erlebnis mehr Zeit genommen, an verschiedenen Stellen des Brooks Kraniche (und nicht nur diese!) zu beobachten, zu allen Tages- und Jahreszeiten und bei allen Wetterlagen. Da ich mit der Familie oder allein häufig dort spazieren ging (oder mit dem Rad fuhr), empfand ich es nicht einmal als zusätzlichen Zeitaufwand, sondern als willkommene sportliche Betätigung und Ablenkung von meinem sehr anstrengenden, aber ebenso interessanten Beruf als forschender Chemiker und Unternehmer. Und ich las Bücher und Artikel, sprach mit Menschen, die Kraniche schon besser kannten als ich.

Im Frühjahr ist es besonders spannend. Wenn die Kraniche ihr »Zuhause« im eigenen Revier und Brutgebiet gefunden haben, werden die Partner aktiver. Sie balzen, rufen im Duett, stolzieren, tanzen. Die längeren Tage des Frühlings bewirken im Zusammenspiel mit der Balz selbst, dass sich Eier und Spermien entwickeln, bis schließlich beide reif sind und bei der Kopulation vereinigt werden können. Es ist charakteristisch für Kraniche, dass es einer (ziemlich umständlichen) wochenlangen Einstimmung bedarf, um eine fruchtbare Begattung zu erreichen – anderenfalls träfen Spermien auf unvollständig entwickelte Eier, oder wenn die Henne ihre Eier legte, wären sie nicht befruchtet.

Als langjähriger Kranichbetreuer hat man – vorausgesetzt, man scheut die frühe Stunde vor der Dämmerung und das meist lange Warten nicht – oft die Gelegenheit, Balztänze und Kopulationen zu beobachten. Ich weiß nicht mehr, wie viele ich gesehen habe, doch ich konnte sicherlich jedes »unserer« Paare mehrfach beobachten.

In vielen Fällen, aber nicht immer, wird die Begattung durch einen Balztanz eingeleitet. Die beiden Kraniche umschreiten sich langsam, »gemessen«, manchmal erscheint das Weibchen desinteressiert, und das Männchen versucht, seine Aufmerksamkeit zu erregen. Beim Tanz springen die Vögel einen viertel bis halben Meter hoch (oder sogar einen ganzen!), dann zur Seite und nach vorne. Dabei schlagen sie kräftig, aber nicht hektisch mit den Flügeln, ducken sich ruckartig, erheben wieder den Hals. Eine feststehende Choreographie, ein erblich fixiertes Ritual gibt es nicht. Jedes Paar tanzt jedes Mal anders.

Vor der Eiablage kopulieren die Kraniche häufig, zumeist morgens, nicht lange nach dem Wachwerden. Das ist aufgrund der frühen Stunde das Unangenehme für denjenigen, der sie dabei beobachten möchte. Bislang gewinnt man durch die Umstellung auf Sommerzeit etwas Zeit, und so muss man etwa Mitte April »erst« um drei Uhr nachts aufstehen, wenn man mit etwas Frühstück im Magen mindestens eine Stunde vor den Kranichen da sein und noch Käuze, Tüpfelralle, Bekassinen und Waldschnepfen hören oder vielleicht einen mächtigen Wildschwein-Keiler sehen oder zumindest in der unmittelbaren Nähe hören oder gar riechen will.

Manchmal direkt nach dem ersten Ruf, manchmal eine Stunde danach, mitunter auch ohne vorherigen Duettruf erscheint das Kranichpaar auf der bevorzugten Tanzfläche (bis auf Ausnahmen scheinen sie immer auf der gleichen, meist besonders schwer einsehbaren Fläche zu balzen). Die beiden Partner schreiten umeinander herum, tanzen. Das kann sich lange hinziehen oder auch nur ein paar Minuten dauern. Schließlich springt das Männchen von hinten auf das Weibchen, sitzt rittlings auf seiner Partnerin, hält sich irgendwie mit den Krallen an den Flügelansätzen des Weibchens fest und begattet es innerhalb weniger Sekunden unter Flügelschlagen (um nicht herunterzufallen).[10] Dabei kann man Laute hören, die wie ein Ächzen oder Stöhnen klingen – dies aber nur, wenn man wie ich die Möglichkeit hatte, rechtzeitig vor den Kranichen vor Ort zu sein und nah am Balzplatz geduldig zu warten. Nach der Kopulation springt der Hahn über den Kopf der Henne ab. Oft ist danach sofort Schluss, das Weibchen ordnet sein Gefieder, und beide Partner gehen umher und suchen Futter. Manchmal lassen sie noch einen schmetternden Duettruf erschallen.

Eines Morgens während meiner einwöchigen Schicht als Kranichbewacher erlebte ich die schönste Balz meiner »Laufbahn«. Ich war in tiefer Dunkelheit zu einem Revier geradelt und von dort weiter ins Gebiet gegangen, hatte mitten im Kranichrevier einen kleinen Hochsitz erklommen, von wo aus ich feststellen wollte, ob ein Kranichpaar, das ich »Die Schlitzohren« nannte (warum, verrate ich später), seine Brut vorbereitete und balzte, oder ob ein zehn Tage zuvor abgebrochener Brutversuch diese Saison zu einem Fehlschlag für das Paar machen würde.

Es war Regen vorhergesagt, aber als ich vom Forstbetriebshof (wo wir mitten im Brook übernachteten) mit dem Fahrrad losfuhr, tröpfelte es nur. Als ich meinen Hochsitz erreichte, war es windig und noch dunkel. Ich hörte eine Tüpfelralle rufen und zwei Bekassinen ihre Revierflüge machen, bei denen sie mit den Schwanzfedern charakteristische Laute erzeugen; man könnte meinen, die Bekassinen »rufen«, aber nein: ihre Schwanzfedern vibrieren und erzeugen diese Töne.

Nur wenige Minuten später frischte der Wind auf, entwickelte sich zum Sturm, brachte klatschenden Regen mit sich. Trotz guter Kleidung, die eigentlich dem Regen trotzen sollte, war ich nach einer Stunde durchgefroren. Ich überlegte für einen Moment, wieder ins Warme zurückzufahren, beschloss aber, mich nicht geschlagen zu geben. Also harrte ich aus, zusätzlich motiviert durch die Morgendämmerung, die mir eine gewisse Auflockerung der Regenwolken (von dunkelgrau nach hellgrau) versprach. Und wahrhaftig, eine weitere halbe Stunde später (ich war inzwischen ziemlich steifgefroren) ließ der Sturm nach, der

Tag wurde hell(grau) – und die Kraniche riefen, eine volle Stunde später als sonst.

Das beruhigte mich, denn es zeigte mir wieder einmal, dass auch sie wetterfühlig sind und einen regnerischen, stürmischen Morgen auch in ihrem geschützten Bruchwald nicht freudig begrüßen. Ich wurde noch positiver gestimmt, als »unser« Seeadler über das Gebiet flog. Er hatte wohl im Brook übernachtet, nachdem er am Vortag (nach Beobachtung von Bengt) bei einer wilden Jagd vielleicht sogar einen Reiher erwischt hatte.

Zehn Minuten später traten die »Schlitzohren« auf die Wiese, auf der ich sie zu sehen erwartete, nicht weit von mir entfernt. Der nun nur noch leichte Wind stand von ihnen herüber genau in meine Richtung.

Und nun ging der Tanz los. Ich war glücklich, doch noch gewartet zu haben. Sie tanzten beide, schließlich sprang er auf sie, ich hörte das stöhnende Ächzen, er sprang ab – und tanzte weiter! Nun noch schöner und intensiver als vorher. Die Sprünge waren weiter, sie ging gemessenen Schrittes hinter ihm her.

Dann aber blieb er auf einmal stehen, drehte ihr den Rücken zu, faltete seine Flügel auseinander und schaute zur Seite wie der Bundesadler. Er spreizte die Flügel nicht vollkommen in ganzer Flügelspannweite ab, sondern ließ die Flügelspitzen herunterhängen. Die hellgrauen Flügeloberseiten und die schwarzen Armschwingen bildeten einen herrlichen Kontrast; die Schmuckfedern waren aufgestellt. Wie ein Pfau präsentierte er sich, nur beeindruckender, mit ausgebreiteten Flügeln und herunterhängenden Armschwingen, den Kopf hoch erhoben, zur

Seite gedreht. Das Weibchen machte den Hals lang, stolzierte mit nach oben gerichtetem Schnabel etwa 15 Meter entfernt um ihn herum, er zeigte ihr dabei ständig seine Rückenfront, drehte sich also, während seine Partnerin hinter ihm vorbeischritt, in Zeitlupe, so, dass sie ihn stets in voller Breite und Schönheit erkennen konnte.

Ja, er war ein schöner Hahn, ohne jeden Zweifel.

Es war die schönste Balz, die ich je erleben durfte. Der Kaffee nachher schmeckte mir doppelt so gut. Auch dieses Erlebnis gab mir zu denken. Oft hatte ich gelesen, dass die Balz der Kraniche mit ihrem Tanz genetisch festgelegt sei. Das heißt, die Tiere könnten gar nicht anders, als sich so zu verhalten, wie es »der Norm« entspricht. Wie kommt es dann zu diesen Abweichungen? Jeder Tanz, den ich bisher beobachtet hatte, war schon anders als andere Tänze, jede Balz lief anders ab, als man sie jemals vorher beobachtet hatte. Erst recht diese hier, wo der Hahn an einen Pfau oder einen schreitenden Bundesadler erinnerte. Von diesem Paar hatte ich wie von anderen bereits einige Balztänze gesehen, aber niemals so etwas wie an diesem frühen Morgen.

Wie kommt es zu dieser Flexibilität im Verhalten, wie kommt der Hahn auf einmal darauf, solch ein Balzelement zu erfinden? Wird er es noch einmal tun? Konnte es reiner Zufall gewesen sein, dass er sich genau so drehte, dass seine Partnerin ihn immer in voller Breite betrachten konnte? Oder zeigt uns das nicht vielmehr, dass er selbst eine Vorstellung davon hat, wie es aus Sicht der Henne aussieht, wenn er sich so aufstellt und bewegt? Zeigt uns das nicht die Fähigkeit der Kraniche, sich in ein anderes

Individuum hineinzuversetzen, also sich vorstellen zu können, was »der andere« sehen beziehungsweise wahrnehmen kann?

Mit jeder neuen Beobachtung wurde es interessanter. Schon bald wollte ich wissen, wen genau ich eigentlich dort vor mir hatte. Wir gaben »unseren« Kranichen keine Namen, wie man es bei Haustieren tun würde. In den ersten Jahren der Kranichbewachung konnte niemand wissen, ob es das gleiche Paar war (oder nur einer der Partner), das am gleichen Platz wie im Jahr zuvor brütete; wir nahmen es einfach an. Die Kranichexperten sagten und schrieben, dass Kranichpaare immer wieder an ihren angestammten Platz zurückkehren. Ich wollte das gerne glauben und war mittlerweile davon überzeugt, dass wir es immer wieder mit den gleichen Kranichen zu tun hatten. Allerdings kam es dabei auch zu bemerkenswerten Veränderungen schon im Folgejahr und erst recht über die Jahre hinweg.

Optisch unterscheiden können wir die Kraniche nicht. Wir können erkennen, dass einer der Partner meist etwas größer ist als der andere (dann ist es wohl das Männchen, kann man lesen; auch das wollen wir glauben, obwohl es Ausnahmen gibt und bei Habichten und Sperbern umgekehrt ist).

Die rote Kopfplatte[11] verändert sich im Laufe des Frühjahres zu schnell, als dass man sie als Erkennungszeichen verwenden könnte. Zwar schreiben die Experten in den Büchern, dass Männchen und Weibchen unterschiedliche rote Kopfplattenformen aufweisen, und wir bemerken bei einigen, dass sie unterschiedlich groß sind, aber oft sind die Kraniche so weit entfernt, dass eine Bestimmung der ohnehin veränderlichen Kopfplatte oder der Größe zu nichts führt. Die Gefiederfarbe wechselt ebenfalls, abgesehen davon, dass sie interessanterweise aktiv verändert wird (vgl. Kap. 13).

So blieb mir zur Unterscheidung der Tiere jahrelang nur das Verhalten, um einzelne Individuen zu erkennen. Ich hatte mir angewöhnt, auf Gewohnheiten zu achten. Zum Beispiel: Wo geht der Kranich oder das Kranichpaar auf Nahrungssuche, wo fressen sie vor der Paarung oder vor dem Brutbeginn, wie weit kann man sich ihnen annähern, bevor sie fliehen; wo geht der eine Partner auf Nahrungssuche, wenn der andere auf dem Nest sitzt, aus welcher Richtung, auf welcher Schneise fliegen sie in den Nestbereich ein, wo führen sie ihre Jungen aus usw. Diese Gewohnheiten sind individuell verschieden und lassen sich sowohl zur Unterscheidung einzelner Paare von anderen als auch innerhalb eines Paares zur Unterscheidung der beiden Partner voneinander einsetzen.

Ich glaubte, am Muster der Gewohnheiten erkennen zu können, ob es sich um das gleiche Paar wie das vom Vorjahr handelte, das ein Revier besetzte, oder ob ein Wechsel stattgefunden hatte. Nicht so sicher war ich mir, ob es immer der gleiche Partner war, mit dem der »Revierbesitzer« (oder die Revierbesitzerin?) im nächsten Jahr aufkreuzte.

Wir Kranichbewacher unterhielten uns natürlich über die Vogelpaare. Wir erstellten genaue Protokolle über die einzelnen Beobachtungen des Tages und verwendeten dabei die Namen der Reviere, um die Paare zu kennzeichnen. Jedenfalls nannten wir sie nicht »Klara« oder »Else«, »Karl«, »Timotheus« oder »Kleopatra« (was manche Kranichbeobachter und -forscher bevorzugen), geschweige denn »2GX13B« (obwohl das natürlich beeindruckend wäre).

In diesem Buch möchte ich jedoch von dieser Praxis abweichen und den Kranichpaaren zu ihrer Unterscheidung Namen geben. Da ich die Revierbezeichnungen nicht verwenden will, um potenziellen Eierdieben keine zusätzlichen Informationen zu geben, habe ich mir Namen ausgedacht, die das Verhalten der Tiere charakterisieren. So habe ich das vermeintlich dumme Paar, das mich eines Besseren belehrt hatte, »Die Planer« genannt, und im Folgenden erzähle ich eine Begebenheit mit dem Paar »Die Pioniere«.

Ich nenne dieses Paar deshalb »Die Pioniere«, weil sie an dem Platz brüteten, der zuerst 1981 und 1982 von einem Kranichpaar als Brutplatz im Brook ausgewählt wurde. Seither ist dieser Ort ohne Unterbrechung – zumeist mit Erfolg – genutzt worden. Es war ziemlich sicher nicht das gleiche Paar, das 1981 hier eintraf und Mitte/Ende der 90er Jahre noch hier brütete – das wären schon wirklich Kranichsenioren! Aber es ist erstaunlich, dass es bisher nicht ein einziges Jahr gab, in dem dieser Brutplatz unbesetzt geblieben ist. Vermutlich haben wir es mit einer »Kontinuität im Wechsel« zu tun.

Wie auch immer, unsere »Pioniere« brüteten wieder einmal an ihrem Stammplatz. In dem betreffenden Jahr aber brachen fast alle Paare etwa zum gleichen Zeitpunkt die Brut ab, weil der Wasserstand innerhalb von einer Woche im gesamten Brook um 15 Zentimeter fiel – ein Problem, das mit der immer noch intensiven Entwässerung zu tun hat und immer dann auftritt, wenn es vorher viel geregnet hat, es einen hohen Wasserstand gibt und dann ein paar Tage gar nicht regnet.

Nun begannen die anderen Paare bald mit der Nachbrut, was nicht ungewöhnlich war. Die »Pioniere« aber ließen sich Zeit, paarten sich, dass es nur so durch den Brook schallte, aber es kam nicht zur Eiablage. Endlich war es so weit. Es war der 5. Mai, das ist wirklich spät. Anfang Juni also schlüpften die Jungen, und ein paar Tage später erschien die Familie wie erwartet auf der Nahrungswiese.

Da es schon so spät im Jahr war, war das Gras entsprechend hoch gewachsen. Selbst wenn die Jungen – wie sonst üblich – gut sechs Wochen früher schlüpfen und geführt werden, ist es schwer genug, sie in den ersten Tagen im Gras auszumachen, weil sie so klein sind. Nun aber war das Gras noch höher. Wir starrten in unsere Ferngläser, bis wir Kopfschmerzen bekamen, aber was immer wir auch anstellten, wir bekamen nicht mehr als ein kleines braunes Büschel zu sehen. Unmöglich zu bestimmen, ob es ein oder zwei Junge waren.

Nun gut, dann mussten wir eben ein paar Tage warten, bis die Jungen groß genug sein würden. Klar, aber das Gras wuchs ebenfalls, und es wuchs schneller als die Kranichküken. Immer noch waren wir uns unsicher, ob es zwei oder nur eines waren, obwohl es Anzeichen für zwei Junge gab.

Wir wurden auch deshalb immer unruhiger, weil wir bemerkten, dass die Altvögel unruhig waren. Allzu oft schien ein Kleines im hohen Gras verschwunden zu sein, sodass die Alten suchen mussten. Je kräftiger die Jungen wurden, umso vorwitziger (und altersgemäß unvorsichtiger) wurden sie auch. Schon auf einer Wiese mit nicht zu hohem Gras ist interessant zu beobachten, wie mal das eine, mal das andere Junge seiner Wege geht und sich der Aufsicht der Alten entzieht.

Nun kannten die Kleinen nichts anderes als hohes Gras und fühlten sich offenbar wohl darin. Den Alten war dies aber unangenehm, das war deutlich zu spüren. Uns auch, denn ebenso wie den Altvögeln war uns nicht entgangen, dass der revieransässige Fuchs sich häufig durch das Gras anschlich.

Eigentlich interessierte er sich mehr für die Graugänse und ihre Jungen auf einer benachbarten Wiese, aber die Futterwiese der »Pioniere« lag auf dem Weg von seinem Bau zu den Gänsen, und so ein Kranichjunges bringt, selten genug, ein wenig Abwechslung in die Speisekarte. Das haben wir einige Male erleben müssen. Wenn die Kraniche ihn rechtzeitig bemerken, ist alles in Ordnung, denn sie vertreiben ihn wirkungsvoll – der Fuchs hat Respekt vor den langen Schnäbeln und den riesigen Vögeln mit den weit aufgespannten Flügeln. Vielleicht hat er die Schnäbel schon zu spüren bekommen und will das nicht noch einmal erleben. Aber Anschleichen im hohen Gras erhöht die Chancen!

Die Frage war, ob sich die Kraniche dem Problem widerstandslos ergeben würden. Sie mussten höllisch aufpassen, denn der Fuchs konnte jederzeit ungesehen von irgendeiner Seite aus angeschlichen kommen. Wir sahen ihn oft eher als die Kraniche selbst (und Kraniche sind wirklich extrem aufmerksam, ihnen entgeht sonst keine Bewegung). Und dann immer diese vorwitzigen Jungen, die nie bei den Alten bleiben wollten!

Eines Tages zur Mittagszeit – aus Sicht der Kranichbewacher ohne Vorankündigung – marschierten die Alten los, den leichten Hang der Wiese hinauf, die Jungen hinterher. Mitten am Tag überquerten sie – nur wenige Dutzend Meter von den menschlichen Beobachtern (zwei Kranichbewacher, zwei Wanderer) entfernt – einen Wanderweg und schlugen sich ins Gebüsch des angrenzenden Moorbirkenwaldes.

Doch ein Junges war verloren gegangen, wahrscheinlich durch die Aufregung in der Nähe der Menschen. Und plötzlich war noch der Bauer aufgetaucht, der die Wiesen gepachtet hatte und (extensiv) nutzte. Er verfolgte unseren Kranichschutz sehr aufmerksam und sprach gerne mit uns über seine und unsere Beobachtungen, über Fortschritte oder Misserfolge. Nun sah er, dass das eine Junge die Verfolgung der Alten nicht schaffte, sondern irritiert war, wie viele Menschen da im Weg standen, und sich zurück in Richtung der bekannten Wiese flüchtete.

Der Bauer hatte mitbekommen, dass die Alten mit dem anderen Jungen im Gebüsch verschwunden waren, während unsere Kranichbewacher zu weit vom verlorenen Sohn waren. Kurzentschlossen ging er einige große Schritte hinter dem armen Küken her, packte es und trug es zu der Stelle, wo die Alten im Gebüsch verschwunden waren. Das war in unseren Augen das Beste, was er machen konnte, auch wenn ich normalerweise eine »Nichteingriffs-Haltung« vertrete. Doch wenn die Menschen nicht auf dem Weg gewesen wären, wäre die Familie gar nicht getrennt worden, also hatte der Bauer hier nur repariert, was durch das unglückliche Zusammentreffen von Kranich und Mensch fast zerstört worden wäre.

Wieso aber führten die Kranicheltern ihre Jungen ins Moorbirkengebüsch?

Schon abends konnten wir sie alle zusammen auf einer frisch gemähten Wiese 300 Meter hinter dem Wald beobachten, wo sie von nun an täglich zu sehen waren. Sie hatten sich einen neuen Schlafplatz gesucht, ein Wasserloch direkt neben der Wiese, im feuchten Birkenwald (nur für den ganz sorgfältigen Beobachter erkennbar).

Wenn die »Pioniere« in früheren Jahren regelmäßig nach zwei Wochen die Nahrungswiese gewechselt hätten, wäre dieses Erlebnis nicht weiter erwähnenswert. So aber ist es doch einen zweiten Gedanken wert: Durch die späte Brut war ein neues Problem entstanden, eines, das sich den »Pionieren« noch nie gestellt hatte – das Gras wuchs schneller als die Jungen, diese waren nie richtig sichtbar, und der Fuchs konnte sich allzu gut im Gras verstecken.

Dieses Problem wurde den Altvögeln offenbar deutlich vor Augen geführt, je öfter der Fuchs plötzlich in der Nähe der Jungen auftauchte, und das womöglich gerade dann, wenn eines der Jungen gerade auf Erkundungsreise durch den Graswald war.

Mir drängt sich der Gedanke auf, den Wechsel der Nahrungswiese als Problemlösung nach erfolgter Problemanalyse zu interpretieren. Wenn die Leser mir dabei folgen wollen, tut sich uns aber ein neues Problem auf:

Woher wussten die Kraniche, dass hinter dem Moorbirkenwald eine Wiese war? Diese Frage finde ich einfach zu beantworten: Kraniche (besonders unsere erfahrenen »Pioniere«) kennen ihre Umgebung sicher sehr gut. Aber woher wussten sie, dass es auf der anderen Wiese nicht das gleiche Problem gab, sondern dass sie einen Tag zuvor gemäht worden war?

War einer der Partner eventuell öfters zu einer Erkundung abgeflogen? (Ich hatte schon beobachtet, dass, obwohl die Altvögel ihre Familie normalerweise nie allein lassen, in seltenen Fällen schon einmal ein Elternteil für eine kurze Zeit, bis zu einer halben Stunde, verschwindet.) Aber wie hat der Partner, der vielleicht bei einem Erkundungsflug feststellte, dass die Wiese in der Nähe frisch gemäht war, seinem Partner mitgeteilt, dass es nun eine Lösung für das Problem mit dem hohen Gras gab?

Kommunizieren Kraniche überhaupt miteinander, und wenn ja, wie oder worüber? Leider sind unsere Beobachtungsmöglichkeiten hierzu sehr beschränkt. Darüber hinaus verstehen wir das Verhalten der Vögel nur lückenhaft. Die zahlreichen Wissenslücken werden von nur wenigen Fetzen an Vermutungen oder Wissen zusammengehalten. Ein ganz besonders nebliges Loch des Nichtwissens ist die Frage, wie Kraniche miteinander kommunizieren.

Fangen wir mit etwas scheinbar Einfachem an. Mit der Frage nämlich, wie zwei Kraniche es schaffen, sich über einen gemeinsamen und gleichzeitigen Abflug zu verständigen. Erste Vermutung: »Das ist einfach: Der eine, vielleicht der Dominante, fliegt als Erster los, der andere folgt ihm einfach.« So ist es aber nicht, jedenfalls meistens nicht.

Wer die Chance hat, Kranichpaare beim Abflug zu beobachten, und genau hinschaut, wird sehen: In den meisten Fällen fliegen die beiden Kraniche tatsächlich gleichzeitig ab, nicht – wenn auch nur kurz – nacheinander.

Wie also geht der gemeinsame Abflug vor sich? Einer der beiden Partner streckt den Hals, legt ihn nach vorne, sozusagen in Flughaltung und Flugrichtung, trippelt ein paar Schritte auf eine ganz bestimmte Weise, so, als ob er schon abflöge. Wenn der andere Partner ebenfalls abfliegen will, macht er diese kurze Flugvorbereitung mit, und nach wenigen Sekunden der Abstimmung heben beide ab.

Offen bleibt zunächst, woher der eine weiß, dass der andere mitmachen wird, denn ich habe in den meisten Fällen beobachtet, dass sie tatsächlich gemeinsam abfliegen. Verständigen sie sich vorher durch leise Laute, die wir nicht hören können wegen der für uns zu großen Entfernung? Oder reicht die beschriebene Körpersprache aus? Darüber später mehr.

Eine andere Situation, die Kommunikation erfordert, liegt vor, wenn die beiden Partner etwas Verschiedenes tun möchten. Nehmen wir einen typischen Fall: »Das raue Paar« (ich nannte es so wegen der unverwechselbar rauen Stimme des Männchens) hatte am frühen Morgen gebalzt, lief eine Weile umher, stand dann unschlüssig herum. Ich wunderte mich, dass sie nicht anfingen zu fressen. Schließlich ging ein Partner nach rechts Richtung Schilfkante und war schon fast verschwunden, da blieb er stehen – der andere war nicht mitgekommen.

Dieser stand links ca. 50 Meter entfernt, ohne sich zu rühren. Nun standen beide und schauten sich an. Schließlich drehte sich der linke von seinem Partner weg und ging sehr entschlossen weiter nach links – der andere musste folgen, wenn sie sich nicht verlieren wollten. Kurz darauf flog der linke Kranich los, der eindeutig die Initiative hatte, der Zweite folgte dann schnell und holte im Flug einige Meter auf.

Solche Situationen, sozusagen Meinungsverschiedenheiten, sind meines Erachtens selten. Eher schon kommen Missverständnisse vor. So beobachtete ich, dass ein Kranich abflog, offenbar in der Gewissheit, dass sein Partner mitkäme. Nach ca. 100 Metern bemerkte er, dass sein Partner nicht folgte (hatte er zurückgeschaut? Vergewissert sich der vorne fliegende Partner regelmäßig, ob der andere mitkommt?). Er drehte eine Schleife, flog zum Startpunkt zurück, überflog seinen Partner, der sich dadurch wohl zum Auffliegen animiert fühlte und ebenfalls abhob.

Eine andere Geschichte erlebte ich mit einem offenbar jungen Paar (jedenfalls war es neu in unserem Gebiet), das verschiedene mögliche Reviere und Nahrungsflächen in Augenschein nahm. Ich beobachtete es eines Tages auf der nördlichsten Weide des Brooks. An der Körpersprache des einen vermutete ich, dass sie nun abfliegen würden, aber nichts geschah. Dieser Kranich unternahm mehrere Versuche, seinem Partner mit den beschriebenen Signalen mitzuteilen, dass er abfliegen wollte, und ihn »mitzuziehen«. Nach fünf oder sechs Anläufen schaffte er es, aber nur rund 100 Meter weit, dann ging sein Partner wieder auf der Wiese nieder.

Hier wiederholte sich das Spiel. Der eine zeigte, dass er abfliegen wollte, der andere machte nach etlichen Versuchen lustlos mit. So kamen sie über drei Stationen nur wenig entfernt von mir an, und ich dachte, sie würden nun den Wald links neben mir überfliegen. Das hatte wohl auch der erste Kranich vor, aber der Zweite, der lustlose, ließ sich am Teich nieder. Er schien zu sagen: »Warum bleiben wir nicht hier? Es ist doch okay hier!« Der andere merkte dies erst spät, drehte um, flog zu seinem Partner zurück.

Sie blieben noch eine Weile stehen und flogen erst sehr viel später ab. Ihr Ziel war das »Kleine Moor«, wo tags darauf ein eintägiger Revierkampf[12] stattfand, den ich nie vergessen werde: Mein Sohn Bengt und ich saßen an unterschiedlichen Stellen im Brook, jeder für sich beobachtete etwas Interessantes – er die Jagd eines Seeadlers, ich den Revierkampf der Kraniche. Wir informierten uns gegenseitig über Funk, und auf einmal verfielen wir beide in den Stil einer Radioreportage, einer Konferenzschaltung, in der jeder dem anderen die spannenden Momente mit ausgedachten Nebengeschichten wie aus einem »Stadion« berichtete, und wir die Szenen in einen Wettkampf umformulierten: »... und nun wieder direkt aus dem ›Kleinen-Moor-Stadion‹, das die Zuschauer und ich selbst so lieben, weil seine Erbauer es naturnah belassen haben, man hat bei den Wettkämpfen immer den Eindruck, draußen in der freien Natur zu sein. Aber da kommt bereits der Revierverteidiger aus der Deckung, deshalb wollen wir uns jetzt nicht mehr mit Nebensächlichkeiten aufhalten, sondern Ihnen, unseren lieben Zuhörerinnen und Zuhörern, die Spannung aus der Kampfbahn zu vermitteln versuchen. Eben noch konnte man meinen, dass die neue Zweiermannschaft, die in diesem Revier hier heute erstmalig angetreten ist, das Revier kampflos erobern könnte, denn wie wir alle wissen, ist dieses hier für die Verteidiger, das berühmte ›Planer-Duo‹, nur ein Nebenrevier, ein Ersatzrevier, ja sogar nur ein zweites Ersatzrevier, nun aber ist das Duo gehandicapt, denn die Partnerin sitzt bereits auf ihren Eiern und kann am heutigen Wettkampf nicht teilnehmen, es sei denn, sie würde ihrerseits das Feld den Rabenkrähen und Eichelhähern überlassen, aber das scheint sie nicht zu wollen, nicht anders können wir hier interpretieren, dass der Hahn heute allein das Duo vertritt – eine sicherlich nicht einfache Aufgabe, zumal sie sich ohnehin mit drei Revieren zu verzetteln scheinen und nicht ständig überall sein können –, aber da geht es los, der ›Planer‹ geht zum Angriff über. Bisher ging er gemessenen Schrittes um das Angreifer-Duo herum, das sich nicht einmal ausgewiesen hat, ist es das noch neue ›Sucher-Duo‹ oder eine ganz unbekannte Mannschaft? Der ›Planer‹ hat mit seiner ganzen Kraft und Erfahrung geprahlt, den Hals langgestreckt, den Schnabel emporgereckt, nun aber scheucht er die beiden vor sich her, das Angreifer-Weibchen schert aus (ein geschickter Schachzug, denn nun kann der ›Planer‹ nur einen Angreifer verfolgen), sie fliegen dicht über dem Boden hintereinander her, kleine und große Kreise, landen wieder und laufen locker aus, ja, da ist Eleganz zu spüren, die ganze Erfahrung des alten ›Planers‹, aber auch die unbefangene Jugend des Angreifers. Ein paar Minuten Pause scheinen die Kombattanten sich zu gönnen, nein, es geht schon wieder los, aber interessant, die ›Sucher‹-Henne stochert im Boden, was sucht sie denn da? Oder ist es eine Ablenkung, ein psychologischer Trick, quasi die Inbesitznahme des Reviers? Nun stochern alle drei im Gras herum, aber nur kurz. Diesmal nimmt der ›Sucher‹-Hahn all seinen Mut zusammen, reckt den Hals, den Schnabel empor, der ›Planer‹-Hahn tut es ihm nach – wir halten den Atem an. Sie, liebe Zuschauer an den Geräten daheim, können vielleicht die Spannung knistern hören, nein, es ist nicht wie Sie vielleicht denken, eine atmosphärische Störung, sondern es ist wirklich und wahrhaftig die knisternde Spannung: Sie gehen nebeneinander her, wie in Zeitlupe, beäugen sich, scheinen nun mit dem Weg eine Grenze abstecken zu wollen, ›bis hierhin und nicht weiter‹, ist der Kampf schon zu Ende?«

Nein, er war noch lange nicht zu Ende, es ging noch lange weiter. Der Hahn der »Planer« versuchte, die »Sucher« zu hacken, wurde immer aggressiver, erwischte aber keinen der Konkurrenten wirklich. Die scheinbar gefundene Grenze wurde bald wieder aufgehoben, der Revierbesitzer wollte nicht aufgeben, wollte die Eindringlinge doch endgültig vertreiben. Unsere Konferenzschaltung über Funk ging hin und her; Bengt berichtete von der Jagd des Seeadlers, von den aufgeregten Reihern und Gänsen, ich aus dem »naturnahen Stadion«. Es war spannend, spontan und albern, zum Beispiel, als einige weitere Kraniche, die hinzugeflogen kamen, sich aber am Revierkampf nicht beteiligten, zu »Cheerleadern« wurden, oder als Bengt rief: »Mit welcher Taktik sind die beiden Parteien aus der Halbzeit gekommen? Für die Gänse kann es eigentlich nur heißen, mit heiler Haut herauszukommen, ganz oder gar nicht!« Den Revierkampf im »Kleinen Moor« gewann letztlich der »Planer«.

Eine andere »Diskussion« unter Kranichen beobachteten Bengt und ich im folgenden Jahr von unterschiedlichen Stellen aus, sodass wir, über Funk verbunden, einen längeren Flug verfolgen konnten: Das wohl noch junge und revierlose Kranichpaar war uns bereits morgens aufgefallen, weil es ziellos umherflog, gelegentlich einmal landete und wieder weiterflog. Plötzlich sah ich nur noch einen der beiden, der nach Norden flog; schließlich kamen die zwei aus Norden kommend zurück, hatten eine Schleife gedreht und sich wieder getroffen. Sie flogen einige Runden über dem zentralen Moorgebiet, drehten dann nach Osten ab, um kurz darauf – immer wieder durch ein paar Kontaktrufe »diskutierend« – zum Landen anzusetzen. Allerdings wollte nur einer landen, der andere war wohl anderer Ansicht, stieg wieder auf, rief und zog den Partner mit sich weiter.

Ich glaube, dass ich hier einen Entscheidungsfindungsprozess mitbekommen habe, eine Auseinandersetzung. Vielleicht ging es sogar um die Frage, welches Revier besetzt werden könnte, und der eine Kranich wollte möglicherweise gerne ins »Kleine Moor«, der andere an den Teich im Nordteil des Brooks. Den Prozess der Entscheidungsfindung will ich etwas weiter unten noch genauer ansprechen. Vorher noch einige Beispiele, die zeigen: Die Kommunikationstechnik der Kraniche ist bei weitem nicht vollkommen. (Wie steht es diesbezüglich mit unserer menschlichen Kommunikation?)

Ich glaube, dass Kraniche möglicherweise nicht über genügend unterschiedliche und differenzierte Ausdrucksmöglichkeiten verfügen. Ich vermute, dass sie mehr wahrnehmen, als sie ihrem Partner mitteilen können, und differenziertere Gedanken denken, als sie in der Lage sind zu kommunizieren. Zwar sind wir Menschen den Kranichen im Denken und in der Kommunikation zweifellos weit voraus, aber das Phänomen, das ich hier für Kraniche anspreche, ist uns zumindest in Teilen bekannt: Wir wissen manchmal ganz genau, was wir sagen (oder schreiben) wollen, aber es gelingt uns nicht; der Partner oder Mitmensch missversteht uns, wir finden nicht die richtigen Worte oder unsere Körpersprache sagt etwas anderes als unsere Worte.

Deshalb kann ich mir gut vorstellen, wie unverstanden sich der Kranich im folgenden Beispiel fühlte: Am Rande eines unserer Reviere, praktisch auf der Naturschutzgebietsgrenze, befand sich ein kleiner primitiver Hochsitz, von dem aus ich gute Einsichtsmöglichkeiten in zwei weiter hinten liegende Wiesen hatte. Dort pflegten die »Schlitzohren« morgens nach Nahrung zu suchen. Eines Morgens wollte ich sie intensiver beobachten, weshalb ich den Hochsitz wählte. Ich hatte wie immer mein Fernglas bei mir.

Die Kraniche verhielten sich aber nicht nach meinem Plan. Noch in der Dämmerung kamen sie genau in meine Richtung geflogen – zuerst freute ich mich, denn ich konnte mit dem Fernglas alles besonders gut beobachten. Dann kamen sie aber immer näher und landeten schließlich direkt unter dem Hochsitz, wo ich sie noch nie gesehen hatte. Nun stand – genauer: saß – ich da. Anstatt die Kraniche wie geplant zu beobachten, ohne sie zu stören, war ich nun nur zwei, drei Meter von ihnen entfernt, benötigte gar kein Fernglas mehr; aber wenn sie den ganzen Morgen hierblieben, würde ich hier oben unfreiwillig Wurzeln schlagen oder zumindest ein steifes Rückgrat ernten, wenn ich sie nicht erschrecken wollte.

Nur wenig später hatte einer der Kraniche mich gesehen (ich war sichtbar, weil es ein sehr einfacher, offener Hochsitz war, nur mit einer Sitzplatte; er hatte keinerlei Verblendung, geschweige denn ein Dach). Der Kranich schaute deutlich hoch zu mir und machte einen leicht aufgeregten, aber nicht besonders verängstigten leisen »Gurr«-Ton, etwa wie »prrr« oder »drrr«. Der andere stocherte weiter im Boden und antwortete »drrr«, sehr zufrieden klingend. Der Erste machte »prrr«, mit leicht warnendem Unterton (den wohl nur ich da hineininterpretierte), der andere stocherte beruhigt weiter und antwortete »drrr«.

So ging es hin und her. Aber auch der Erste konnte nicht recht einschätzen, was es mit mir denn nun auf sich hatte. Vielleicht erkannte er mich als einen Menschen (vor dem es eigentlich zu fliehen galt), aber so hoch im Baum hatte er noch keinen Menschen gesehen. Falls ich ihm bedrohlich erschien, wunderte er sich vermutlich, wieso ich mich nicht bewegte. Für mich war aber offensichtlich, dass er versuchte, seinen Partner auf mich aufmerksam zu machen, etwa wie »Schau doch mal da vorne oben, was ist denn das?« Aber es gelang ihm nicht.

Der Kranich löste das Problem anders: Nach einigen Minuten hatte er offenbar erkannt, dass sein Partner nicht vom Futtern abzubringen war, also pickte er seinerseits ein wenig in der Wiese herum, schaute aber immer wieder zu mir, »gurrte« und zog sich deutlich Schritt für Schritt vom Hochsitz zurück, immer wieder zu mir zurückschauend.

Sein Partner folgte, wohl ohne diesen Richtungswechsel (und immer noch ohne mich) zu bemerken. Das Paar ging scheinbar wie gewöhnlich über die Wiese, suchte hier und suchte dort. Der eine der Kraniche zog dabei seinen Partner »zielbewusst« von mir weg.

Beim Nachdenken über diese Beobachtung fiel mir etwas auf. Wenn wir Menschen es nicht schaffen, unseren Partner mit Worten (»Schau mal, was ich hier habe«) zum Hinsehen zu bewegen, stoßen wir ihn an. Der Kranich tat das nicht. Er stieß seinen Partner nicht an.

Niemals – außer bei der Kopulation für ein paar Sekunden – haben Kraniche Körperkontakt (soweit ich das bisher beobachten konnte, auch beim Schlafen im Wasser stehend nicht). Niemals krausen sie beispielsweise dem Partner die Kopffedern (was manche andere Vögel ja tun). Sie hacken meist nicht wirklich, sondern deuten dies nur an, auch wenn in seltenen Einzelfällen auch schon blutige Kämpfe beobachtet wurden. Körperkontakt ist also bei Kranichen niemals Mittel der Kommunikation, weder bei der sozialen oder Partnerbindung noch bei Auseinandersetzungen. Körpersprache hingegen schon.

Ein zweites Beispiel unzureichend differenzierter Verständigungsmöglichkeiten ist eine erst kürzlich gemachte Beobachtung einer Kranichfamilie, die direkt am Weg, auf dem wir wanderten, nur zehn Meter von uns entfernt Futter suchte: Das Männchen (der etwas größere Kranich) strebte, als es uns entdeckt hatte, zügig dem nahen Moorbirkenwald entgegen, schaute sich ständig um zu seiner Partnerin und seinem Jungen; das Weibchen zögerte, entfernte sich aber ebenfalls vom Weg, während das Junge sorglos – wie Kinder halt sind! – nur wenige Meter vom Weg weiter am Boden Futter suchte oder spielte. Es gelang dem Männchen nicht, die beiden anderen von uns weg zu sich zu locken; es gelang dem Weibchen nur nach und nach, das Junge vom Weg wegzulocken, während wir uns sehr langsam bewegten, stumm vor Begeisterung ob der so nahen Begegnung und bemüht, die Kraniche nicht zu verschrecken.

Größere Kranichgruppen kommunizieren untereinander, zum Beispiel beim Fliegen. Wenn eine fliegende Kranichtruppe landen will, kann man immer angeregte Rufe vernehmen. Aber was »bereden« sie dann? Ich beobachtete eines Tages eine längere »Diskussion«: Eine Gruppe von vielleicht 35 Kranichen kam aus Südwesten, es war noch am Anfang der Saison. Sie überflog das Gebiet der »Schlitzohren« und hatte eindeutig die Flugrichtung nach Osten geändert.

Da es bereits später Nachmittag war, fast schon Abend, fragte ich mich, wo diese große Gruppe wohl noch hinfliegen könnte, um einen geeigneten Schlafplatz zu finden. Im Brook gab es Möglichkeiten, die zwar im Frühjahr früher nie[13] von so großen Gruppen genutzt wurden, aber vielleicht angesichts der schon fortgeschrittenen Tageszeit eine bessere Lösung darstellten, als noch bis zum Schaalsee zu fliegen. So dachte ich und machte mir Gedanken über die Gedanken der Kraniche und darüber, welchen Ort sie vielleicht als Schlafplatz »im Auge« hatten.

Ich verfolgte die Gruppe mit dem Fernglas, und noch bevor sie über den Bäumen weit im Osten verschwunden waren, gab es auf einmal Durcheinander in der Fluggruppe. Sie hielten gleichsam »in der Luft an«, flogen in kleinen Kreisen durcheinander und drehten dann die Flugrichtung um 180 Grad. Aha, dachte ich, sie machten sich die gleichen Sorgen wie ich, nämlich: »Schaffen wir es eigentlich heute Abend vor dem Dunkelwerden noch bis ... (zum Schaalsee)?«

Nun wollten sie im Gebiet vor mir landen, das aber den »Schlitzohren« gehörte. Diese meldeten sich prompt, sodass die Landeversuche abgebrochen wurden, die Gruppe gewann wieder etwas an Höhe. Ich hörte die Kontaktrufe oder Flugrufe, die die Vögel untereinander austauschten. Sie kreisten weiter unschlüssig, riefen sich allerlei »Worte« zu, flogen ein wenig nach Westen, dann nach Osten, entschieden sich schließlich und zogen nach Norden ab. Dort liegt das Nienwohlder Moor, und ich vermute, dass sie entweder dort oder eher noch im Mühlenteich (Gräberkate) in der Nähe von Bargfeld-Stegen übernachtet haben. In diesem Gewässer ist Platz genug.

So eingeschränkt die Kommunikationsfähigkeiten der Kraniche wohl sind, sie sind doch zum Überleben sowie für die Bewältigung schwieriger Situationen offensichtlich ausreichend. Ich beobachtete einmal ein Kranichpaar (lange bevor ich den Anstoß zur Beobachtung dieser verschiedenartigen Begebenheiten bekommen hatte), das ich »Die Filmstars« nannte, weil dort einmal TV-Aufnahmen gemacht wurden; es war aber möglicherweise das Paar, das ich ansonsten »Die Planer« nannte. Ich wusste, dass sie nachmittags gern aus dem Waldrand auf die Lichtung kamen, wo sie Futter suchten und ihre schon recht großen Jungen ausführten.

Meinen damals noch jüngeren Kindern hatte ich versprochen, dass wir »ganz bestimmt« die Kraniche sehen würden und sogar ihre Jungen, denn sie seien nun groß genug. Ich stand mit ihnen an einem geeigneten Platz, aber meine Söhne waren enttäuscht, denn die Kranichfamilie war nicht da, sie hätten sie so gern durch das aufgebaute Fernrohr beobachtet.

Nach einigem Warten – nichts für einen Acht- und einen Zehnjährigen! – traten die Kraniche endlich aus dem Wald, aber ohne Junge. Meine Söhne fragten: »Wo sind denn die kleinen Kraniche?« Doch ich wusste es auch nicht, befürchtete das Schlimmste. Es dauerte einige Sekunden, bis die Altvögel stehenblieben, sich umdrehten und in den Wald zurückschauten.

Nichts passierte. Da ging schließlich einer der Kraniche in den Wald zurück und kam nach einer halben Minute mit den beiden Jungen heraus. Ich erinnere mich noch, meinen Söhnen erklärt zu haben: »Das ist ja wie bei euch, schaut mal, die haben wahrscheinlich Unsinn im Wald gemacht, sollten aber auf die Wiese kommen zum Futtern und kamen nicht; da musste der Vater sie holen gehen«, aber ich war mir des Zusammenhangs damals überhaupt noch nicht bewusst.

Erst beim Schreiben dieses Kapitels ist mir diese frühere Beobachtung wieder eingefallen, und ich machte mir Gedanken über ihre Bedeutung. Hier haben mehrere geistige Leistungen stattgefunden: Zuerst stellten die Alten (beide gleichzeitig? Oder erst einer, der dem anderen zum Beispiel durch Stehenbleiben mitteilte »Hier ist was nicht in Ordnung«?) fest, dass die Jungen fehlten. Die Eltern kümmerten sich also um deren Wohlergehen, führten und fütterten und beschützten sie, wollten sie also nicht alleine lassen.

Dann erkannten sie, dass die Jungen nicht mitgekommen waren, stimmten sich ab, warteten am Waldrand und schauten in den Wald zurück. Nun beurteilten sie die Situation: Wenn die Jungen von allein kämen, war alles klar, dann könnten sie gemeinsam zu viert weitergehen. Kämen sie aber nicht, müsste etwas getan werden. Ich weiß nicht, ob die Jungen für die Alten sichtbar waren, ob sie also beobachten konnten, was die Kleinen taten. Oder ob die Jungen, wie immer nicht besorgt, ihre Alten zu verlieren, alles erkundeten; die Sorge ist auch bei Kranichen eine Einbahnstraße nur aus Richtung der Eltern.

Nach der Beurteilung der Situation stimmten sich die Eltern vielleicht untereinander ab: Wer geht die Jungen holen? Einer ging los, vermutlich der Vater (da ich selber Vater bin, kann ich mir das aus eigener Erfahrung vorstellen).

Im Wald musste er die Jungen irgendwie dazu bewegen mitzukommen. Das schaffte er mithilfe mir unbekannter Kommunikationstechnik, die Jungen folgten ihm, und die Familie ging zum Nachmittagsfuttern über. Meine Söhne jedenfalls waren glücklich, dass die Jungen nicht tot waren. Zugegeben: Ich empfand genau das Gleiche.

Eine weitere Beobachtung von Kommunikation: In der Nähe des Nestes der »Füchse« saß ein Seeadler auf einem Baum. Vielleicht war das neu für den brütenden Kranich, vielleicht war dieser Jagdansitz einfach nur zu nah, fühlte sich bedrohlich an – jedenfalls hörte ich auf einmal kurze, verhaltene Rufe aus dem Brutplatz. Ich dachte, vielleicht will er den Partner rufen? (Der stand auf einer Wiese – vom Nest aus nicht sichtbar – ca. 800 Meter entfernt.) Die Rufe wiederholten sich, wurden lauter, eindringlicher. Es waren einzelne Töne, wie »pööt«.

Es dauerte zwar mindestens fünf Minuten, aber dann erschien tatsächlich der Partner und flog zum Nest, die Rufe verstummten, der Seeadler blieb sitzen. Der auf dem Nest sitzende Partner war offensichtlich beruhigt.

Eine weitere Begebenheit fand leider keinen glücklichen Ausgang: In dem betreffenden Jahr hatten die »Pioniere«, wie in den beiden Jahren zuvor, die Brut abgebrochen, und sie hatten eine Nachbrut begonnen. An einem Abend Anfang Mai 1998 besuchte ich die Kranichbewacher. Ich sah auf meinem Weg in den Brook einen einzelnen Kranich auf einer üblichen Wiese und sagte mir: »Gut, die ›Pioniere‹ brüten immer noch. Noch fünf Tage, dann schlüpfen die Küken.«

Ich traf den Kranichbewacher, wir besprachen den Stand der Dinge, der leider nicht erfreulich war: Erst ein Paar hatte ein Junges, alle anderen (bis auf eines) hatten schon mindestens einmal die Brut abgebrochen, die »Füchse« hatten mit der Nachbrut begonnen, die »Rauen« brüteten vielleicht noch oder auch nicht. Die »Schlitzohren« und die »Sucher« hatten die Brut abgebrochen. Immerhin, die Jungen der »Pioniere« standen kurz vor der Schlupf. Während wir zu meinem Wagen zurückgingen, hörten wir hinter einem Wäldchen einen kurzen, nicht sehr fröhlichen Duettruf, ziemlich genau dort, wo ich vorhin den einzelnen »Pionier« hatte stehen sehen. Wurde er von einem anderen Paar vertrieben? Von welchem denn? Was für ein Paar würde hier rufen?

Wir sahen zunächst nichts. Die Tiere waren wohl wieder weggeflogen. Nach einigen Minuten entdeckten wir sie doch: Ein Paar schritt entschlossen auf einer Weide, auf der etliche Pferde standen, nach Norden. Dies war eindeutig eine Wiese der »Pioniere«. Einer der Kraniche ging etwa 50 Meter vor dem anderen her, flog sogar ein Stückchen, schien sich absetzen zu wollen. Beide liefen zwischen den Pferden hindurch, als ob ihnen alles egal wäre. Hatten die »Pioniere« soeben die Brut abgebrochen? Aber einer von ihnen war doch vorhin noch am Waldrand zu sehen gewesen, der andere musste währenddessen im Nest gesessen haben.

Erst im Nachhinein wurde mir die Komplexität dieser Situation deutlich (wenn ich den Vorgang richtig interpretiere): Der eine Partner war bei der Nahrungssuche, während der andere noch saß. Was immer am Nest passiert war, der brütende Partner musste festgestellt haben, dass die Brut nicht fortgesetzt werden konnte, und flog zu seinem Partner, den er auf der beschränkten Auswahl von Wiesen sicher und schnell finden konnte.

Er traf dort ein, es gab einen Duettruf, bei dem der Erste offenbar sofort verstand, was die Situation bedeutete; sie waren erregt und gingen mitten durch die Pferdeherde hindurch, ohne Ziel, einfach nur weg. Die Brut war beendet. Der Kranichbewacher, mit dem ich gesprochen hatte, stellte am folgenden Tag fest, dass es tatsächlich die »Pioniere« waren und dass sie die Brut erneut abgebrochen hatten. Da wir die Lage des Nestes nicht genau kannten und zudem ein anderes Kranichpaar ziemlich in der Nähe brütete, beschloss ich, nicht nachzuschauen und zu untersuchen, was der Grund für den Brutabbruch war.

Wie aber hat der zunächst noch auf dem Nest sitzende Partner seinem Gatten mitgeteilt, dass die Brut beendet war? Oder reichte zur Vermittlung dieser komplexen Information schon die simple Tatsache, dass er sich vom Nest entfernt hatte? Wie aber unterscheidet der abwesende Partner dann diese Mitteilung von derjenigen, die ein Osnabrücker Biologe beobachtet hat? Er verbrachte für seine Diplomarbeit viel Zeit in einem Versteck nahe eines Kranichnestes. Der auf dem Nest sitzende Kranich zeigte nach vielen Stunden, die er dort allein verbrachte, deutliche Unruhe. Er rief seinen Partner, wurde aber nicht gehört. Schließlich flog er ab und ließ zum Entsetzen des Beobachters das Gelege allein. Kurz darauf kehrten zwei Kraniche zurück, einer setzte sich auf das Gelege, der andere flog aus – vermutlich, um endlich wieder einmal etwas zu fressen.

Viele Fragen bleiben nach wie vor offen. Vergegenwärtigen wir uns einmal den Lebenslauf eines jungen Kranichs. Im ersten Jahr zieht er mit seinen Eltern im Winter nach Spanien (oder Südwestfrankreich oder Nordafrika). Entweder schon dort oder spätestens nach der Rückkehr in die heimischen Gefilde wird er sich von seinen Eltern trennen, freiwillig oder gezwungenermaßen, weil sie ihn verstoßen. Oft kann man Anfang März bei uns diesen Vorgang beobachten: Die Alten kommen ins Revier zurück und haben einen dritten Kranich bei sich. Ein paar Tage oder Wochen später vertreiben sie ihn – er will immer noch wieder zurück, sucht die Nähe, wird aber konsequent wie ein Fremder vertrieben, er ist nun auf sich allein gestellt.

Ende März haben normalerweise alle Paare ihre Reviere bezogen und verteidigen sie bereits. Dann erscheinen auf einmal relativ große Trupps von fünf bis fünfzehn Kranichen, im Jahre 2019 sogar bis zu 65 Individuen. Das sind junge Kraniche, oft noch Singles. Sie treiben sich herum, machen viel »Alarm« in allen Revieren, wollen an den schönsten Stellen übernachten, aber die jeweiligen Revierpaare lassen dies nicht zu. Wie haben sich diese jungen Kraniche zusammengefunden?

Später zerfallen diese Gruppen. Man sieht Dreier-, Vierer- und Fünfer-Trupps. Bald darauf sind immer mehr Kraniche zu zweit unterwegs. Handelt es sich um Jungpaare? Verliebte? Verlobte? Wie treffen sie sich? Wie entscheiden sie sich füreinander?

Der frühere brandenburgische Umweltminister Eberhard Henne war auch langjähriger Leiter des Biosphärenreservats Schorfheide-Chorin. Er kann aus den Erfahrungen, die er mit beringten Kranichen gemacht hat, heute sagen, dass einige Kraniche, die als nicht flügge Jungtiere beringt wurden, sich ein neues Revier gesucht haben, das nur wenige Kilometer von ihrem Heimatrevier entfernt ist. Was aber auch er nicht weiß, ist: Wer ist der Partner, woher stammt dieser?

Bei unseren Paaren im Brook fiel mir auf, dass einzelne Jungpaare Reviere aktiv untersuchten. So meinte ich vor einigen Jahren zu bemerken, dass im Mai ein Paar ein neues Revier besetzte. Das ist sehr spät, auf jeden Fall viel zu spät für eine Brut. Im Jahr darauf besetzte das Paar, das ich anhand seiner rauen Stimmen wiederzuerkennen meinte, ein benachbartes Revier von Beginn der Saison an.

Hier war ich nicht hundertprozentig sicher, ob es sich tatsächlich um das suchende Paar des Vorjahres handelte. Sehr viel sicherer fühlte ich mich bei einem anderen Paar, das zum zweiten Mal auf einer Wiese erschien, die zuvor jahrelang niemals von Kranichen besucht worden war. Zwar stand sie immer unter unserer Beobachtung, aber es tauchte einfach kein Kranich dort auf.

Diese Wiese, die ich hier »Lichtweide« nennen möchte, ist schön zurückgelegen, ruhig, vermutlich auch nahrhaft. Vielleicht stören manchmal Hirsche die Kraniche, aber es gibt noch belebtere Hirschplätze, wo sich die Kraniche aufhalten, Nahrung aufnehmen und dem Rot- und Damwild ausweichen können.

1997 – wieder im Mai, nach der Zeit, als die Gruppen von jugendlichen Kranichen sich aufgelöst hatten – tauchte ein Paar auf der »Lichtweide« auf. Zwar war es zu selten zu sehen oder zu hören, als dass wir schon von einer Revierbesetzung sprechen wollten. Doch wenn mich mein Gefühl nicht trog, würden wir hier im nächsten Jahr ein neues Paar beobachten können.

Tatsächlich fand ein Jahr später in diesem Revier ein neues Paar, die »Sucher«, seine Wahlheimat. Eine unserer Kranichbewacherinnen konnte eine ausführliche Balz, Duettrufe, Kopulation und anschließenden Tanz beobachten. Ich hatte schon Ende Februar erste Anzeichen einer Revierbesetzung bemerkt; dies war die Bestätigung.

Klar, wir wussten nicht genau, ob die »Sucher« wirklich das Paar waren, das wir schon im Mai des vorangegangenen Jahres auf der »Lichtweide« gesehen hatten. Es war als wahrscheinlich anzusehen, denn schließlich hatten wir jahrelang gar kein Paar hier gehabt, dann die ersten Revieruntersuchungen im Mai des Vorjahres und dann Balz und Kopulation im Folgejahr. Eine individuelle Bestimmung der Kraniche war mir aber seinerzeit nicht möglich.

Die Fragen, die ich mir zunächst stellte, lauteten: Welche Kriterien zieht ein junges Kranichpaar für seine Revierentscheidung heran? Es hat sich getroffen, sich füreinander entschieden, wie auch immer das vor sich ging. (Wir wissen es ja meist bei uns selbst nicht, noch weniger verstehen wir, wie sich eines unserer Familienmitglieder nun gerade für diesen Mann oder diese Frau entscheiden konnte, der andere Freund, die andere Freundin vorher war doch viel patenter!)

Dann schaut sich das Paar ein potenzielles Revier nach dem anderen an. Mit ein wenig Glück und etwas mehr Zeitaufwand kann man so etwas beobachten. Man sieht ein paar Tage hintereinander ein Paar in einem Revier, es geht herum, es fliegt ein und aus, es sucht Nahrung am Revierrand. Nach ein paar Tagen ist es verschwunden, dafür taucht aber an einer völlig anderen Stelle wieder für einige Tage ein Kranichpaar auf – die Abfolge dieser Ereignisse legt schon nahe, dass es sich um dieses erste Paar handelt, das ein Revier sucht und potenzielle Gebiete in Augenschein nimmt.

Nun ist es Mai geworden oder Juni, die Tiere haben sich ein Revier ausgesucht – vielleicht nach Kriterien, die wir Menschen für Kranichreviere genauso wichtig fänden: ein ausreichend feuchtes Nistareal, gute Rückzugsmöglichkeiten, eine Wiese zum Ausführen, Abstand zu den Wegen etc. Also findet bei den Vögeln ein Abwägungsprozess statt? Und wie geht der gemeinsame (?) Entscheidungsprozess vor sich?

Vielleicht einfach dadurch, dass sie beide zufrieden »gurren«, dass keiner von beiden wegstrebt, dass sie am Verhalten des jeweils anderen feststellen, dass dieser am Abend ebenso gerne wieder an diesen Ort zurückkommt?

Die Revierauswahl kann kein vererbtes Merkmal sein, denn schließlich läuft sie bei jedem Paar und jedem Revier anders ab. Es muss sich um einen individuellen Entscheidungsprozess handeln, der sich über Monate und Jahre hinzieht und teilweise in weit voneinander entfernten Gegenden stattfindet. Also müssen sich die Kraniche ihrer selbst in ihrer Umgebung und ihres Partners, vielleicht sogar ihrer Zukunft als brütendes Kranichpaar irgendwie »bewusst« sein. Sicher nicht »bewusst« im Sinne von »Selbstreflexion«, aber doch so weit, dass Entscheidungen wie »ja« und »nein« oder »vielleicht« auf der Basis von Beobachtungen und Beurteilungen möglich werden. Welche gedanklichen Prozesse gehen hierbei vor sich?

Offensichtlich haben die Tiere Kriterien, anhand derer sie die Güte eines Reviers beurteilen. Und sie sind fähig, sich an ihre Beobachtungen zu erinnern, darüber »nachzudenken«, indem sie vergleichen. Erst durch den Vergleich entsteht die Beurteilung und die spätere Gewissheit über die Richtigkeit der gefällten Entscheidung. Aufgrund von guten oder schlechten Erfahrungen können Entscheidungen revidiert werden; auch das können wir deutlich beobachten. Die Kraniche haben also ein »Konzept«, ein Bild davon, wie ein Revier aussehen muss – ein Bild, das sich durch Erfahrung entwickelt.

Nun kommt der nächste Winter. Wissen die beiden jungen Kraniche, dass sie im nächsten oder übernächsten Jahr werden brüten können, dass sie dann geschlechtsreif sind? Sie fliegen in den Süden, sie kommen zurück – wie einigen sie sich, dass sie wieder hierher fliegen, wie finden sie den Weg?

Ein Kranichpaar, das ich über Jahre beobachtete (und von dem ich abermals nur vermuten konnte, dass es jedes Jahr das gleiche Paar war), bewohnte das am dichtesten bewachsene, teilweise sehr feuchte, weglose und daher am schwierigsten zugängliche Gebiet im Brook (das nur mit einer Sondergenehmigung, wie ich sie als Naturschutzbeauftragter hatte, betreten werden darf). Ich nenne es hier »Grüner Brook«.

Die Beobachtungsmöglichkeiten von außerhalb waren sehr unzulänglich, gaben uns aber wenigstens ein paar Informationen. In einem Jahr war ich sicher, dass das Paar wieder keine Jungen flügge bekommen hatte, falls es überhaupt erfolgreich gebrütet hatte. Als Ursache dafür vermutete ich, dass zwischen dem Brutplatz und zwei möglichen Führungswiesen zu schwieriges Gelände lag und außerdem ein Fuchsbau. Vor diesem Bau konnte ich einmal, als ich tief im Gelände war, drei Fuchswelpen beobachten, die in der Sonne spielten. Es war ein so wunderschönes Erlebnis, obwohl mir natürlich klar war, dass diese Fuchskinder unter anderem bald lernen würden, Kranichjunge zu erbeuten und zu fressen.

Ich näherte mich vorsichtig dem Zentrum des Kranichreviers. Und dieses Mal gelang es mir, die Kraniche zu entdecken, bevor sie mich sahen. Sie waren wieder auf ihrer eigentlich nicht sehr guten Nahrungsfläche unterwegs (und wie erwartet ohne Junge). Nun beobachtete ich, wie sie sich langsam nach Osten bewegten (ich kam von Westen). Sie überschritten die Grenze zum benachbarten Revier, das wegen eines dramatischen Vorfalls (von dem ich später berichten werde) verfügbar geworden war, und eroberten dort langsam und vorsichtig die wichtigste und beste Nahrungswiese.

Damit hatte ich eigentlich schon früher gerechnet, und genau das hatte ich gehofft zu beobachten. Ich glaube nicht, dass ich an diesem Tag die erste Eroberungshandlung miterlebte, wahrscheinlich hatte es solche Versuche schon vorher gegeben. Ich nehme an, dass das Paar nach und nach ausprobierte, ob es vertrieben werden würde oder nicht.

In der Folgezeit beobachtete ich das Paar nur noch im neuen Revier. Es übernahm den von den Vorbesitzern verlassenen Schlafplatz. Dieser Bereich ist eines der schönsten Feuchtgebiete im ganzen Brook und war von dem nunmehr abwesenden Paar in früheren Jahren als Brutplatz genutzt worden. Es war bald klar, dass die neuen Bewohner den letzten Nistplatz der Vorbesitzer nicht übernehmen würden. Zwar fraß das Paar in der Nähe, ging aber nie in die unmittelbare Nähe des verwaisten Nistplatzes (jedenfalls nicht, soweit ich weiß). Während der Zeit, in der wir vermuteten, dass die Nester gebaut wurden, flog es tagsüber oft zum Schlafplatz. Dort gab es einen aus meiner Sicht sehr geeigneten Neststandort. Sicher hatte das Paar bereits mit dem Nestbau begonnen, denn es war zeitweilig lange nicht zu sehen. Es arbeitete vermutlich am Nest irgendwo in der Nähe seines Schlafplatzes.

Ich wollte unbedingt wissen, wo das Nest lag, um den Förster und den Landwirt, die hier regelmäßig zu tun hatten, darauf aufmerksam zu machen und um Rücksicht zu bitten. Von weitem konnte ich den Nistplatz aber nicht entdecken. Auf keinen Fall wollte ich durch das Gebiet hindurchstapfen – das wäre aus meiner Sicht eine unverantwortliche Störung gewesen.

Eines Tages bemerkte ich, wie ein Kranich aus dem Feuchtgebiet des Schlafplatzes herausflog und sich in einem großen Bogen nach Norden wendete, um Nahrung zu suchen. Bei einer anderen Gelegenheit beobachtete ich, wie er von Norden kommend in das Gebiet einflog, einen Bogen beschrieb, an der mir abgewandten Seite eines Knicks (einer hohen Feldhecke) entlangflog und im Bereich des Schlafplatzes niederging.

Kurz danach sah ich erneut einen Kranich das Feuchtgebiet verlassen. Auch er flog hinter dem Knick entlang, näherte sich in geringer Höhe der Waldgrenze, gewann elegant an Höhe, flog knapp über den Baumwipfeln weiter und entschwand meinem Blick. Aha, es war Brutwechsel, jetzt begab sich der andere Partner zum Essen, und zwar an anderer Stelle. Das kennen wir von vielen Kranichpaaren: Der eine Partner fliegt zum Beispiel nach Norden auf eine bestimmte Wiese, der andere vielleicht lieber nach Osten.

Ein paar Tage später begann meine eigene Kranichbewachungswoche, die mein Sohn Bengt und ich zusammen verbrachten. Unter anderem hatte ich mir vorgenommen, dieses spezielle Paar genauer zu beobachten und herauszufinden, wo genau sie aus dem Feuchtgebiet heraustraten – denn das würde später der Ort sein, an dem sie die Jungen herausführten. Falls es sich um eine landwirtschaftlich genutzte Wiese handelte, würde ich den Bauern informieren und mit ihm Absprachen treffen müssen.

Es gelang mir nicht herauszufinden, an welcher Stelle die Kraniche das Feuchtgebiet verließen. Wieder sah ich einen der beiden Vögel erst, als er hinter dem Knick (ein »Knick« ist eine in Schleswig-Holstein übliche Bezeichnung für einen mit Büschen und wenigen Bäumen bewachsenen künstlichen Wall) entlangflog. Das war merkwürdig, denn ich hatte mich dieses Mal auf der anderen Seite der Buschreihe postiert. Hatte der Kranich einen anderen »Ausgang« gewählt, weil er mich beobachtet hatte und sich meinem Blick entziehen wollte? Und flog er generell so gern hinter dem Wall entlang, um außer Sicht zu sein? Wusste er, dass ich ihn würde beobachten können, wenn er seinen üblichen Weg an der anderen Knickflanke nehmen würde? Und flog er deshalb hinter dem Knick her, weil er »wusste«, dass ich ihn beobachten können würde, wenn er vor dem Knick herflog, er dahinter aber für mich schwer oder gar nicht beobachtbar war? Vielleicht war es Zufall, ich vermochte es nicht zu sagen.

Ich beschloss, am nächsten Morgen sehr früh am gleichen Platz zu erscheinen und machte mich vor Tau und Tag auf den Weg. Früh genug war ich an Ort und Stelle – dachte ich. Doch anstatt kurz vor der beginnenden Dämmerung die Morgenrufe der Kraniche zu hören (die in den anderen Revieren gerade erklangen, wie ich aus der Ferne und durch das Funkgerät meines Sohnes hörte), entdeckte ich etwas später einen »meiner« beiden Kraniche aus Norden kommend auf seinem Rückflug vom Frühstück! Mensch, war der früh aufgestanden!

Nun hoffte ich, er würde seinen Bogen machen und auf der für mich einsehbaren Seite des Knicks einfliegen (denn er konnte unmöglich wissen, dass ich hier war; ich war ja gekommen, während er außerhalb des Gebietes frühstückte). Ich ging davon aus, dass es mir dieses Mal gelingen würde festzustellen, wo er landete und in sein Brutrevier ging. Tatsächlich, er flog seinen Bogen, aber blieb in der Höhe, ging nicht herunter wie gewohnt.

Er hielt auf mich zu. Ich beobachtete ihn durch mein Fernglas und konnte feststellen, wie er seinen Kopf leicht zur Seite neigte und auf mich herabsah – eindeutig, er hatte mich aus der Ferne erspäht, obwohl ich dachte, ich sei gut versteckt! Pech für mich, er sah halt sehr gut, besser als ich. Nun beschrieb er über mir eine weite Schleife und schaute immer mal wieder zu mir herunter. Dann flog er zurück zum Knick, ging herunter und landete irgendwo im Feuchtgebiet, wo ich es nicht sehen konnte. Wenige Minuten später ertönte der für die Brutablösung typische Ruf – aber merkwürdig: Mir schien es sich nicht um den typischen Duettruf zu handeln, sondern um einen Einzelruf in der Melodie des Duetts, sozusagen ein »Solo-Duett«, der Duettteil des Hahns allein von ihm vorgetragen.

Diese Beobachtung konnte ich mir nicht erklären. Meine erste Vermutung war, dass nur der Kranich rief, der auf dem Nest saß, während der andere, der mich gesehen hatte, ruhig blieb, sozusagen »Psssst!« zu seinem Partner sagte.

Durch weitere Beobachtungen gelangten wir einige Zeit später zu der Vermutung, dass sich ein Brutplatz etwa 400 Meter westlich des von »unserem« Paar genutzten Feuchtgebietes befand. Schwer vorstellbar, dass dort ein weiteres Kranichpaar brütete – wir hätten diese Vögel sehen und hören müssen. Es musste wohl »unser« Paar sein, das eben nicht am östlichen, sondern 400 Meter weiter am westlichen Rand seines Revieres brütete.

Das ließ nur einen Schluss zu: Sie hatten mich getäuscht. Sie flogen weithin sichtbar in weitem Bogen nach Osten ein und schlichen sich heimlich nach Westen zum Brutplatz. Wir bekamen die Bestätigung dieser Hypothese, als das Paar mit seinem Jungen zum ersten Mal nach der Schlupf aus dem Dickicht heraustrat: im Westen des Reviers, 400 Meter von der zunächst vermuteten Stelle entfernt. Weitere zwei Monate später fanden wir bei einer Nachsuche das Nest. Das Paar hatte eine ganze Reihe von Täuschungsmanövern angewendet: Tiefflug, »Zu Fuß«-Gehen und Sich-Verstecken. Doch am beeindruckendsten war der vorgetäuschte Begrüßungsruf als Duettruf, der nur ein halbes Duett war, ein »Solo-Duett«, nur die Stimme des Männchens aus der Duettmelodie.

Geschlagene drei Wochen lang war es diesem Kranichpaar gelungen, mich »sehr schlitzohrig« darüber zu täuschen, wo sich sein Nest befand. Nur durch sehr genaues Beobachten war es mir gemeinsam mit anderen Kranichbewachern möglich gewesen, die korrekte Lage des Nestes herauszubekommen. Wir nannten dieses Paar von nun an »Die Schlitzohren«.

Die Episode ließ mich nicht los: Wie gezielt hatten die

Kraniche diese Täuschungen geplant und ausgeführt? Vor allem: Welche Intelligenz- und Bewusstseinsleistung steht hinter dem möglicherweise gezielt zu meiner Täuschung angesetzten »halben« Duettruf? Schließlich versuchen nicht alle Kraniche, mit so viel Aufwand ihr Nest vor Menschen zu verheimlichen, sondern nur diejenigen, die in der Nähe von Menschen leben, also beobachtet werden beziehungsweise sich beobachtet fühlen. (Kraniche verbergen ihr Nest in erster Linie vor anderen räuberischen Tieren wie Fuchs und Wildschwein.) Kann sich eigentlich ein Wesen, das sich seiner selbst nicht bewusst ist, vor einem anderen Wesen verstecken? Woher weiß ein Kranich, dass er, wenn er hinter einer Buschreihe herfliegt, von vorne nicht gesehen werden kann? Woher wusste »mein« schlitzohriger Kranich, dass ich seinen halben Duettruf hörte? Und dass ich, wenn ich ihn hörte, zu der Schlussfolgerung kommen musste, dort sei sein Nest?

Zum Thema »Verstecken« ist auch ein Vergleich mit dem Verhalten von kleinen Kindern interessant. In frühester Kindheit glauben sie, wenn sie die Hände vor die Augen halten oder ein Handtuch über den Kopf ziehen, könnten die Eltern sie nicht mehr sehen, weil sie selbst die Eltern nicht mehr sehen können. Sie können sich noch nicht vorstellen, dass die Eltern etwas anderes sehen als sie selbst. Später erst sorgen sie bei Versteckspielen dafür, dass sie selbst wirklich nicht gesehen werden können, während sie manchmal (z.B. durch einen Schlitz in der Tür) beobachten, wie sie gesucht werden.

Im folgenden Jahr wählten die »Schlitzohren« als Brutplatz gleich die Stelle, die ich im Vorjahr zuerst fälschlich für den Nistplatz gehalten hatte. Aha, dachte ich, letztes Jahr haben sie bei ihren zahlreichen Aufenthalten hier geprüft, ob der Wasserstand stabil ist. (Ich glaube, dass erfahrene Kranichpaare nur an Stellen brüten, von denen sie wissen oder vermuten, dass der Wasserstand lange genug stabil sein wird – dies ist ein Teil ihrer Lebenserfahrung.) Vielleicht hatten sie mich also gar nicht »absichtlich« getäuscht. Stattdessen hatte ich vielleicht nur mehrfach beobachtet, dass beide oder einer der Partner beim potenziellen Nistplatz nachschaute, zumal dieser ein Schlafplatz war. Selbst wenn dies zutreffen sollte, fand ich es interessant, denn es ließ ja auf eine noch längerfristige Planung schließen. Eine Planung von mehr als einem Jahr im Voraus, bei der Alternativplätze ausgesucht werden!

Im Sommer beobachtete ich allerdings, dass der Weg vom Nistplatz zur Nahrungswiese für die Jungen allzu beschwerlich war. Also besprach ich mit dem Förster, dass dieser inzwischen verbuschte Teil einer ungenutzten Wiese einmal gemäht werden sollte, und er war einverstanden. Parallel dazu hatten wir vereinbart und mit den zuständigen Behörden abgestimmt, dass wir (einige NABU-Mitglieder und ich) einen Graben, der laut schleswig-holsteinischem Pflege- und Entwicklungsplan längst hätte abgedämmt sein sollen, mit einigen Dämmen zumachen würden. Dadurch entstand eine neue Feuchtfläche, auf der sich, wie ich hoffte, ein weiteres Kranichpaar ansiedeln könnte. Sie bildete sich schneller und wurde größer, als ich erwartet hatte.

Schon Ende Februar des darauffolgenden Jahres, als ich sonst noch gar keine Kraniche beobachtet hatte, sah ich direkt neben dem neuen Feuchtgebiet ein Kranichpaar. War es das erhoffte neue Brutpaar, die »Sucher«, oder hatten die »Schlitzohren« ihr Revier erweitert?

Ich bat die anderen Kranichbewacher, ganz genau hinzuschauen, und versuchte auch selbst, durch intensives Beobachten die Verhaltensmuster der Kraniche in dem neuen Feuchtgebiet zu erkennen und mit denen der mir bekannten Paare zu vergleichen. Mit der Zeit wurde klar: Im erweiterten Feuchtgebiet hielt sich nach wie vor nur ein Paar auf. Es brütete im neuen Teil, kam gelegentlich an den alten Brutplatz »Ost« und hatte im Übrigen seine Nahrungsgewohnheiten geändert.

Leider war es mir auch in jenem Jahr noch nicht möglich, zweifelsfrei zu bestimmen, um welches Kranichpaar es sich handelte. Falls es das schlitzohrige Revierpaar war, handelte es sich wirklich um kluge Vögel: Sie hatten ihre Verhaltensmuster flexibel verändert, hatten ein neues Feuchtgebiet angenommen und den Brutplatz »Ost« (wegen der Verbuschung?) wieder aufgegeben.

Aus Sicht der Kraniche handelte es sich um einen hervorragenden Brutplatz: Wenn sich jemand näherte, konnten die Kraniche schnell verschwinden und sich unsichtbar machen – einen besseren Platz gab es im ganzen Brook nicht. Leider riss der um seine Hirsche und deren Hufe besorgte Hamburger Förster im Herbst 1998 unsere Dämme (die genau auf der Grenze seines Gebietes zu Schleswig-Holstein lagen) ein und legte damit das neue Feuchtgebiet wieder trocken. Die Konsequenzen waren im darauffolgenden Jahr zu besichtigen: Die »Schlitzohren« zogen sich wieder in das unübersichtlichere Innere ihres Revieres zurück und vertrieben alle potenziellen Nachbarn. Jeder, der im Naturschutz tätig ist, kennt Rückschläge wie diesen, die Zerstörung von bereits erfolgreichen Naturschutzmaßnahmen durch Gedankenlosigkeit oder Bürokratie. Ich habe es oft erlebt und kann mich bis heute nicht daran gewöhnen.

Das ändert jedoch nichts an der faszinierenden Flexibilität im Verhalten der »Schlitzohren«. Dieses Paar hat in einem anderen Jahr trotz eines Brutabbruchs im gleichen Gelände seines Reviers eine Nachbrut versucht, bei der es uns nicht gelang, auch nur ein einziges Mal die Jungen zu sehen, während sie geführt wurden. Erst Anfang September, zu einem Zeitpunkt, als ich schon nicht mehr an eine erfolgreiche Nachbrut geglaubt hatte, beobachtete einer unserer Freunde, wie vier Kraniche – zwei erwachsene und zwei junge – auf die weit zurückgelegene Nahrungswiese einflogen. Weil wir in dem betreffenden Jahr nur ein weiteres Paar mit lediglich einem flüggen Jungen hatten, konnten es nur die »Schlitzohren« sein – die Meister im Verstecken, Tarnen und Täuschen.

KAPITEL 4

Ankunft im Brook nach Rückflug aus dem Winterquartier: Allein oder in Gruppen?

In jedem Frühjahr wurde es aufregend im Brook: Wann kommen die Kraniche zurück? Wer hörte oder sah sie zuerst? Wir alle aus dem Kranichschutz gingen oft nachschauen, warteten, waren gespannt.

Zwischen dem 5. und dem 25. Februar liefen die Telefone heiß: »Die ersten Kraniche sind da!« Irgendjemand – der Flurwart, einer meiner Mitstreiter im Naturschutz, ich selbst oder ein Brookbesucher – hatte sie »zuerst« gesehen. Man sah oder hörte sie aber immer erst, wenn sie schon in ihrem Revier waren. Carl-Albrecht von Treuenfels, der kranichbegeisterte ehemalige Präsident des WWF, beschreibt in seinem bekannten Buch *Kraniche, Vögel des Glücks*[14] alle Stationen des Zuges vom Norden bis nach Spanien. Er erwähnt, wie er selbst morgens von dem Kranichpaar, das in der Nähe seines Wohnhauses brütet, geweckt wird – aber über die Ankunft eines Paares aus dem Süden im Frühling oder vielleicht sogar »seines« Paares liest man nichts. In Hartwig Pranges Buch *Der Graue Kranich*[15] erfuhr ich: »Die Paare der jeweils weiteren Umgebung kommen häufig mit der gleichen Zugwelle und vielfach innerhalb der gleichen Zuggruppe an… Solche

Ankunftsbeobachtungen gelingen aber nur selten. Im Allgemeinen sind die Kraniche ›plötzlich da‹.«

Woher kann man dann wissen, in welchen Gruppen sie ankommen? Warum hat Von Treuenfels, der doch seine Kraniche so intensiv beobachtete, nie die Ankunft selbst beschrieben? Nun, die Antwort ist einfach: Sie dauert – je nachdem, was wir als »Anflug« definieren – nur wenige Minuten, die eigentliche Ankunft im Revier nur Sekunden. Man wird kaum das Glück haben, genau in diesen Sekunden am Ort des Geschehens zu sein. Wenn dies doch einmal der Fall sein sollte, weiß man immer noch nicht sicher, ob die Kraniche wirklich in diesem Moment ankommen oder ob sie lediglich von einem Nahrungsflug zurückkehren. Es bedarf also einer Reihe von glücklichen Umständen und viel Zeit für intensive Beobachtungen, um eine Rückkehr aus dem Winterquartier beobachten zu können.

Immer wieder dachte ich darüber nach, wie die Ankunft »unserer« Kraniche vor sich gehen könnte und ob ich je das Glück haben würde, sie mitzuerleben. Doch eigentlich glaubte ich nicht daran, dass das gelingen könnte.

Vor vielen Jahren standen meine Familie und ich wieder einmal an einem Waldrand, der einen guten Blick auf ein Kranichrevier in südlicher Richtung bietet. Das Paar, das dort sein Revier hatte, war schon da, ebenso ein anderes. Uns war aber unklar, ob schon alle Paare eingetroffen waren, denn wir hatten noch nicht alle entdeckt – was nichts heißen musste, denn sie hätten zum Beobachtungszeitraum zum Beispiel außerhalb des Gebietes nach Nahrung suchen oder sich in den unübersichtlichen Teilen des Brooks verbergen können.

Schon lange hatte ich mir Gedanken darüber gemacht, wie die Kraniche den Weg in den Brook gefunden haben können. Was veranlasste die ersten hier brütenden Kraniche, sich so fern von ihrer früheren Heimat (vermutlich Mecklenburg) und so weitab vom Haupt-Zugweg ein neues Revier zu suchen? Sicherlich könnte man zunächst der Einfachheit halber sagen: Sie haben keine anderen geeigneten Gegenden gefunden. Mir geht diese Antwort aber zu schnell. Wie läuft so ein Suchvorgang ab?

Wichtiger noch: Wenn Zug- und Brutverhalten – wie man immer noch allgemein meint – erblich festgelegt sind, wie konnte dann ein mecklenburgisches Kranichpaar in Hamburg anfangen zu brüten? Wie fanden sie auf den Zugweg zurück, der damals definitiv nicht über Hamburg führte, sondern sich etwa 150 Kilometer weiter östlich befand? Wo trafen sich »unsere« ersten Kraniche im Herbst mit den Artgenossen, mit denen sie dann gemeinsam ins Winterquartier flogen? Denn damals, im Jahr 1980, wohnte dieses Paar ja allein im am weitesten westlich gelegenen Brutrevier. Wie war es etwas später, Anfang der 1990er Jahre, als etwa sechs Brutpaare im Brook zu finden waren: Flogen sie gemeinsam ins Winterquartier? Kehrten sie gemeinsam zurück?

Ich hatte nicht ernsthaft erwartet, jemals auch nur auf einen Teil meiner Fragen eine Antwort zu bekommen, schon gar nicht an jenem Samstag, an dem ich mit meiner Familie am Waldrand stand. Plötzlich sahen wir in südwestlicher Richtung in recht großer Höhe einen Schwarm von Vögeln, noch relativ weit entfernt vom Brook, auf uns zukommen. Mit dem Spektiv war schnell auszumachen: Es waren Kraniche, etwa 40 Exemplare.

Das war außergewöhnlich, denn die Zugwege der Kraniche nach Mecklenburg-Vorpommern oder weiter nach Schweden und Finnland führten damals nicht über Hamburg, sondern nahezu ausschließlich über die Linie Elsass – Göttingen – mittleres Mecklenburg-Vorpommern (hier gabelte sich die Frühjahrszugroute). So ist es auch heute noch, trotz einiger bemerkenswerter Veränderungen der Zugwege.

Am Abend zuvor hatte ich bei einer Geschäftsreise von der Autobahn Bremen – Hamburg aus eine etwa ebenso große Kranichgruppe gesehen, die gerade aus Süden kommend über die Autobahn in die Weserniederung einschwenkte und dort offenbar übernachten wollte.

So meinte ich zu Bengt, dass wir nun vielleicht gerade diese Kranichgruppe vom vorigen Abend sahen. Bengt, kritisch wie immer: »Woher willst du das denn wissen?« – »Ich meine ja nur so als Hypothese, weil es eine etwa gleich große Gruppe ist. Mal sehen, wo sie hinfliegen.« Die Gruppe flog so hoch, dass es sich nicht um eine lokale Bewegung handeln konnte (zumal wir in der Umgebung gar nicht so viele Kraniche hatten); es war eindeutig eine ziehende Gruppe. Merkwürdig.

Die Vögel hielten weiter auf den Brook zu, schwenkten aber weniger als einen Kilometer südlich von uns nach Osten. »Schade, dass sie nicht über uns hinwegfliegen«, bedauerten wir, denn trotz der enormen Höhe hätten wir sie mit dem Fernglas sehr gut beobachten können.

Nun aber passierte etwas Merkwürdiges: Aus der Gruppe lösten sich zwei Kraniche, ließen sich mit ausgestreckten Beinen und Flügeln schräg nach unten fallen, landeten nach ein paar Sekunden (was wir nicht mehr direkt beobachten konnten) und trompeteten, während die Gruppe, ohne an Höhe zu verlieren, weiterzog, nur jetzt nach Osten, nicht mehr in nordöstlicher Richtung. Die Landung fand eindeutig im »Grünen Brook« statt, einem Revier, dessen »Eigentümer« wir in diesem Jahr noch nicht gesehen hatten. Die Gruppe hatte genau in dem Augenblick, als die beiden Kraniche sie verließen, ihre Flugrichtung geändert.

Wir waren still. Das war eine riesengroße Überraschung. Zum ersten Mal hatten wir die Ankunft eines Paares beobachtet. Dieses Paar war also getrennt von den anderen hiesigen Kranichpaaren gekommen, aber – und das war die eigentliche Überraschung – nicht allein oder in einer kleinen Gruppe aus Richtung Osten, sondern in einer relativ großen Gruppe aus Südwesten.

Wenn ich vorher über den Rückweg »unserer« Kraniche aus dem Winterquartier nachgedacht hatte, dann immer in zwei alternativen Hypothesen: Entweder sie kamen als »Brook-Gruppe«, in einer noch größeren Gruppe, die sich vielleicht am Schaalsee, etwa 50 Kilometer Luftlinie östlich von Hamburg, trennte. Oder sie reisten als einzelne Paare in einer größeren Gruppe, die irgendwo weit östlich von Hamburg eintraf, von wo aus dann die einzelnen »Brook-Paare« den Weg nach Hamburg antraten – ganz so, wie sie ja wohl das Brutgebiet entdeckt hatten, als sie das erste Mal nach Hamburg in den Brook kamen.

Nun wurde ich mit einer »undenkbaren« dritten Variante konfrontiert: Ein einzelnes Paar fliegt in einer größeren Gruppe abseits des Hauptzugweges, etwa um 150 Kilometer nach Westen versetzt, aus Süden (aus Spanien, über Frankreich, Nordrhein-Westfalen, das Münsterland, Bremen) in nordöstlicher Richtung nach Hamburg bis zum Brook, dort schwenkt die Gruppe nach Osten, überquert genau ein bestimmtes Revier, und das Revierpaar lässt sich gewissermaßen aus der Reiseflughöhe in sein Revier fallen und landet.

War das ein Einzelfall? Und wenn ja – was bedeutete dieses Ereignis? Warum flog diese Gruppe mit unserem Revierpaar einen Umweg; warum begleiteten die anderen Kraniche dieses Paar in der Flughöhe bis über sein Revier und setzten dann ohne Pause, aber mit einer Richtungsänderung, ihren Flug nach Osten fort? Woher wussten unsere Revierkraniche, dass sie in dieser Gruppe mitreisen konnten, dass sie über den Brook fliegen würde? Oder wie haben unsere Kraniche die Gruppe dazu »überredet«, den Umweg über den Brook zu machen? In anderen Worten: Wie kommunizierten sie ihre Reiseabsichten? Warum nahmen sie nicht alle die Hauptzugroute, zum Beispiel bis etwa nach Schwerin, woraufhin dann unsere Kraniche nach Westen in ihr Revier fliegen könnten? Welche Planungs-, Kommunikations- und Navigationsleistungen stecken hinter dem von uns beobachteten Verhalten?

Ein Jahr später durfte ich, diesmal allein, ein weiteres Mal eine Ankunft erleben. Damals war ich nur wenige hundert Meter von der Landestelle entfernt, im Osten des großen Brookgebietes. Ein weiterer Glücksfall, denn es war wieder ein Samstagmorgen – werktags hätte ich, wie alle arbeitenden Menschen, keine Zeit zum Kranichbeobachten gehabt.

An diesem Samstag Mitte Februar 1996 hatte ich mir

vorgenommen festzustellen, ob das Paar, das ich später »Romeo und Julia« nannte, schon aus dem Winterquartier zurückgekehrt war, denn es war im Jahr zuvor früh zurück gewesen. Im Vorjahr hatte es mitten im landwirtschaftlich genutzten Teil des Schutzgebietes nah an einem Wirtschaftsweg genistet, seine Jungen trotz vielfacher Störungen erbrütet, aber sie wurden aus mir unbekannten Gründen nicht flügge, sondern waren nach ein paar Wochen einfach verschwunden.

Ich bezog eine Position, von der aus ich praktisch das gesamte Revier, den »Erlenbrook«, überblicken konnte. Mit meinem Spektiv würde es sogar möglich sein, beim Nestbau zuzusehen, ohne zu stören, falls das Paar wieder an der gleichen Stelle brüten würde. Ich wollte in diesem Jahr mehr über die beiden erfahren, zum Beispiel, wie lange vor der Eiablage die Nestbauaktivitäten begannen.

Aber sie waren noch gar nicht da. Da das Wetter freundlich war, beschloss ich zu warten. Plötzlich sah ich westlich von mir eine Gruppe von vielleicht 25 Kranichen in relativ großer Höhe, wiederum aus südwestlicher Richtung kommend. Eindeutig eine Gruppe beim Frühjahrszug nach Norden. Wieder machte die Gruppe über dem Duvenstedter Brook einen Schwenk Richtung Osten, dieses Mal in meine Richtung, aber nun löste sich bei der Richtungsänderung kein Kranichpaar aus der Gruppe. Der Trupp flog weiter nach Osten und näherte sich dem Revier, an dessen Rand ich stand.

Kurz vor Erreichen des »Erlenbrooks« ließen sich nun doch direkt vor meinen Augen tatsächlich zwei Kraniche aus der Gruppe herabfallen, mit nach vorn gebogenen

Flügeln und ausgestreckten Beinen, und waren innerhalb weniger Sekunden am Boden. Ich war genauso überrascht wie im Jahr zuvor. Die gleiche Geschichte: Ein Revierpaar war Teilnehmer einer »Gruppenreise«, die Gruppe kam aus südwestlicher Richtung, machte einen Umweg über den Brook, änderte die Flugrichtung über dem Brook nach Osten, das hiesige Paar verließ sie und landete, während die restliche Gruppe ohne Änderung der Flughöhe weiter nach Osten flog.

Aber nun geschah etwas, was ich noch viel weniger erwartet hätte. Die beiden eben gelandeten Kraniche fingen keineswegs an zu fressen, was man nach der langen Reise (selbst wenn sie am Morgen nur die letzte Etappe aus Bremen oder vom Rastplatz bei Diepholz geflogen wären) hätte erwarten können. Ebenso wenig standen sie nur da und erholten sich vom langen Flug. Nein: Sie trompeteten und tanzten!

Sie sprangen hoch, schlugen mit den Flügeln, verneigten sich voreinander, sprangen wieder hoch mit weit geöffneten Schwingen, schritten umeinander herum, verneigten sich immer wieder, unterbrochen von kleinen und großen Sprüngen, riefen allein und trompeteten im Duett. Sie flogen in nur ein bis zwei Metern Höhe ein paar Dutzend Meter hierhin und dorthin, tanzten wieder, riefen. Sie flogen in Baumwipfelhöhe eine Runde über das Revier, landeten am Schlafplatz, flogen wieder auf. Sie flogen zum letztjährigen Brutplatz, inspizierten ihn kurz und oberflächlich, pickten ein wenig im Boden herum, tanzten wieder, flogen wieder hierhin, flogen dorthin, in alle Ecken des Reviers, 300, 400 Meter im Umkreis.

Es war wie ein Ballett, aber eines mit einer gewaltigen (allerdings nur in meinem Kopf hörbaren) Musik, nichts Beschauliches, sondern eine Abfolge von Explosionen an Dynamik und Kraft, gepaart mit einer unbeschreiblichen Anmut. Kranichgesang und -tanz, eine einzigartige Choreographie für zwei Tänzer, Flieger und Trompeter. Und für nur einen Zuschauer mit freiem Eintritt.

Das Programm dauerte über eine halbe Stunde. Danach beruhigten die beiden Tiere sich etwas und fraßen ein wenig, bevor sie dann die einzelnen Plätze ihres Revieres »Erlenbrook« genauer in Augenschein nahmen. Es dauerte eine weitere Stunde, bis sie wirklich zur Ruhe gekommen waren und intensiv fraßen.

Ich ging zu meinem Wagen zurück und wusste, dass ich etwas sehr Besonderes erlebt hatte: Ich war wohl der Einzige, der das Glück hatte, die Ankunft eines Kranichpaares im Revier zu beobachten. Nie zuvor oder nachher hörte oder las ich von einer ähnlichen Beobachtung. Mehr noch: Ich war Zeuge eines Gefühlsausbruchs geworden, eines Ausbruchs von »Freude« (wenn ich das einmal mit dieser menschlichen Kategorie belegen darf) darüber, wieder »zu Hause« zu sein. Hier sprudelte ein Kranichpaar über vor Lebensfreude. Sie freuten sich aneinander, sie freuten sich über ihr Revier, sie freuten sich auf die kommende Brutsaison – diesen Eindruck haben sie mir damals ganz deutlich vermittelt, die Kraniche »Romeo und Julia«. Und so empfinde ich es noch heute. Selbst während ich diese Zeilen schreibe, habe ich die Bilder vor Augen und bin noch immer dankbar dafür, in diesen insgesamt eineinhalb Stunden dabei gewesen sein zu dürfen.

Seit diesem Ereignis kann ich Kraniche nicht mehr als gefühllose »Brutmaschinen« sehen, die von ihren Genen dazu getrieben werden, Jahr um Jahr zwei Eier zu legen, auszubrüten und die seelenlosen Wuschel, die da herauskrabbeln, möglichst flügge zu bekommen. Stattdessen erkenne ich in diesen Tieren Gefühle, wie man sie außer dem Menschen allenfalls (in angemessener Form) Hunden, Pferden, Elefanten, Walen, Delfinen und Primaten in Ansätzen zubilligen würde. Nicht aber Vögeln.

Zweimal hatte ich nun im Abstand von einem Jahr ein Paar aus dem Winterquartier zurückkommen sehen, später sollte noch ein drittes Mal hinzukommen. Sie waren nicht allein aus Richtung Osten, wo der Hauptzugweg liegt, in den Brook geflogen; sie waren nicht mit den anderen hiesigen Brutpaaren zusammen in einer Gruppe gekommen. Sie waren nicht mit einer größeren Gruppe dem Hauptzugweg gefolgt, in Mecklenburg angekommen und dann von Osten her zum Brook geflogen, wie man es von möglicherweise lernfähigen, aber überwiegend von ihren Genen gesteuerten Tieren erwarten würde.

Ich nehme inzwischen an, dass jedes Paar allein in den Brook kommt. Ob sie alle von einer größeren Gruppe begleitet werden, weiß ich nicht. Aber aufgrund der Beobachtung, dass drei Paare jeweils in einer größeren Gruppe aus Südwesten zum Brook geflogen kamen und landeten, während die restliche Gruppe die Richtung änderte und nach Osten flog, möchte ich annehmen, dass es nicht drei Einzelfälle waren.

Immer noch beschäftigt mich die Frage: Wie gelingt es den Kranichen aus dem Brook, eine Gruppe zu finden, die über Bremen nach Hamburg fliegt, über dem Brook »rechts ab nach Osten« biegt und weiterfliegt? Woher wissen die Brook-Paare, dass diese Gruppe diesen Weg nehmen wird? Zum besseren Verständnis vergleichen Sie hierzu die Karte der Zugwege auf Karte 1 im Bildteil.

Ich sollte noch ergänzen, dass die Brook-Kraniche, die ich aus den Gruppen herabsegeln sah, nicht an der Spitze der Gruppe flogen, sondern jeweils irgendwo mitten im Pulk. Andere Kraniche haben die Führung. Was wissen diese über den Brook und die Absichten der zwei, die hier landen wollen? Oder wie gelingt es »unseren« Kranichen, einer Gruppe von 25 oder 40 Kollegen »einzureden«, dass der Umweg über Diepholz / Bremen vorteilhaft sei, vor allem, wenn man über dem Brook rechts nach Osten abbiegt?

In den vergangenen Jahren hatte ich ja schon einige überraschende Beobachtungen gemacht, die ich in den letzten Kapiteln bereits geschildert habe. Nun aber war ich auf ganz neue Weise mit der Frage nach den Kommunikationsfähigkeiten der Kraniche und ihrer Gefühlswelt konfrontiert. Es waren Fragen, die mich nicht mehr losließen.

KAPITEL 5

Brutsaison: eine tragische Liebesgeschichte

»Romeo und Julia« waren mir ans Herz gewachsen. Ihre Freude beim Wiedereintreffen im Revier wird mir ein Leben lang im Gedächtnis bleiben. Ich besuchte sie an jedem Wochenende mehrfach, denn ich wollte wissen, ob sie wieder im »Erlenbrook« brüten würden. Mehr als 20 Jahre später sollte ich nur etwa 300 Meter Luftlinie entfernt von diesem kleinen Bruchwaldstück wohnen.

Nach zwei Wochen entdeckte ich die Vögel tatsächlich dort (wieder aus sicherer Entfernung vom Rand des Schutzgebietes aus, um sie nicht zu stören). Sie bauten am Nest.[16] Trotz meines guten Spektivs wäre mir das fast entgangen; wer weiß, wie oft ich sie schon übersehen hatte! Das Kranichpaar bewegte sich im Zeitlupentempo und war daher trotz der locker stehenden Bäume kaum auszumachen. Nur weil ein Reiher über dem Bruch herflog und einer der Partner einen kurzen Warnruf[17] ausstieß, hatte ich die Kraniche erkannt – vielleicht hatte er einen »feindlichen« Kranich vermutet, aber dann seinen Irrtum erkannt, so »angefangen und nicht zu Ende gerufen« klang dieser Revierverteidigungsruf. Zwei Wochen nach dem Nestbau – ich hatte keinerlei Balz oder Kopulation beobachten können – war klar: »Romeo und Julia« brüteten.

Sie erschienen nicht mehr zu zweit, sondern jeder für sich; sie hielten sich nicht mehr auf der Wiese auf, wo sie sonst zu zweit zu sehen gewesen waren. Ich habe oft beobachtet, dass die Paare vor der Brut eine bestimmte Wiese bevorzugen, dann – während der Brut, wenn sie alleine Nahrung suchen – oft außerhalb oder innerhalb des Brooks auf einer ganz anderen Wiese fressen, und zwar jeder der Partner zumeist auf einer »eigenen« Wiese. Nachdem die Jungen flügge sind, suchen sie wiederum andere Gebiete auf – das hängt dann sehr vom Zeitpunkt der Ernte ab und davon, was die Bauern der Umgebung auf den Feldern angebaut haben und wann Heu gemacht wurde. Hier sind also jahreszeitlich und individuell beeinflusste Gewohnheiten sowie Veränderungen der Routinen festzustellen. Ich schlich mich eines Morgens sehr vorsichtig auf einem landwirtschaftlichen Weg in die Nähe des Bruchs und stellte fest: Einer der Kraniche saß auf dem Nest.

Also hatten die beiden lange vor der Brut, und das sehr heimlich und vorsichtig, ihr Nest gebaut und dann zwei Wochen lang den Eindruck erweckt, als hätten sie gar nichts vor, als hätten sie kein Nest oder hätten es irgendwo anders. Sie mussten sich beobachtet fühlen. Natürlich kam ich selbst in Frage (obwohl ich das Gebiet nicht betreten hatte), vor allem aber Bauer, Jäger und Förster, die in der Nähe und auf einem landwirtschaftlichen Weg nahe am Nest vorbeifuhren und -gingen, offenbar ohne die Kranichbrut zu bemerken.

Besonders vor Füchsen, Mardern und Krähen müssen sich die Kraniche in Acht nehmen. Insofern war ihre Vorsicht verständlich. Und zunächst schien sie den gewünschten Erfolg zu bringen. Zwei Wochen lang verlief die Brut normal. Störungen durch den örtlichen Jäger (der nach meinem Empfinden allzu oft im Revier nach dem Rechten schaute) oder den Landwirt, der sich um die Heuwiese kümmerte, schien das Paar als Stress zu erleben (schon beim Herannahen eines Menschen steht der Kranich vom Nest auf und verlässt es fluchtartig, aber geduckt, vermutlich, um die Lage des Nestes nicht zu verraten). Bei kühler Witterung besteht die Gefahr, dass, wenn die Störungen zu lange anhalten, der Kranich zu lange nicht auf dem Nest sitzt und die Eier erfrieren. Aber diese Brut wurde immer wieder fortgesetzt.

Eines Abends rief mich ein Freund an, der gerade Kranichwache hatte: »Ich glaube, die haben die Brut abgebrochen.« Er beschrieb mir, dass »Romeo und Julia« längere Zeit zusammen draußen auf der Wiese zu sehen waren und sich nicht mehr um das Nest zu kümmern schienen. Ich war sehr beunruhigt und beschloss, am frühen Morgen des nächsten Tages vor der Arbeit zwei zusätzliche Beobachtungsstunden einzuschieben.

Als ich zu Fuß in das Revier kam, hörte ich bereits von weitem merkwürdige Rufe. Da ich die Kraniche, die ja eventuell doch noch auf dem Nest saßen, nicht verscheuchen wollte, brauchte ich sehr lang, um an den Platz auf dem Wirtschaftsweg zu gelangen, von wo aus ich mit meinem Fernrohr das Nest einsehen konnte, ohne zu stören.

Das Nest war leer. Aber ganz in der Nähe waren mir unbekannte Rufe eines Kranichs zu hören, der zu fliegen schien, denn die Töne waren mal näher, mal weiter entfernt. Ich hatte gleich das Gefühl, dass etwas nicht stimmte. Eine Weile lang konnte ich den rufenden Kranich nicht sehen, da er in geringer Höhe über dem nahen Wald flog, sodass die Bäume ihn verdeckten.

Bald darauf aber kam er näher, kreiste über dem »Erlenbrook«, über den angrenzenden Wiesen und rief immer wieder – wie mir schlagartig klar wurde – »klagend« und suchend. Ich wusste sofort: Sein Partner war tot. Ich hatte bereits gelesen, dass Kraniche, wenn ihr Partner durch einen Unfall oder sonst wie umkommt, ihren toten Partner noch lange mit Suchflügen und klagend klingenden Rufen zu finden versuchen. Was nicht in den Büchern stand, war, dass einem diese Rufe durch Mark und Bein gingen. Ich hatte noch gar keine Gewissheit, ich sah ja nichts und war gerade erst ein paar Minuten am Revier, und trotzdem übertrug sich die Stimmung des fliegenden Kranichs unmittelbar auf mich. Ich trauerte um den verlorenen Kranich. Ich »wusste«, er war tot. Der Freund hatte mir am Abend zuvor gesagt, er habe Schüsse gehört – nicht viele, aber vereinzelte. Wer hatte hier im Frühjahr geschossen? Und warum?

Am Abend nach der Arbeit kam ich zurück zum Revier. Ich beobachtete immer noch vorsichtig von weitem, hoffte immer noch, dass ich mich geirrt hatte und die Brut fortgesetzt wurde. Erst zwei Tage später entschloss ich mich, ans Nest zu gehen. Es stand kein Kranich auf. Keine Rufe, außer den traurigen Suchrufen. Das Nest war ordentlich, keine Eierschalen, keine Kampfspuren, aber beim Nest waren Stiefelspuren zu sehen. Wieder einmal hatten Menschen Kranicheier entwendet, zum zweiten Mal innerhalb von zwei Jahren. Und ich war überzeugt: Der tote Kranich ging auf das Konto dieser Wilderer. Neben zwei Eiern sollte nun auch ein ausgestopfter Kranich, unsere »Julia«, einen rustikalen Flur schmücken.

Bereits an diesem Abend und an vielen folgenden Tagen und Abenden untersuchte ich das Umfeld des »Erlenbrook«. Vielleicht war der Kranich ja doch einem Herzanfall oder einem Fuchs (beides sehr unwahrscheinlich) oder einem Uhu (nicht ganz so unwahrscheinlich) zum Opfer gefallen. Dann müsste ich Federn oder Knochen finden. Außerdem würden Krähen mir den Weg weisen, denn sie säßen auf den Resten. Ich fand nichts dergleichen.

Jedes Mal aber traf ich auf den überlebenden Partner, »Romeo«. Er ging sofort dazu über, seine Rufe zu verändern, wenn er am Boden war und ich in seinem Revier sehr langsam umherging. Er rief mich an. Es waren leise, eher verzweifelt und anklagend klingende, »kullernde«[18] Töne, die ich zu erwidern versuchte. Nach einigen Tagen gelang es mir, ihn zum Rufen zu bewegen, wenn ich ihn anrief.

Inzwischen war er vollkommen lethargisch geworden. Er fraß kaum noch, jedenfalls nicht dann, wenn ich ihn von weitem beobachtete, erst recht nicht, wenn ich in der Nähe war. Er flog nur noch seine Suchrunden, die größere Strecken im Brook umfassten, mit den immer gleichen Rufen. Im Revier aber, wenn ich in der Nähe war und herumsuchte, ließ er mich an sich heran, bis auf 50 Meter und weniger (das ist sehr erstaunlich, wenn man berücksichtigt, dass die normale Fluchtdistanz von Kranichen in Mitteleuropa etwa 300 Meter beträgt). Kam ich noch näher heran, machte er einige lustlose Flügelschläge und setzte sich ein paar Dutzend Meter ab. Sobald ich mich hinsetzte, blieb er stehen, schaute mich an und rief mich häufig kurz an. Ich rief zurück. Was ich da genau sagte, weiß ich nicht (damals wie heute verstehe ich kein »Kranisch«, bis auf ein paar wenige »Vokabeln«). Es muss aber in Ordnung gewesen sein, jedenfalls flog er nicht weg und griff mich nicht an. Trotz intensiver Suche fand ich nach wie vor keine Federn oder Überreste des toten Kranichs. Schließlich gab ich auf. Der Witwer blieb bis Mitte Juni in seinem Revier und verschwand dann spurlos.

Im gleichen Zeitraum beobachtete ich, wie das Nachbarpaar, die »Schlitzohren«, allmählich sein Revier übernahm, sie gingen sehr vorsichtig und schrittweise vor (ich habe darüber in Kapitel 3 berichtet). »Romeo« hatte keinerlei Kraft und Interesse mehr, sein Revier zu verteidigen.

So endete es mit »Romeo und Julia«. Was aus »Romeo« geworden ist, weiß ich nicht. Ich konnte ihn nicht erkennen und weiß nicht, ob er der Kranich war, der im darauffolgenden Jahr im Februar/März in verschiedenen Revieren auftauchte und von uns »Der Störenfried« genannt wurde. Dieser Kranich schien überall in die Reviere zu fliegen und einfach nur stören zu wollen. Vielleicht wollte er einen Partner abspenstig machen und für sich gewinnen? Ich weiß nicht mehr, wann genau ich entschied, dass ich Kraniche individuell erkennen und wiedererkennen lernen wollte – aber die Erlebnisse mit »Romeo und Julia« waren auf jeden Fall ein wichtiger Antrieb.

An einem Märztag beobachtete ich einen einzelnen Kranich, der nach Norden flog (dort liegt ein schönes, großes Hochmoor, in dem ebenfalls Kraniche brüten). Danach sahen wir den »Störenfried« in jenem Jahr nicht mehr. Aber 1997 und 1998 hatten wir wieder jeweils einen sich merkwürdig verhaltenden Einzelgänger, der sich immer wieder an andere Paare heranmachte – vielleicht dasselbe Tier?

Man mag kritisieren, dass ich zu viel Gefühl in diese Begebenheiten hineininterpretiere. Aber es ist nun einmal der Fall, dass ich selbst etwas empfinde (das heißt: Es ist mir nicht egal, was da passiert) und dass ich mit den Kranichen fühle. Aber nicht nur das: Ich meine zu erkennen, dass die Kraniche selbst ähnliche Gefühle haben. Ich weiß, dass dies als »unwissenschaftlich« angesehen werden kann, weil ich keinen Beweis dafür habe. Unbewiesene Behauptungen aufzustellen würde ich mir in meinem angestammten Fach, der Chemie, nie erlauben, hier aber möchte ich diese Meinung vertreten, obwohl sie selbst hauptsächlich auf einem Gefühl basiert.

Ich bezweifle mehr und mehr, dass es richtig ist, Kranichen und anderen Tieren Gefühle abzuerkennen. Ich denke, so wird man der Vielschichtigkeit dieser Wesen nicht gerecht. Nach meiner Überzeugung verfügen viele Tierarten – wie die Kraniche »Romeo und Julia« – über ein Spektrum von Gefühlen wie (Lebens-)Freude, Erstaunen, Langeweile und Trauer. Es würde mich nicht überraschen, wenn diese Gefühle sich diesen Tieren innerlich anders mitteilen als uns (ich nehme an, dass jeder von uns Gefühle anders erlebt, und Menschen aus anderen Kulturen erleben ihre Gefühle anders als wir Europäer). Mit dieser Fragestellung werden wir uns in Kapitel 13 und im Anhang näher beschäftigen und sehen, dass meine damaligen Beobachtungen durchaus mit modernen wissenschaftlichen Erkenntnissen über die Rolle der Gefühle bei Mensch und Tier und im Lichte der Evolution im Einklang sind.

KAPITEL 6

Kampfläufer, Seeadler und andere Brookbesucher: Was Kranichbewacher so alles erleben können

Meine Erlebnisse bei der Kranichbewachung im Brook haben mein Bild von den Kranichen geprägt. Natürlich verliefen die meisten Tage während einer Kranichbewachung eher »normal« und wären aus der Sicht eines Außenstehenden nicht besonders spektakulär, sondern eher langweilig gewesen. Ich empfand aber immer, dass die »normalen« Beobachtungen an sich schon interessant genug waren.

Normalerweise fuhren mein Sohn und ich überwiegend getrennt mit dem Fahrrad in unterschiedlichen Rhythmen die Wege und Plätze ab, an denen Kraniche beobachtet werden konnten. Darüber hinaus schauten wir uns die Stellen an, an denen Besucher häufig vom Weg abwichen. Was wir dabei sahen, war in aller Regel »ganz normal«: Kraniche bei der Nahrungssuche oder bei der Gefiederpflege, einen Grünspecht, einen Fuchs, Spaziergänger auf den Wegen (und nicht im Busch). Wenn wir uns nach einer Rundfahrt wiedertrafen, unterrichteten wir uns gegenseitig.

An einem Tag kurz nach Ostern 1997 aber, just in der Woche, in der Bengt und ich als Kranichbewacher an der Reihe waren, ereignete sich mehr, als man manchmal in einem ganzen Jahr erlebt.

Als ich um Viertel nach vier aufstand, war Bengt schon auf den Beinen. Der Morgen war klar, es war stockdunkel, nur der Mond half uns, den Weg zu finden. Der Komet Hale-Bopp war damals für unsere Verhältnisse in Norddeutschland gut zu sehen. Es war aber nicht zu vergleichen mit meinen Beobachtungen wenige Tage zuvor in Island, in einer sternenklaren eiskalten Winternacht in einsamer stockdunkler Gegend: Ich war im Februar zuerst geschäftlich dort unterwegs, denn Island war ideal, um meine neue Korrosionsschutztechnologie unter realen Bedingungen zu testen. Danach schloss ich ein paar Tage in Nordisland in einer Hütte an. Ich machte öfter nach den technischen Besprechungen ein paar Tage Urlaub in der Nähe von Akureyri im Norden Islands, weil ich dann in der Einsamkeit bei langen Wanderungen meine Gedanken ordnen und in der frühen Dunkelheit in der Hütte ungestört Patente und Veröffentlichungen schreiben konnte. Am 25. 2. gab es eine sehr klare Nacht dort am Eyjaförđur, und ich notierte danach atemlos in meinem Tagebuch[19]:

Kalt, –10°. Hale-Bopp, der Komet ca. im N, vielleicht 20° hoch, langer Schweif (1 Daumen breit!) schon mit bloßem Auge erkennbar, aber erst mit Fernglas! Ich bleibe draußen, staune Hale-Bopp, Polarlichter + Sterne an. + Andromeda. Polarlichter: breite Bänder im Bogen von W → O, 35° bis 90° hoch, z. T.

langzeitstabil, eher wie hinterleuchtete Wolkenränder, aber dann zerfasernd, in Wirbel, Filamente, in alles übergehend! Irre!

Im Brook hatte ich nun mal wieder Zeit, den Kometen länger zu beobachten.

Ich hatte in der Dunkelheit meinen Platz am Rande des »Erlenbrooks« eingenommen. Von hier aus hatte ich einerseits einen guten Einblick in das Gebiet, andererseits war ich weit genug entfernt, um die Kraniche beim Rückzug in der Helligkeit nicht zu stören.

Es war kalt, fünf Grad unter Null. Ich hörte die Bekassinen »meckern«; es waren zwei, die ihre Revierflüge machten. Alle paar Minuten flog eine Waldschnepfe vorbei, die ich ebenfalls nur hören, aber nicht sehen konnte. An diesem Morgen waren es zwei Vögel, die offenbar balzten. Sie waren lauter als sonst.

Allmählich setzte die Dämmerung ein. Die nächsten Vögel, die sich bemerkbar machten, waren die Rabenkrähen. Eine Singdrossel begann das Morgenkonzert der Singvögel. Dann ein lauter, klarer und langer Duettruf der Kraniche aus dem »Erlenbrook«-Revier. Stille. Es antwortete ein Kranichpaar aus dem »Grünen Brook«. Oh, dachte ich, das ist neu, seit wann ist hier wieder ein Paar? Ich nahm mir vor, darauf zu achten, ob sich in diesem unübersichtlichen Revier erneut ein Kranichpaar ansiedeln wollte. Falls ja, war es wahrscheinlich eines aus der vor ein paar Tagen aufgelösten »Jugendgruppe«.

Noch ein Duettruf aus dem Brutgebiet, einem tiefen, aber kleinen Wasserloch, sicher ein ehemaliger Torfstich, der damals schon von Büschen umgeben und teilweise verlandet war. Nun versuchte ich, den Nestbereich im Auge zu behalten, denn ich wollte endlich wissen, wie die Kraniche es diesmal anstellen würden, ihr Nest zu verstecken. Bisher wusste ich nämlich nur, wo sie brüteten, aber nicht, wie sie aus dem Nistbereich herausflogen.

Eine Viertelstunde später beobachtete ich, wie sich ein Partner an den Waldrand begab. Der Nistbereich ist sehr feucht und nur locker mit Bäumen und Büschen bestanden. Ich konnte mit meinem Fernglas – aus etwa 500 Metern Entfernung – bestimmt zehn bis fünfzehn Meter weit hineinsehen. Das Nest selbst konnte ich trotzdem nicht erkennen. Der Kranich bewegte sich wie in Zeitlupe immer näher an den Waldrand. Dann aber ging er nach links, einige Meter vom offenen Rand entfernt. Nun schritt er in einer für mich ungeduldigen Beobachter geradezu quälenden Langsamkeit immer weiter nach links, innen am Waldrand entlang.

Etwa 150 Meter vom Nest entfernt trat er, auf einmal schnell geworden, aus dem Wald heraus und flog sofort ab, begab sich in nur zwei bis drei Metern Flughöhe auf eine nahe gelegene Wiese und fing an zu frühstücken. Ich blieb sitzen. Die Rotdrosseln und einige Starengruppen erschienen und machten fröhlichen Krach. Sie suchten sich ihr Frühstück vor mir auf der Weide.

Nach 45 Minuten schwang sich der Kranich plötzlich auf, flog nach Süden und landete, von mir nicht mehr beobachtbar, hinter dem Nistbereich. Zehn Minuten später hörte ich den Duettruf – aha, Brutwechsel. Weitere zehn Minuten später flog der andere Partner aus dem hinteren

Bereich des Bruchwaldes nach Süden ab. Das Kranichpaar verbarg sein Nest mit solchen Strategien recht geschickt.

Ich verließ das Gebiet und machte meine große Runde. Bengt und ich funkten uns hin und wieder Neuigkeiten zu. Er erzählte mir von einer Begegnung mit einem Wildschwein, das heute Morgen in nur zehn Metern Abstand an ihm vorbeigeschnauft war. Es habe sehr intensiv gerochen, wohl eher gestunken.

Nach dem zweiten Frühstück fuhr Bengt zum alten Bewacherplatz (so bezeichnen wir eine Stelle im Brook, an dem wir Kranichbewacher viele Jahre lang in einem zeitweilig dort abgestellten Wohnwagen während der Brutzeit übernachten konnten, bis die Naturschutzbehörde dies untersagte und wir ab dann im Forstbetriebshof übernachteten). Ich befuhr den »Alten Stakenweg«, von dem aus man von Süden in das »Neue Moor« blicken kann. Hier wollte ich eine Weile bleiben, klappte meinen Anglerstuhl aus und machte es mir bequem. Bengt und ich wollten nämlich sehen, ob wir unsere Beobachtungen aus Norden und Süden koordinieren und mehr über die neuen Reviere erfahren konnten.

Es war inzwischen neun Uhr, und der Brook war ruhig. Die Kiebitze vor mir maunzten. Auf einmal, innerhalb von Sekunden, war die Hölle los: Enten, Gänse und Reiher waren in der Luft und schrien aufgeregt durcheinander. Bengt funkte: »Hier ist ein Seeadler! Er jagt, kann sein, dass er sogar etwas gefangen hat, ist schwer zu erkennen.« Aha, daher die Aufregung. Viele Reiher standen ganz oben auf den Baumspitzen; das sah lustig aus, weil ein starker Wind wehte und die Reiher schwankten – aber das war ihnen wohl lieber, als dem Seeadler ausgeliefert zu sein.

Über Funk hörte ich: »Ich glaube, er hat eine Blässralle, aber ich sehe ihn nicht, er ist nach hinten abgeflogen, kannst du ihn sehen?« Das konnte ich leider nicht, also war der Seeadler wohl zwischen Schilf und Birkengruppe verschwunden. Langsam kehrte wieder Ruhe ein. Wir aber waren begeistert, denn zum ersten Mal seit langer Zeit war wieder ein Seeadler bei uns zu Gast.

Als wir am damaligen Infozentrum vorbeikamen, fragte uns eine Besucherin, ob es sein könne, dass unweit von dort ein Seeadler sitze. Ja klar doch, also hierher war er geflogen! Und da saß er auf einer toten Birke, hinter dem Infozentrum. Den Kindern der Frau zeigten wir den Adler durch unser Spektiv. Sie waren beeindruckt: Er war so nah, füllte im Spektiv das gesamte Sichtfeld aus. Er saß ganz ruhig da, bewegte sich kaum, drehte nur den Kopf mal nach rechts, mal nach links. Im Verlaufe des Tages schauten wir mehrfach kurz vorbei – er saß weiterhin einfach nur da. Offenbar hatte er gut gefangen und gefressen und verdaute in Ruhe.

Zwischendurch war ich am alten Bewacherplatz. Durch unsere Versuche, den Adler wiederzufinden, hatten die Kraniche für kurze Zeit nicht mehr im Zentrum unseres Interesses gestanden. Das änderte sich schnell. Ich sah einen Kranich vorne vor dem Schilfgürtel. Ein einzelner Kranich? Das war ungewöhnlich, aber ich erinnerte mich an den vergangenen Abend: Da war ein anderes Paar in das Revier des hier ansässigen Paares, der »Füchse«, eingedrungen, als diese noch »außer Haus« zum Essen waren.

Das junge Paar war bei der Revierverteidigungsjagd in der späten Dämmerung getrennt worden, einer der Partner blieb vorne am Schilfgürtel. War er über Nacht dort geblieben und hatte sich bis jetzt, mitten am Vormittag, nicht gerührt?

Nun kam Leben in ihn, denn von jenseits des Schilfgürtels ertönte ein kurzer, eintöniger Ruf, den ich als Such- und Kontaktruf erkannte. Er hob den Kopf und horchte. Noch ein Kontaktruf. Und noch einer. Er ging ein paar Schritte und rief nun seinerseits. Ein einzelner Suchruf, in der Art von »Ich bin hier, bist du es?« Von hinten die Antwort: »Ja, ich bin es, bist du es dort?« Noch ein Suchruf hin, einer zurück, einer hin, einer zurück. Dann schwang sich der einzelne Kranich auf, flog über das Schilf und landete. Ein fröhlicher Duettruf ertönte: »Da bist du ja wieder!« Zum ersten Mal erlebte ich das Sich-Wiederfinden und -Erkennen eines (wenn auch nur für eine Nacht) getrennten Kranichpaares mit.

Vor uns landete ein Kampfläufer. Einer der Mitarbeiter des Infozentrums hatte ihn am Morgen schon gesehen und davon berichtet. Es war ungewöhnlich, dass ein einzelner Kampfläufer schon einen halben Tag lang, vielleicht sogar seit dem Vortag, auf dem Zug hier bei uns Rast machte. Nun begann etwas Merkwürdiges. Zuerst schien es so, als würde einer der Kiebitze (einer von Vieren, die ziemlich nah an unserem Beobachtungsplatz ihr Revier hatten) den Kampfläufer vertreiben wollen. Seltsam, denn der durfte zuvor einige Zeit hier sitzen und Nahrung suchen – warum dann plötzlich nicht mehr? Der Kiebitz flog einen »Angriff«. Der Kampfläufer flog auf, aber anstatt zu fliehen, zog er Kurven, Loopings, Achterbahnen, der Kiebitz immer neben, vor oder hinter ihm. Hier war ein fröhliches Spiel im Gange, an dem zwei Vögel unterschiedlicher Art teilhatten – es sah nach reiner Lebensfreude aus.

Der Kiebitz regte den Kampfläufer im Lauf des Nachmittags mehrfach zum Kunstflug an, immer wieder machte dieser mit, aber mit immer weniger Ausdauer. Während die ersten Flüge eine ganze Minute oder sogar länger dauerten, setzte sich der Kampfläufer später schon nach zehn Sekunden wieder in die Wiese. Das fand der Kiebitz nicht gut.

Er forderte nun eine der vielen Bekassinen, die seit einigen Tagen hier im Gras hockten, zum Fliegen auf. Das hätte er nicht tun sollen, denn bei der Bekassine kam er nicht mit! Die flog auf, sauste flach im Zickzack nach rechts, links, rechts, geradeaus – und war in Sekundenschnelle 30, 40 Meter weit weg, während der Kiebitz doch nur Kunstflug machen wollte! Enttäuscht setzte er sich ins Gras und ließ die anderen Vögel ihrer Wege hüpfen und fliegen.

Hatte ich hier nicht etwas sehr Ungewöhnliches beobachtet? Tiere verschiedener Arten, die miteinander spielten? Es waren ja eindeutig keine Auseinandersetzungen um Reviere oder Futter, sondern in diesen Flügen drückte sich pure Lebensfreude aus. »Zwischenartliches Spielen« – ich wusste nicht, dass es so etwas geben kann, außer zwischen Mensch und Hund oder miteinander befreundeten Hunden und Katzen –, aber zwischen wild lebenden Vögeln? Zumindest für mich sehr erstaunlich!

Bengt und ich hatten uns vorgenommen, an diesem Tag

den ersten Fischadler zu entdecken. Gebrütet hatten Fischadler in Schleswig-Holstein oder Hamburg schon seit Jahrzehnten nicht mehr. Deshalb sahen wir sie nur, wenn sie bei uns durchzogen und manchmal für ein paar Stunden oder Tage blieben. Nachdem wir schon den Seeadler gesehen hatten, schien uns der Wunsch nach einem Fischadler jetzt fast etwas unverschämt. Trotzdem richteten wir Fernglas oder Fernrohr auf jeden Greif, der in der Ferne sichtbar wurde, weil es ja vielleicht ein Fischadler sein könnte. Es waren aber immer hell gefärbte Bussarde.

Bengt kam zurück von seiner Runde, wir wechselten uns ab, ich fuhr los. Er hatte erfreulicherweise keine »Gebietsverletzer« getroffen, also Leute, die vom Weg abgehen und in die gesperrten Gebiete wandern, vielleicht blieben sie mir ja heute ebenfalls erspart.

Ich kam an einer Stelle vorbei, von der aus man mit ein wenig Geschick einen Kranich auf seinem Nest beobachten konnte. Das betreffende Paar war immer in diesem Revier, aber wir fanden, dass sie ein bisschen angeberisch brüteten. Wir achteten besonders darauf, dass sich hier keine Fotografen motiviert fühlten, noch näher an das Nest heranzugehen. Schließlich konnte man schon vom Weg aus mit einem Teleobjektiv schöne Fotos von den Kranichen machen.

An diesem Tag bot sich ein besonderes Schauspiel. Der Seeadler, den ich noch auf der toten Birke beim Infozentrum vermutete, hockte jetzt keine 20 Meter vom Kranichnest entfernt auf einem Baumstumpf. Ein Kranich saß auf dem Nest, der andere stand wachsam fünf Meter daneben. Ich wartete. Nach einiger Zeit kam Bewegung in den Adler, er schwang sich auf und drehte ein paar Runden über dem Kranichnest. Sofort riefen die beiden Kraniche, der auf dem Nest Sitzende reckte verteidigungsbereit seinen Schnabel in die Höhe, rührte sich aber nicht vom Fleck. Sein Partner ging näher zum Nest und reckte ebenfalls seinen Schnabel mit leicht zurückgelegtem Hals in die Luft.

Der Adler war sicher besser beraten, die Kraniche nicht anzugreifen. So schien er auch zu denken und zog in die Ferne, wo ich ihn nicht mehr sehen konnte. Ich fuhr weiter.

Als ich am »Kleinen Moor« ankam, das am Rande des Brooks liegt, hielt gerade ein Auto. Ein junges, »zünftig« mit Wanderstiefeln ausgerüstetes Paar stieg aus dem Stadtgeländewagen. Ich zog die Stirn kraus und radelte rasch heran, denn ich fürchtete, dass die beiden etwas vorhatten. Und wahrhaftig, sie umgingen die Wegsperrung, wollten durch den Knick in den gesperrten Teil des Brooks gehen. Ich sprach die beiden an: »Einen Moment, entschuldigen Sie bitte, wo möchten Sie denn hin?« Sie wollten hier wandern, das sei doch klar – wieso ich das frage? Und wer ich denn überhaupt sei?

Ich bin immer erst sehr freundlich, aber zugleich bestimmt, und an dieser Stelle wollte ich die beiden auf keinen Fall hereinlassen, denn der Weg war aus gutem Grund gesperrt: Das »Kleine Moor« wurde seit ein paar Tagen von Kranichen besucht, die hier vielleicht wieder ein Revier besetzen wollten.

Wir debattierten hin und her – zunächst etwas frostiger, dann etwas hitziger. Ich ließ mich nicht überreden. Schließlich platzte dem Wandersmann der Kragen, und er konstatierte: Wenn sie hier nicht hinein dürften in den Brook, dann wollten sie gar nicht mehr in diesem Gebiet wandern. Die beiden machten auf dem Absatz kehrt, stiegen ins Auto und fuhren weg. Welch ein Verlust für den Brook!

Aus dem »Kleinen Moor« hörte ich Kranichrufe. Ich fuhr weiter. An einer Weggabelung sah ich zwei Fahrräder stehen; schon das war verdächtig: Wo waren die dazugehörenden Radfahrer? Ich suchte sie und fand einen Vater mit seinem kleinen Sohn, der ein Holzgewehr schulterte. Sie waren gerade auf dem Weg in den Wald. »Moment, entschuldigen Sie bitte, wohin gehen Sie da?« Das sei eine dumme Frage, meinte der Vater, sie wollten hier ein bisschen Wilder Westen spielen, wieso ich sie störte? »Weil es sich hier um ein Naturschutzgebiet handelt, in dem das Verlassen der Wege verboten ist.« Wieder musste ich lange diskutieren, denn der Vater war, wie er sich mir gegenüber outete, ein promovierter Biologe und wisse genau, wie wichtig Naturschutz sei, aber so genau müsse man das nicht nehmen, außerdem sei dies das einzige Gebiet weit und breit, in dem Hunde verboten seien und wo man spielen könne, ohne ständig in Hundehaufen treten zu müssen. Er steigerte sich in seiner Wut: Was das überhaupt für ein Staat sei, in dem man beim Indianerspiel entweder in Hundehaufen trete oder von übereifrigen Naturschützern des Waldes verwiesen werde. Ich konnte ihm leider nicht helfen, ihm weder sagen, wo außerhalb des Naturschutzgebietes keine Hundehaufen sind, noch ihm eine Sondergenehmigung geben, im Naturschutzgebiet vom Wege abzuweichen und Indianer zu spielen.

Nach dieser unerfreulichen Diskussion fuhr ich weiter, in den Süden des Gebietes. Hier liegt ein »Erholungswald«, der zwar unter gewissem Naturschutz steht, aber mehr Stadtwald als Naturschutzgebiet ist. Dort darf man mit Hunden spazieren gehen, wenn sie an der Leine geführt werden. Heute aber war ich vom Pech verfolgt, denn ich sah ein Paar mit einem großen Hund, zwar angeleint, aber zum Eingang des Duvenstedter Brooks strebend – das war leider die falsche Richtung. Ich überholte die beiden und wartete auf der Brücke über das Flüsschen Ammersbek. Hier stand das Schild »Hunde verboten, auch angeleint«.

Es kam, wie ich befürchtet hatte: Das Paar, das, in edlen Zwirn gekleidet, einen ganz zivilisierten Eindruck machte, wanderte unbekümmert am Schild vorbei ins Gebiet hinein. Ich fragte sie, ob sie vielleicht das Schild übersehen hätten. »Nein, welches Schild denn?« Das Schild würden sie kennen, aber von Hunden sei da keine Rede.

Wir gingen zusammen zurück und lasen gemeinsam. Nun ging die dritte Debatte dieses Tages los. Sie wollten ja gar nicht ganz durch das Gebiet, sondern nur den und jenen Weg entlang, ihr Hund höre sehr gut auf sie, sei angeleint, störe überhaupt nicht, und überhaupt sei alles nur Schikane. Ich kam mir vor wie ein Wanderprediger, aber es half nichts. Der Hund musste draußen bleiben.

Etwas erschöpft machte ich mich auf den Rückweg zum Bewacherplatz, von wo mein Sohn mich schon anfunkte, wo ich denn bliebe. Wir wollten etwas essen und dann den Abend genießen, in der Hoffnung auf die Starenschwärme, die über dem Brook ihre Kunstflüge machten. Ein Mann und eine Frau sprachen mich an. Ich hatte sie schon beim

Beobachtungsplatz getroffen und kurz mit ihnen gesprochen. Sie wollten gerne mehr über den Kranichschutz wissen. Sie könnten gut verstehen, dass man viel Ärger habe mit Leuten, die kein Verständnis aufbrachten und machten, was sie wollten, aber ob man denn trotzdem Freude habe? »Ja«, erwiderte ich und berichtete vom Seeadler. Den hatten die beiden gesehen, aber nicht erkannt. Ich erzählte von Kranichbruterfolgen, von den Problemen, die wir zum Beispiel mit geraubten Eiern hatten, und ich erwähnte die Stare und ihre Schlafplatzflüge. Die beiden waren wirklich interessiert, wollten künftig öfter kommen und mehr fragen, denn wenn man mehr wisse, sei es doch noch interessanter und schöner. Bengt hatten sie schon ausgefragt: »Was, das ist Ihr Sohn, der gerade da oben steht? Der weiß aber viel über Vögel. Das ist ja interessant, dass Sie als Berufstätiger mit Ihrem Sohn so viel Zeit investieren.« Ich freute mich, denn so hatte ich an diesem Tag mit den Besuchern des Brooks zumindest auch ein positives Gespräch gehabt. Zum Glück gab es solche Begegnungen immer wieder.

Nach einer schnellen Mahlzeit standen mein Sohn und ich am alten Bewacherplatz, von dem man sehr gut über einige Wiesen und das innere Moor schauen kann. Eine große Truppe von Bekassinen flog ein. Der Kampfläufer wurde vom Kiebitz geärgert, wollte aber nicht mehr mitfliegen.

Langsam wurde es Abend. Die ersten Stare kamen. Sie setzten sich auf eine der großen Kastanien, die beim damaligen Haus des Flurwarts standen. Es wurden in der folgenden halben Stunde immer mehr. Sie »quatschten«

durcheinander, waren dann plötzlich still und flogen fast alle gleichzeitig ab. Zunächst bildeten sie eine dicke Wolke, dann einen Schlauch, dann eine »Birne«, die scheinbar wie magnetisch von der Kastanie angezogen wurde – und dann waren alle wieder gelandet.

Dieses Vorgeplänkel wiederholte sich in Varianten einige Male. Sogar während des Flugs zwitscherten sie, aber mit anderen Lauten als nach der Landung auf einer Baumreihe, dann wieder plötzliche Stille. Das ging so weiter, bis das eigentliche Schauspiel begann. Als ob sie gewartet hätten, bis »alle« da waren, flogen die Stare in gewaltigen Wolken, Schläuchen, Ringen, sie bildeten Teppiche und Wirbel aus Vogelleibern, strudelten durcheinander und ordneten sich wieder zu immer neuen, beweglichen und unendlich wandlungsfähigen Formationen. In diesen Tagen sahen wir die mit Abstand größten Starenansammlungen der letzten Jahre, soweit wir alle uns erinnern konnten. Bengt und ich versuchten zu schätzen, wie viele es sein könnten. Wir wollten es mit der Geometrie eines Schlauches machen, der sich bildete: »Das ist jetzt ein vollständiger Ring, Durchmesser ca. 400 Meter, das ist ein Umfang von $2\pi r$ (›zwei pi er‹), also etwa 400 mal pi, macht mehr als 1 200 Meter.« – »Und der Querschnitt, wenn er quadratisch wäre, geschätzt mindestens 20 mal 20 Meter, gleich 400 Quadratmeter, mal 1 200 Meter Länge, macht 480 000 Kubikmeter.« Wir staunten, denn wenn nun pro Kubikmeter nur ein Star fliegen würde, wären es fast 500 000 gewesen – zehnmal mehr, als einige Tage vorher hier geschätzt wurden.

Mal hielten die Vogelschwärme auf die links von uns stehende Eichenreihe zu, landeten dort, um kurz zu schwatzen, und flogen dann wieder auf, aber nur, um gleich danach auf der Wiese vor uns zu landen. Dort saßen sie nur wenige Sekunden, schwatzten, waren still, erhoben sich wenige Meter und landeten, dicht an dicht, alle um zehn oder 20 Meter vorgerückt, näher bei uns. Das ging ein paarmal so, bis die Stare nur 20 oder 30 Meter vor uns gemeinsam landeten, sich wieder erhoben und uns mit ihrem gemeinsam erzeugten Windstoß fast die Mützen vom Kopf fegten.

Nun konnten wir die Anzahl der Vögel besser schätzen, denn sie bildeten nahe bei uns eine in etwa quadratische Fläche, wir konnten ihre Größe schätzen und die Starendichte pro Quadratmeter auszählen. Wir kamen auf etwa 250 000 Tiere – eine beeindruckende Menge. Dieses Phänomen faszinierte mich: Woher wussten die Stare, die aus allen Himmelsrichtungen kamen, dass sie im Brook auf so viele Artgenossen treffen würden; wie kommunizierten sie den Treffpunkt? Warum trafen sie sich abends, und was haben diese phantastischen Schlafplatzflüge zu bedeuten?

Zum Abschluss des Naturschauspiels flogen sie wieder über das Moor, zeichneten noch lange einige Figuren in den Himmel, wurden dann aber plötzlich wie von einer Vakuumpumpe innerhalb von Sekunden ins Moor gesogen und übernachteten dort.

Doch der Tag war immer noch nicht vorbei, und er hielt ein weiteres Spektakel für uns bereit: Wir konnten noch einige Minuten lang zusehen, wie der Seeadler direkt vor uns, 200 Meter entfernt, kreiste, immer wieder aufs Wasser stieß und schließlich offensichtlich etwas erbeutete.

Und anstatt sich zu verdrücken, wie er es sonst tat, setzte er sich auf den Stumpf eines umgefallenen Baumes und begann, das Opfer zu zerreißen. Wir schauten durch unser Spektiv und glaubten festzustellen, dass er eine Blässralle erbeutet hatte. Sein Abendmahl beschäftigte uns bis weit in die Dämmerung. Wann bekommt man so etwas schon zu sehen?

Während der Seeadler seine Blässralle verspeiste, flogen aus Richtung Osten zwei Kraniche ein und landeten ganz in der Nähe. Zwei? Ich wunderte mich. Denn das ansässige Revierpaar, die »Füchse«, brütete bereits. Dann könnten nicht zwei Kraniche einfliegen. Und richtig: Zehn Minuten später flog aus dem Bereich, in dem wir das Nest vermuteten, ein weiterer Kranich heraus und baute sich unweit des geruhsam speisenden Seeadlers neben den beiden Artgenossen auf. Als die Eindringlinge seine Botschaft nicht verstanden, zögerte er nicht lange, ging auf einen der Partner los und verscheuchte ihn.

Es wurde eine turbulente Jagd. Die beiden Streithähne flogen lange alle möglichen Kurven, dann war auch der zweite Eindringling in der Luft. Er wollte in der Dämmerung wohl nicht den Anschluss an seinen Partner verlieren. Die beiden flogen weg. Der Revierbesitzer kehrte zurück, stellte sich kurz neben den weiterhin ruhig seine Beute zerstückelnden Adler und ging dann langsam in Richtung seines versteckt liegenden Nestes zurück, wo der Partner geduldig weitergebrütet hatte.

Was für ein Tag ging damit zu Ende! Es war inzwischen völlig dunkel, und wir konnten den Adler sogar mit unseren guten Ferngläsern nicht mehr erkennen. Von den Staren war längst nichts mehr zu sehen und zu hören. Auch Bengt und ich beschlossen, es für heute gut sein zu lassen und schlafen zu gehen. Bei all meinen vielen Kranichwachen gab es wohl keinen anderen Tag, der so ereignisreich war wie dieser.

KAPITEL 7

In der Schule des Lebens

Manche Verhaltensbiologen beziehungsweise (Tier-)Psychologen könnten meine Beobachtungen vielleicht als unwissenschaftlich und als wertlose Sammlung von »Anekdoten« ansehen. Mir ist durchaus bewusst, dass ich keine überprüfbaren und wiederholbaren Versuchsanordnungen vorweisen und deshalb das Kriterium der »Wiederholbarkeit« nicht erfüllen kann. Meine Beobachtungen sind nicht unter kontrollierten Bedingungen entstanden, sie sind nicht exakt protokolliert (zum Beispiel mit Strichlisten oder Videoaufnahmen), und nur zu einigen der Vorfälle gibt es weitere Zeugen.

Die Beobachtungen haben meines Erachtens dennoch enormen Wert, auch in wissenschaftlicher Hinsicht. Denn sie sind, wie die meisten Ereignisse in unserem Leben, einmalig, aber zugleich »wahr«, obwohl sie sich der Logik eines wiederholbaren Experiments entziehen. Sie stellen einen Hintergrund dar, vor dem neue Hypothesen entwickelt werden, die dann mithilfe kontrollierter wissenschaftlicher Experimente geprüft werden können.

Untersucht man die kognitiven Leistungen von Tieren, so steht man immer vor dem Problem, dass man im Labor zwar »wissenschaftlich exakt« vorgehen kann, dieses Vor-

Bild 1: Tanzende Graue Kraniche.

Bild 2: Dieser tanzende Kranich jongliert einen Stock.

Bild 3: Hier sieht man ein Paar Graue Kraniche bei der Paarung.

Bild 4: Ein Grauer Kranich setzt sich auf die Eier im Bruchwald.
Es ist ein typischer Brutplatz; im Vordergrund ist das Wasser, das das Nest umgibt, zu sehen.

Bild 5: Ein Kranich wird bei der Futtersuche von einem Kiebitz geärgert. Sein Partner sitzt irgendwo auf dem Nest.

Bild 6: Hier sieht man den Duettruf eines Paars Grauer Kraniche. Ihre beiden ca. 2 Wochen alten Küken stehen daneben.

Bild 7: So sieht es aus, wenn ich mit meinem Mikrofon auf Rufe von Kranichen warte.

Bild 8: Ein Altvogel wandert mit einem heranwachsenden Jungvogel sehr versteckt im Gebüsch.

Bild 9: Der Jungvogel bekommt etwas vom Altvogel zugesteckt.

Bild 10: Im Winterquartier in Frankreich, Arjuzanx: Die Kraniche fliegen zurück ins Schlafrevier.

Bild 11: Hier ein weiteres Foto vom Winterquartier in Frankreich, Arjuzanx: Man sieht hier den Flug abends von den Fütterungsflächen zurück ins Schlafrevier.

Bild 12: Ein Paar Mandschurenkraniche beim Tanz.

Bild 13: Ein Mandschurenkranich und sein Jungvogel (links) fliegen im Schneetreiben auf Hokkaido zum Fütterungsplatz.

Bild 14: Mandschurenkraniche auf Hokkaido im Schlafrevier im nur teilweise zugefrorenen Fluss Setsuri.

Bild 15: Ein Paar Kanadakraniche am bzw. auf dem Nest beim Duettruf.

Bild 16: Zwei Kanadakraniche und ein wenige Tage altes Küken im Nest.

gehen dem normalen Leben des betreffenden Tieres aber mit Sicherheit fremd ist. Warum sollte eine wild lebende Taube Dreiecke, Quadrate und Punktmengen unterscheiden? Andererseits können wir daraus vorsichtige Schlussfolgerungen ziehen, welche geistigen Fähigkeiten die Taube hat. Die kognitiven Leistungen, die Tiere in freier Wildbahn erbringen, lassen sich auf diese Weise jedoch nicht ermitteln.

Wenn wir statt Laborversuchen Freilandbeobachtungen anstellen, ohne die Tiere zu stören, können wir mit einigem Glück und Geschick beobachten, wie sie sich im »wirklichen Leben« verhalten, welche echten Probleme sie bewältigen und wie sie es tun. Bei solchen Beobachtungen sollten wir nicht Experimentatoren sein, in keiner Weise ins Leben der Tiere eingreifen, etwa durch das Auslegen von Futter oder Veränderungen der Umgebung. Das bedeutet freilich, dass wir sehr viel mehr Geduld aufbringen müssen, keine gezielten Versuchsanordnungen aufbauen können, sondern abwarten müssen, vor welche Fragestellungen die Natur die Tiere stellt und wie sie darauf antworten. Und wir haben den Nachteil, keine Kontrollexperimente machen und nur selten die wissenschaftlich geforderte Wiederholbarkeit erreichen zu können. Der Vorteil ist, dass wir das wahre Leben beobachten.

Vielleicht bin ich in den Augen kritischer Leser bei der Deutung des Verhaltens der Kraniche manchmal etwas zu forsch vorgegangen. Für alle, denen meine bisherigen Schlussfolgerungen zu viel an Interpretation enthalten mögen, möchte ich nachfolgend über ein paar Beobachtungen berichten, die nicht so exotisch erscheinen und dennoch die Lernfähigkeit der Kraniche deutlich machen.

Wer schon einmal Kraniche beobachtet hat, zum Beispiel während der Brutzeit in dünn besiedelten Gebieten Schwedens, Brandenburgs oder während der Überwinterung in Spanien, wird bemerkt haben: Sie reagieren schon aus weiter Entfernung aufmerksam und unruhig, wenn Menschen sich nähern, und sie verziehen sich oder fliegen auf, sobald Menschen ihnen näher als etwa 700 bis 1000 Meter kommen.

In Mecklenburg-Vorpommern, besonders aber bei uns im Duvenstedter Brook, verhalten sich die Kraniche anders. Sie sind in gewissem Umfang an Menschen gewöhnt, haben Nester in der Nähe von Siedlungen angelegt, verhalten sich aber immer noch sehr scheu.

Im Brook ist das gut zu beobachten. An einigen Stellen verlaufen die Wege nahe an von den Kranichen gerne aufgesuchten Nahrungsplätzen. Hier kann es vorkommen, dass Fahrradfahrer und manchmal Wanderer von Kranichen toleriert werden, selbst wenn sie in einer Entfernung von nur 150 Metern vorbeikommen. Unruhe kommt bei den Kranichen oft erst dann auf, wenn ein Fahrradfahrer oder eine größere Wandergruppe stehenbleibt und die Kraniche beobachten will. Dann fliegen sie meist ab.

Offensichtlich haben sich zumindest einige Kraniche an Menschen gewöhnt, solange diese sich auf bekannten Wegen bewegen. Ähnlich wie Rot- und Damhirsche wissen Kraniche genau, wo die Wege verlaufen und wann sie davon ausgehen können, dass sie von den Menschen in Ruhe gelassen werden. Dort, wo wir zum Beispiel einen Weg gesperrt hatten, lernten die Kraniche sehr schnell, dass ihr Revier dadurch größer geworden war, und eroberten die

Zonen rechts und links des betreffenden Weges und den Weg selbst. Im Allgemeinen haben »unsere« Kraniche eine Fluchtdistanz von 250 bis 300 Metern; wenn sie Junge führen, von etwa 500 Metern.

Wir können aber sehr unterschiedliche Verhaltensweisen beobachten. Die »Füchse« zum Beispiel waren auf ihrer bevorzugten Nahrungswiese weitab ihres Reviers überhaupt nicht scheu. Ich traue mich fast nicht zu berichten, dass sie Menschen frühmorgens bis auf 25 Meter an sich heranließen. Das habe ich selbst ebenso erlebt wie andere Kranichbewacher. Wir hielten uns dabei jeweils auf einem Hauptweg auf und durften sogar stehenbleiben.

Während Kraniche also auf der Nahrungswiese Menschen mitunter in großer Nähe tolerieren, halten sie ihren Nistbereich strikt vor menschlichen Augen versteckt. Nur die »Pioniere« wählten 1998 einen Nistplatz, der 200 Meter von einem Weg aus sichtbar, aber von Wasser ringsum sehr gut abgeschirmt war. Anders als andere Paare, die beim Anflug auf den Nistbereich Umwege machen, um ihn geheim zu halten, flogen sie geradezu provokant direkt in das Nestgebiet ein und boten beim Brutwechsel Duettrufe dar, dass es uns Kranichbewachern fast schon unangenehm war. Hier hatten die Besucher des Brooks ein Kranichnest direkt vor der Nase, wenn sie die Geduld aufbrachten, zwischen den dicht stehenden Moorbirken ein wenn auch schmales Sichtfenster auf das Nest zu suchen.

Das Paar, das viele Jahre lang im »Kleinen Moor« brütete, die »Städter«, führte seine Jungen bis 100 Meter an eine vorbeiführende Straße heran – aber niemals am Wochenende nach neun oder zehn Uhr morgens. Bei fast allen Kranichen kann man beobachten, dass sie frühmorgens näher an Wegen stehen als später am Tag; an Wochenenden ziehen sie sich deutlich weiter zurück, sicherlich wegen der vielen Besucher. Erst kürzlich, als wir direkt von zu Hause aus wieder einmal eine Wanderung in den Brook unternahmen, konnten wir eine Kranichfamilie mit einem Jungen beobachten, die sich nur 30 Meter von einem Hauptweg entfernt aufhielt. Wir hatten an diesem Vormittag keine anderen Besucher im Brook angetroffen. Einige Tage später – es waren wegen schlechten Wetters wieder keine anderen Besucher im Brook – trafen wir eine andere Kranichfamilie mit einem hühnergroßen Jungen nur fünf Meter neben dem Weg an. Man kann also wohl davon ausgehen, dass die Kraniche ihre Umgebung sehr aufmerksam beobachten: Wenn die Wege zumindest gelegentlich von Spaziergängern benutzt werden, halten sie sich 300 Meter davon entfernt auf; bei schlechtem Wetter und sehr früh morgens gehen sie bis an die Wegränder heran, überqueren die Wege sogar, weil rechts und links davon Nahrungsquellen sind, die sie sonst nicht nutzen könnten. Uns erlaubte das unvorsichtig so nah am Wegrand spielende Küken, dass wir sehr langsam und atemlos vor Staunen weitergingen und immer wieder stehenblieben. Von so nah und so lange konnten wir eine Kranichfamilie nie zuvor beobachten; weil ich wegen des unsicheren Wetters die große Kamera mit Teleobjektiv nicht mitgenommen hatte, fotografierte ich zum ersten Mal Kraniche mit meinem Handy.[20]

Die »Schlitzohren« hatten sich, wie bereits beschrieben, sehr effizient neue Flächen gesucht – außer dem Revier von »Romeo und Julia« zusätzlich solche, auf denen früher keine Kraniche zu sehen gewesen waren. Sie verloren dabei ihre frühere Scheu. Nun standen sie auf einmal auf Wiesen nahe an Wegen, brachten einer unserer Kranichbewacherinnen eines Tages aus zehn Metern Entfernung ein fröhliches (oder kämpferisches?) Duett zu Ohren und verlegten wieder einmal ihren Brutplatz. Bei ihnen erlebte ich ein Verhaltensmuster, das ich bis dahin nicht kannte: Nach einiger Zeit suchten sie ihr Futter regelmäßig – wirklich jeden Tag – morgens ab etwa sieben Uhr auf einer ganz bestimmten Wiese am Rand des Naturschutzgebietes. Nachmittags flogen sie weiter hinaus und waren auf einer anderen Wiese nahe beim Dorf zu sehen, in der Nachbarschaft einer Pferdekoppel. Warum dieses zeitliche Muster? Wozu brauchten die »Schlitzohren« überhaupt mehrere Nahrungsflächen, wenn doch andere Paare mit nur einer auskamen? Ich denke, dass die Vögel auf der Suche nach Abwechslung waren, dass sie eine gewisse Neugier verspürten. Vielleicht fraßen sie morgens gerne etwas anderes als nachmittags.

Solche Gedanken machte ich mir auch, wenn ich sah, dass einer der »Pioniere« während der Brut immer wieder abends bei fortgeschrittener Dämmerung das Revier verließ, auf eine Nahrungswiese flog, dort aber gar keine Nahrung suchte, sondern nur »herumstand«. Ähnlich verhielt sich einer der »Füchse«. Bei anderen Paaren konnte ich ein vergleichbares Verhalten nicht beobachten.

Neue Paare sind erst einmal unsicher. Wenn einer der Partner brütet, fliegt der andere nicht weit weg; er will wohl in Rufnähe bleiben, vermutlich, um schnell zurückfliegen zu können, »falls etwas ist«. Die »Sucher« beispielsweise verhielten sich in ihrer ersten Brutsaison 1998 besonders vorsichtig: Vom Beginn der Brut an riefen sie kaum mehr und waren nicht auf den Weiden zu sehen, die sie noch am Tag vor der Eiablage aufgesucht hatten. Mit fortschreitender Brutzeit besuchten die Kraniche dann aber gelegentlich andere Flächen, die sie aus der Zeit vor der Eiablage kannten. Mit wachsender Erfahrung – das ist mir besonders bei den »Füchsen« aufgefallen – fliegt der nicht auf dem Nest sitzende Partner direkt am ersten Bruttag auf die beste Wiese, weiter fort, wohl ohne sich irgendwelche Sorgen zu machen.

1998 beobachteten wir ein Kranichpaar, das vor neun Uhr morgens bis in 100 Metern Nähe zu einem Weg Nahrung suchte. Dann kam der erste Mai. Dieses Datum versetzte seinerzeit alle Mitglieder unserer Gruppe, die den Kranichbewachern an Wochenenden und Feiertagen zur Seite stehen, in erhöhte Alarmbereitschaft. Denn allzu viele Hamburger und zusätzlich noch Bewohner des angrenzenden Landkreises Stormarn liefen in den Wiesen, Waldstücken und Lichtungen herum, picknickten, spielten Fußball, Frisbee oder Basketball. Sie nutzten das Naturschutzgebiet als Freizeitgelände und störten die brütenden Vögel (nicht nur die Kraniche). Offenbar empfanden die Kraniche diesen Tag als ähnlich belastend wie wir, ihre Bewacher, denn an solchen Tagen flogen sie zwar herum, waren aber nicht auf den üblichen Nahrungswiesen zu finden, sondern hielten sich tief in ihren Revieren auf. Das besagte Paar aber war an jenem ersten Mai abends nach halb acht in gewohnter Nähe zum Weg anzutreffen. Die

Maifeiertagsbesucher grillten um diese Zeit zu Hause im Garten.

Eindeutig ist also: »Unsere« Kraniche haben etwas gelernt, was andere Kraniche (zum Beispiel in Schweden) nicht lernen müssen. Sie wissen, dass Menschen sich in ihrer Umgebung (überwiegend) auf Wegen aufhalten, die gewisse Gebiete begrenzen, in denen sie selbst sich dann ungefährdet bewegen können (und die Menschen haben durch unsere Naturschutzarbeit auch gelernt: sehr viel seltener als früher wird der Brook mit einer Stadtparkwiese verwechselt). Einige Kraniche leiten daraus möglicherweise ab, dass Menschen generell ungefährlich seien. Das Kranichpaar aber, dem seine Eier 1998 zum wiederholten Mal von Menschen entwendet wurden, haben wir seither kaum noch zu Gesicht bekommen. Es hat sich sehr weit zurückgezogen, vielleicht, weil es etwas anderes gelernt hat?

Bei Kranichbeobachtern und -forschern setzt sich zunehmend die Ansicht durch, dass Kraniche im Allgemeinen in den letzten Jahrzehnten gelernt hätten, schlechtere Brutplätze zu nehmen und näher an Siedlungen heranzurücken. Dies passt zum Verhalten der Kraniche, die wir bei uns im Brook beobachten.

Die Fähigkeit zum Lernen ist individuell verschieden, je nach Erfahrung (und Lernbereitschaft). Das lässt sich anhand einer einfachen Beobachtung erkennen: Kraniche suchen bestimmte Flächen zur Nahrungsaufnahme auf. Wenn sie von ihrem Revier dorthin fliegen oder wieder zurück, nehmen sie immer die gleiche Strecke. Sie fliegen in direkter Linie zum Ziel, zumeist in relativ niedriger Höhe.

Vielleicht kommt Ihnen das normal vor, aber nur, wenn Sie sich vergegenwärtigen, wie Sie sich in Ihrem eigenen »Revier«, also Ihrer Heimatstadt bewegen. Dort nehmen Sie den direkten Weg zum Wochenmarkt (nur müssen Sie, weil Sie nicht fliegen können, dem Straßenverlauf mit Biegungen und Abzweigungen folgen, Sie können nicht die Luftlinie nehmen).

Wie aber bewegen Sie sich in einer Ihnen unbekannten Stadt? Nehmen wir einmal an, Sie sind in Tokio und besitzen keinen Stadtplan in einer Ihnen verständlichen Schrift. Nehmen wir außerdem an, Sie hätten vom Hotel zu einem interessanten Museum gefunden, wüssten nun aber nicht mehr, wie Sie zurückkommen. Sie wissen nur, es war nicht sehr weit, vielleicht eine Viertelstunde, nur drei oder vier Häuserblocks. Sie werden mal rechts und mal links abbiegen, vielleicht immer größere Kreise ziehen. Nach einer Weile finden Sie Ihr Hotel wieder.

Am nächsten Tag wollen Sie in ein Restaurant gehen, das gleich neben dem Museum liegt. Da Sie sich einige markante Punkte gemerkt haben, sind Sie jetzt schon auf deutlich direkterem Wege unterwegs. Nach ein paar Tagen kennen Sie den Stadtteil noch besser: Sie haben einen mentalen Lageplan erstellt.

Nichts anderes tun die Kraniche. Sie müssen in ihnen bekannten Gegenden nicht mehr »kreisen«, sie fliegen direkt. Und das ist alles andere als selbstverständlich. Bei ihrem Anflug an ein Revier erkenne ich die Revierbesitzer schon daran, dass sie auf gerader Linie in ihr Zielgebiet fliegen; Neulinge im Gebiet fliegen in Kurven, ziellos und unentschieden, ändern oft die Flugrichtung und Flughöhe, ähnlich, wie Sie sich an Ihrem ersten Tag in Tokio bewegen würden. Und ähnlich, wie Sie sich am zweiten Tag den Weg zum Restaurant vorgestellt haben, wird sich der Kranich vor dem Abflug vorstellen, wo er hinwill. Er muss dabei nicht in Worten denken, das tun Sie wahrscheinlich auch nicht. Sie stellen sich den Weg bildlich vor, so wie der Kranich.

An einem Beobachtungstag vor Ostern 1998 fiel mir dies wieder einmal auf: Einer der »Füchse« kam direkt von seiner Nahrungsfläche, der Binsenwiese, zum Brutwechsel ins Revier zurück, sein Partner flog ohne Zögern auf die zweite von den beiden bevorzugte Weide, die »Hügelsicht«. Drei Stunden später war wieder einer auf der Binsenwiese. Das ist ein typisches Verhalten bei vielen Kranichpaaren: Sie fliegen direkt und ohne Umwege, treffen unterschiedliche Entscheidungen, wählen also aus – nach welchen Kriterien, können wir nur raten.

Als die »Pioniere« einmal nach einem Brutabbruch eine Vollmauser durchmachten, waren sie flugunfähig und drückten sich oft am Schilfrand in der Nähe ihres Reviers herum. Dort gibt es eine Wiese mit einem Zaun an einer Seite. Eines Tages gingen die beiden über die offene Wiese auf den Zaun zu. Ich hatte nicht genau hingesehen, jedenfalls befand sich der Erste auf einmal innerhalb des Zauns, während der andere noch außerhalb war. Vielleicht war der Erste gesprungen oder konnte doch ein bisschen fliegen, der Zweite konnte oder wollte nicht über den Zaun springen. Der Erste ging aber immer weiter, ohne anzuhalten, ohne auf die leisen Töne seines Partners zu achten. Dieser ging nun wie ein eingesperrter Löwe am Zaun entlang, nach rechts, nach links, und wusste nicht, was er machen sollte. Es dauerte einige Minuten, bis ihm die Lösung einfiel: Er lief weit nach links – dort macht der Zaun einen Knick–, ging dann an der Seite des Zauns entlang und traf am Ende seinen Partner wieder, der dort unter dem Zaun hindurchgehen konnte.

Diese Problemlösung war nur auf der Basis von Ortskenntnis möglich. Das Problem war nur aufgrund der Mauser entstanden, und das Finden der Lösung dauerte recht lange – aber der Kranich fand sie! Ich sehe keine andere Möglichkeit: Er muss sich den Weg um den Zaun herum mental vorgestellt haben, bevor er ihn tatsächlich ging.

Eine andere uns Menschen so einfach erscheinende Fähigkeit muss vermutlich ebenso gelernt und geübt werden, nämlich das Gefühl für die Zeit. Wenn Kraniche brüten, wechseln sie sich ab. Der eine sitzt auf den Eiern, der andere sucht draußen nach Nahrung. Morgens ist es oft so, dass der Brutwechsel in kürzeren Abständen erfolgt, manchmal schon nach einer halben Stunde. Eine durchschnittliche »Schicht« auf dem Nest dauert etwa eine Stunde. Aber mittags und nachmittags erlaubt sich der nach Nahrung suchende Kranich oft längere Abwesenheiten. Drei Stunden sind dann nicht ungewöhnlich; ich habe schon erlebt, dass ein Kranich sechs Stunden lang abwesend war. Woher weiß ein Kranich, wie viel Zeit vergangen ist? Wie teilen die Tiere sich den Tag ein; wie lernen sie, den Partner nicht aushungern zu lassen?

Die Beobachtung des jungen Biologen aus Osnabrück, die ich in Kapitel 3 erwähnt habe, zeigt »aktives Unterrichten«: Der auf dem Nest sitzende Kranich konnte seinen allzu lange ausbleibenden Partner nicht herbeirufen, also holte er ihn her: »Lass mich nicht noch einmal so lange hier sitzen!«

Ich bin sicher, dass Kraniche auch lernen müssen, welches Futter ihnen bekommt, was besonders nahrhaft ist, was gut schmeckt und was weniger gut. Schließlich wachsen fast alle Kraniche in unterschiedlicher Umgebung auf und haben daher verschiedene Nahrungsquellen. Das Lernen geht hier ganz selbstverständlich vonstatten: In den ersten Wochen füttern die Kranicheltern die Jungen. Dabei zeigen sie ihnen, wo man etwas Gutes finden kann und was etwas Gutes ist. Das kann jeder beobachten, der Kranichen in den ersten Lebenswochen dabei zusieht, wie sie gemeinsam mit ihren Eltern Nahrung suchen. Nach einiger Zeit weiß das Junge, was bekömmlich und was weniger wohlschmeckend ist. Im Winterquartier oder schon bei der Herbstrast gibt es wieder neue Nahrungsquellen und wieder etwas dazuzulernen.

Kraniche müssen auch noch andere Dinge lernen, von denen viele Menschen denken, sie seien ihnen angeboren. Dazu gehört merkwürdigerweise ausgerechnet das Fliegen.

Natürlich ist den Kranichen die *Fähigkeit* zu fliegen angeboren, schließlich sind sie mit Federn, Flügeln und den dazugehörigen Muskeln auf die Welt gekommen. Das ist vergleichbar mit der Fähigkeit von Menschenkindern zu laufen, aber das klappte auch nicht am ersten Tag unseres Lebens; wir mussten es lernen. Jeder, der einmal einem Kleinkind bei den ersten Schritten zugeschaut hat, weiß, wie schwierig das ist. Kraniche fliegen ebenfalls nicht einfach los. Im späten Juli oder August gibt es daher einiges zu sehen. Dann nämlich lernen die Jungkraniche fliegen.

Die Jungen haben vorher schon oft mit den Flügeln geschlagen, ohne dass dabei viel passierte. Eines Tages aber (natürlich wissen wir nicht, ob es das erste Mal ist, wenn wir es gerade beobachten) sehen wir die Alten, wie sie vor den Jungen hergehen, kräftig mit den Flügeln schlagen und ein paar Meter weit fliegen. Die Jungen wollen es nachmachen, aber es funktioniert nicht. Sie springen zwar, aber sie fliegen nicht.

Nun sollte man sich nicht vorstellen, dass diese ersten Versuche so überzeichnet komisch aussehen wie einer der Startversuche des Albatros, mit dem Bernhard und Bianca im gleichnamigen Walt-Disney-Film fliegen. Ich habe nie Bauchlandungen oder Ähnliches beobachtet. Jungen Kranichen bei ihren ersten Flugversuchen zuzusehen ist trotzdem immer wieder anrührend komisch und spannend.

»Schau mal, wie ich es mache«, scheint das Alttier zu rufen und schlägt mit den Flügeln im Takt seiner Schritte, wobei es mal ein paar Meter fliegt, dann wieder mit kräftigen Flügelschlägen läuft. Die Jungen versuchen erneut, ihre Eltern zu imitieren. Und nach einiger Zeit hebt das erste Junge endlich ab, allerdings nur für ein paar kläglich kurze Meter, und kaum ist das Starten geschafft, kommt das nächste Problem: Wie soll es landen?

Der ganze Körper der Jungtiere drückt diese Unsicherheit aus. Während die Alten beim Start den Hals entschlossen nach vorn strecken, Schnabel und Hals eine Linie bilden, der Kranich sich ganz lang macht und nach ein, zwei Flügelschlägen den Boden verlässt, haben die Kleinen den Blick starr auf den Boden gerichtet, Körper und Hals bilden einen Winkel, die Flügel sind nicht in ihrer ganzen Spannweite ausgestreckt – aber immerhin, ein Segel-Sprung gelingt. Sofort landet das Junge sicherheitshalber wieder und läuft aus.

Nun schlägt es im Stehen mit den Flügeln, kräftig und entschlossen, aber wieder tut sich nichts; der Kranichkörper bleibt zur Enttäuschung des Besitzers am Boden. Es geht vorerst – und das wird noch eine Weile so bleiben – nur mit Springen. Also müssen immer weitere Sprünge geübt werden, und irgendwann gelingt es dann, beim Absprung mit den Flügeln zu schlagen und beim Landen die Flügel ausgebreitet und zum Abbremsen nach vorn gebogen stehenzulassen. Bei den Alten sieht es so einfach aus, aber die Mühen der Jungen machen deutlich, wie schwierig und anstrengend das Fliegenlernen doch ist.

Nach den Erfahrungen der ICF sind die Beine die empfindlichsten Körperteile der Kraniche. Allzu leicht wird ein Band gedehnt oder reißt gar oder ein Knochen bricht an. Dieser Gefahr scheinen sich die jungen Kraniche bewusst zu sein. Vorsichtig und beharrlich, allerdings noch nicht besonders elegant, springen sie wieder und wieder ab und landen, indem sie auslaufen.

Und auf einmal wird es ein erster Segelflug! Als sei das Junge über die eigene Leistung erschrocken, klappt es dabei die Beine nicht entspannt nach hinten weg, sondern hält sie nach vorn ausgestreckt, jederzeit bereit zur Landung.

So geht die Flugschule weiter, Schritt für Schritt, und erinnert mich an die Zeit, als meine Kinder laufen lernten.

Wenn wir meinen, die Kranicheltern könnten im Gegensatz zu uns Menscheneltern ihren Kindern gar nichts erklären, sollten wir im Hinterkopf behalten, dass Menschenkinder zu der Zeit, in der sie laufen lernen, noch kaum sprechen können. Was sie von Äußerungen wie »Oh wie toll, mach es nochmal so, das war doch schon richtig gut; keine Angst, du tust dir nicht weh, wenn du umfällst!« verstehen, wissen wir nicht. Wir kommunizieren mit unseren Kindern auch keineswegs nur über die Sprache, sondern auch körpersprachlich und mithilfe von Blickkontakt. Menschenkinder lernen sehr viel durch Nachahmung, und es ist für Kognitionswissenschaftler keineswegs selbstverständlich, dass auch Vögel wie die Kraniche durch Nachahmung lernen.

Schon immer wollte ich miterleben, wie ein Kranichjunges seinen ersten richtigen Flug schafft. Dummerweise aber werden Kraniche just dann flügge, wenn bei uns Urlaubszeit ist, oder an Wochentagen während der Arbeitszeit. 1997 gelang es mir schließlich, denn eines der Paare hatte die erste Brut abbrechen müssen und eine sehr späte Nachbrut aufgezogen. Ihr Junges war Anfang September immer noch nicht flügge. Höchste Zeit zum Fliegenlernen!

Ich wollte diesmal wirklich die ersten echten Flugrunden miterleben und ging deshalb jeden Tag abends nach der Arbeit in den Brook. Der Jungvogel war immer noch nicht flügge. Eines Samstags, als ich wieder nach der Kranichfamilie schaute, spielten sich einige Flugübungen ab, aber das Junge schien zum Abheben noch nicht den Mut zu haben. Wieder machten die Eltern vor, wie es ging, und das Junge versuchte, es nachzumachen. Ohne Erfolg. Am

Sonntagmorgen beobachtete ich die Familie erneut, doch ohne Erfolg: Alle suchten nur nach Futter.

Die Sache ließ mir keine Ruhe, und schließlich – es war wieder nur so ein Bauchgefühl – entschied ich mich, am späten Nachmittag noch einmal zu den Kranichen zu gehen. Zu meiner Enttäuschung war die Familie nicht am gewohnten Platz. Ich wartete. Es begann zu dämmern, und auf einmal flogen drei Kraniche ein, vorn und hinten ein Altvogel, in der Mitte ein Junges, deutlich erkennbar am bräunlichen Kopf.

Ich war unsicher: War dies das Paar aus Klein Hansdorf, dessen Junges schon seit zwei Monaten flügge war? Denn die Kraniche landeten nicht, sondern flogen in weiten Bögen über das Moor, über das Gebiet der Familie, die ich eigentlich beobachten wollte.

Ich konnte mir das Ganze nicht erklären, wunderte mich allerdings darüber, dass es keine Revierverteidigungsrufe des Revierpaares gegen die Eindringlinge gab. Dann sah ich hier wohl doch der Familie beim Fliegen zu, die ich ursprünglich hatte beobachten wollen. Hier also hatte ich meinen ersehnten ersten Flug beobachtet – vielleicht den zweiten oder den dritten des Tages, auf jeden Fall aber den ersten Flugtag. Gestern und heute Vormittag noch war das Junge flugunfähig gewesen, heute Abend flog es schon Achten und Kreise und machte sogar einen Ausflug über die Reviergrenze hinaus.

Dann landeten die Kraniche und zogen mich jetzt richtig in ihren Bann. Denn zu meiner Überraschung – es war schließlich schon recht dämmrig – begannen sie damit, Nahrung zu suchen. Und das Junge bettelte. Aber Vater und Mutter blieben streng und fütterten das Junge nicht: Sie führten es zu nahrhaften Plätzen, pickten im Gras herum, drehten Grassoden um, aber zeigten nur, was es da zu finden gab – fressen musste das Junge selbst. Das tat es dann schließlich, allerdings offensichtlich nur widerwillig.

Es schien sehr müde und hungrig zu sein. Alle drei fraßen ungewöhnlich lange. Dann war das Junge noch durstig. Nacheinander stiegen die drei in einen Wassergraben und tranken, indem sie die Schnäbel eintauchten, den Hals dann – mit dem Schnabel noch im Wasser – stark nach unten und hinten bogen und dann den Kopf hoben, sodass das Wasser in den Hals laufen konnte.

Fertig, das Abendessen war beendet – aber das Schauspiel noch nicht! Anstatt nun ihr Gefieder zu putzen oder zum Schlafplatz zu gehen oder zu fliegen, begannen die Alten zu tanzen. Es war Mitte September, und die Elterntiere tanzten wie zu besten Frühjahrs-Balzzeiten! Sie sprangen hoch, schlugen mit den Flügeln, tanzten umeinander herum, riefen und trompeteten.

Das Junge war perplex. So etwas hatte es noch nie gesehen. Es stand da und schaute einfach zu. Die Alten tanzten lange und intensiv; sie führten einen regelrechten Freudentanz auf. Und schließlich fühlte sich das Junge zum Nachmachen animiert. Herrlich unbeholfen sprang es hoch, schlug mit den Flügeln, wollte es genauso machen wie die Eltern, kriegte es aber nicht hin. Ein Disney-Zeichentrickfilm hätte nicht lustiger sein können, selten habe ich so lauthals über eine tierische Begebenheit gelacht.

Es dauerte noch lange, bis die Familie sich beruhigt hatte und sich langsam – es war nun fast dunkel, ich konnte sie kaum noch sehen – auf den Schlafplatz zurückzog. Ich ging sehr nachdenklich den Weg zum Auto zurück.

Was ich gesehen hatte, war wieder einmal einzigartig gewesen: Ein Jungkranich war zum ersten Mal geflogen, die Familie hatte Übungsrunden gedreht, das Junge in der Mitte, die Eltern schauten sich oftmals nach ihm um. Die Flüge gelangen ohne Absturz, die Landung war nahezu perfekt. Dann wurde gefuttert und getrunken. Danach brach eine unbändige Freude los! Anders kann ich es nicht interpretieren.

Ich weiß nicht, ob sich Kranicheltern immer so freuen, wenn ihre Jungen flügge sind. Ich weiß nicht, ob jemals ein anderer Kranichbeobachter schon eine vergleichbare Beobachtung gemacht hat. Gelesen habe ich jedenfalls noch nie etwas darüber, und selbst nachdem ich darüber auf Konferenzen berichtet hatte, hörte oder las ich von niemandem, der etwas Ähnliches erlebt hatte.

Ich bin überzeugt: Kraniche sind sich ihrer selbst sehr viel mehr bewusst, als wir ihnen zugestehen wollen. Sie »wissen«, dass das Junge flügge werden muss. Dieses spezielle Paar wusste vielleicht schon bei der Brut, dass es spät im Jahr war und dass die Nachbrut ein Risiko war, weil es bis zum ersten Flug Mitte September werden würde. Von dort blieben höchstens zwei Monate bis zum Aufbruch nach Spanien, in denen sich das Junge die Kondition für einen langen Flug erfliegen musste.

Darüber, dass auf dem riskanten Weg ein weiterer Meilenstein erreicht war, freuten sich die Kranicheltern einfach! Und ich mich mit ihnen.

KAPITEL 8

Der Sprache der Kraniche auf der Spur: Sie rufen und erzählen so von ihrem Leben

Mit den Jahren und mit der wachsenden Anzahl von Kranichpaaren in den von uns betreuten Naturschutzgebieten wurden die Beobachtungen immer verwirrender. Immer neue Fragen tauchten auf. Um nur einige zu nennen: Sind es wirklich die »Schlitzohren«, die mal im Westen, mal im Osten ihres großen Reviers brüten? Und wenn sie es sind, warum haben sie nun ihre auffallende Scheu verloren, jedenfalls außerhalb des Brutrevieres? Sind die »Pioniere« immer noch die eigentlichen »Pioniere« oder handelt es sich inzwischen um andere Individuen? Bleiben Kranichpaare wirklich »für immer« oder wenigstens für einige Jahre zusammen? Sind die »Sucher« im »Grünen Brook« in diesem Jahr dieselben Vögel, die im Vorjahr das Revier untersucht haben? Und wo sind die »Städter« geblieben? Sie können nach nur vier oder fünf Jahren Brut noch nicht so alt gewesen sein. Sind sie einfach verschwunden oder haben sie nach einem Jahr Brutpause ein ganz anderes Revier übernommen? Sind sie vertrieben worden oder haben sie freiwillig gewechselt? Hat vielleicht ein Partnerwechsel und damit verbunden ein Ortswechsel stattgefunden?

Fragen, die sich nur dann beantworten lassen, wenn

man die einzelnen Individuen eindeutig bestimmen und wiedererkennen kann. Bei Vögeln erreicht man das in der Regel dadurch, dass sie beringt werden. Aber wir konnten und wollten die Kraniche bei uns nicht beringen. Der Brook ist ein vielbesuchtes Naturschutzgebiet, und es widerstrebt meiner Ansicht von Naturschutz, den von uns geschützten Kranichen mit einer Jagdmannschaft nachzustellen, sie zu fangen und zu beringen. Eine solche Aktion hätte auch im Widerspruch zu dem Verständnis von Natur gestanden, das wir den Hamburgern und Schleswig-Holsteinern nahebringen wollten: die Natur zu achten, zu respektieren und nicht rücksichtslos zu nutzen.

Die Beringung von Vögeln zum wissenschaftlichen, also menschlichen Zweck der Erkenntnisgewinnung ist eine Art der Nutzung. Zudem werden bei Beringungsaktionen immer wieder einzelne Vögel getötet oder so schwer verletzt, dass sie anschließend in der Natur nicht mehr überleben könnten, also den Rest ihres Lebens in Gefangenschaft verbringen müssen – Ausfälle, die mir stets unverantwortlich erschienen. Das heißt nicht, dass ich generell gegen Beringung wäre. In Gebieten, in denen es zahlreiche Kraniche gibt und sehr wenig Menschen, kann man problemlos beringen. Beringen ist sinnvoll und hilft dabei, das Zugverhalten und die regionale Flexibilität der Kraniche verstehen zu lernen.

Das Gleiche gilt für das Anbringen von Sendern. Zweifellos ist dies eine elegante moderne Methode, mit deren Hilfe man die Belegung der Reviere, die Flug- und sogar Zugwege untersuchen kann. Aus den oben genannten Gründen wäre jedoch auch dies bei uns nicht angemessen gewesen, zumal es niemanden gegeben hätte, der eine solche Aktion hätte bezahlen, durchführen und auswerten wollen oder können.

Der Stress, dem die Kraniche hierbei ausgesetzt sind, ist unkalkulierbar. Und da ich die Tiere für lernfähig hielt, wollte ich ihnen vermitteln, dass Menschen sich auf den Wegen aufhalten, ihnen also nicht zu nahe kommen und nichts Böses von ihnen wollen. Ich wollte nicht, dass sich alle Kraniche in unserem Brook, einem Gebiet mit hoher Menschendichte, Jahr für Jahr vor Menschen fürchten müssten, weil sie aus Erfahrung wüssten, dass jederzeit einige Menschen aus dem Gebüsch springen und einen noch nicht flüggen Jungkranich einkreisen, fangen und beringen könnten.

1996 begann ich darüber nachzudenken, ob man nicht Kraniche anhand ihrer Stimme unterscheiden und identifizieren könnte. Ich hatte den Eindruck, dass ich die Duette verschiedener Kranichpaare vom Klang und von der Tonhöhe her auseinanderhalten konnte. Dabei half mir mein gutes musikalisches Gehör, das durch Violine-Spiel in der Jugend und regelmäßiges Klavierspielen geschult ist. Meine Freunde allerdings waren der Meinung, dass die Unterschiede, die ich hörte, ein Produkt meiner Phantasie seien.

1997 hörte ich im Frühjahr einen besonders charakteristischen Ruf. Er stammte vom Männchen eines neuen Paares, das noch kein Revier hatte. Im Unterschied zu allen anderen Kranichen hatte dieses Männchen eine sehr raue Stimme. Das entsprechende Paar nannte ich darum »Die Rauen«. Inzwischen hatte mich die Idee gepackt, Kraniche anhand von Aufnahmen ihrer Rufe individuell erkennen zu lernen. Ich begann zu recherchieren, denn ich konnte mir nicht vorstellen, dass ich der Erste war, der auf diese Idee kam. Und so war es auch nicht: Eberhard Henne hatte bereits zehn Jahre zuvor über mehrere Jahre hinweg einige Kranichpaare in einem halben Dutzend Reviere im Biosphärenreservat Schorfheide (Brandenburg) beobachtet und aufgenommen. (Henne, übrigens eine Zeit lang Umweltminister in Brandenburg, leitete dieses Biosphärenreservat viele Jahre lang.) Er hatte die Absicht, die Kranichrufe mithilfe von Sonagrammen auszuwerten. Ein Sonagramm ist die bildliche Darstellung einer akustischen Struktur.

Als Eberhard Henne und ich uns auf einer Kranichkonferenz kennenlernten, verfügte er bereits über ein ansehnliches Archiv von Kranich-Aufnahmen. Leider war es ihm noch nicht gelungen, Bioakustiker mit geeigneten Verfahren zur sonagraphischen Auswertung zu gewinnen, sodass er noch nicht wusste, ob man Kraniche aufgrund ihrer Stimme verlässlich würde unterscheiden und in Folgejahren wiedererkennen können.

Für seine Aufnahmen verwendete Eberhard Henne zwei altertümliche (»made in GDR«) und schwere Tonbandgeräte. Er begab sich jeweils Mitte März mit seinem Wagen zu einigen gut erreichbaren Revieren der Kraniche, von denen er wissen wollte, ob es noch dieselben waren wie im Jahr zuvor. Dort spielte er frühmorgens vom ersten Gerät Duettrufe ab – die Kraniche fühlten sich durch diese vorgegaukelte Revierverletzung provoziert und riefen zurück. Diese Rufe nahm Eberhard mit dem zweiten Gerät auf.

Manchmal konnte er das erste Gerät nicht schnell genug stoppen, das zweite nicht schnell genug zum Aufnehmen starten, so direkt antwortete das jeweilige Revierpaar.

Verglichen mit uns im Brook hatte Eberhard es einfach. Er betreute ein riesiges Gebiet von über 130 000 Hektar, in dem damals 180 Paare brüteten (heute sind es noch mehr), und suchte sich für seine Stimmaufnahmen diejenigen Reviere aus, an die er mit wenig Aufwand nahe herankommen konnte. Wir sprachen auf der Kranichkonferenz über seine Erfahrungen und meine Ziele und beschlossen sofort zusammenzuarbeiten.

Parallel dazu bat ich eine Biologiestudentin aus Hessen, die bei uns eine Kranichbewacherwoche absolvierte, in ihrer Bibliothek zu recherchieren, welche Methoden es zur Analyse von Vogelstimmen gab. Denn vielleicht existierte schon etwas Nützliches, das ich einfach hätte kaufen oder kopieren können? Sie fand aber nichts, auch keine Berichte darüber, wie andere Ornithologen Vogelpopulationen irgendeiner Art mittels Stimmanalyse untersucht und über längere Zeit beobachtet hatten.

Ich fand schließlich eine Software (»avisoft«), die darauf basiert, die Melodie des Vogelrufes zu analysieren. Für meine Zwecke erwies sie sich als ungeeignet. Zum einen war der Duettruf der Kraniche mit ihrer Hilfe schwer zu erfassen, weil die Melodie von zwei Vögeln »gesungen« (zutreffender: »trompetet«) wird. Zum anderen gelingt es in freier Wildbahn oft nicht, den Ruf der Kraniche von der ersten Sekunde an aufzunehmen, was die Software aber verlangte.

Ich musste also eine andere Technik entwickeln. Dazu

kaufte ich mir ein sehr leistungsfähiges Richtmikrofon, verbunden mit einem digitalen Aufnahmegerät und Minidisc. Alle Geräte waren leicht zu transportieren. Ich konnte mich darauf verlassen, dass die Kraniche in unterschiedlichen Lebenslagen irgendwann rufen, sodass ich genügend Gelegenheit haben würde, ihre Rufe aufzunehmen. Ich musste nur schnell reagieren, wenn ein Ruf begann, die Fernsteuerung der Minidisc erlaubte dies. Besonders fruchtbar waren die frühmorgendlichen Duettrufe aus dem Revier heraus, wenn die Dämmerung noch kaum eingesetzt hatte. Um diese Tageszeit wusste ich, dass ich die Revierbesitzer in *ihrem* Revier zu hören bekam. Oft waren auch die Antworten anderer Revierpaare zu vernehmen.

Später, in anderen Gebieten (im nahe gelegenen Nienwohlder Moor, in Mecklenburg, Brandenburg, in Japan, Korea und den USA) habe ich mit einem kleinen transportablen CD-Gerät geeignete Duettrufe abgespielt und diese mit einem großen Megaphon weit tragend erklingen lassen – so provozierte ich den Duettruf von Revierpaaren.

Bei den ersten Aufnahmen halfen mir mein älterer Sohn Bengt und die bereits erwähnte Biologiestudentin. Da wir nicht so viele Paare zur Auswahl hatten wie Eberhard Henne, mussten wir die Paare in ihren Revieren aufnehmen, ganz gleich, wie unzugänglich sie waren. Wir selbst sorgten durch unsere Naturschutz-Maßnahmen dafür, dass der Wasserstand zumindest in einigen Revieren stets gut war, und so konnten wir die meisten Reviere nur aus großer Entfernung akustisch erfassen. Das machte die Aufnahmen schwierig, vor allem langwierig. Wir mussten oft lange warten, besonders morgens. Da wir ohnehin unsere

Kranichbewachung und -beobachtung durchführten, änderte sich der Zeitaufwand nicht, nur Ablauf und Vorbereitung waren komplizierter. (Stecken Sie mal morgens um halb fünf im Dunklen all die Kabel zusammen und drücken alle richtigen Knöpfe der Elektronik! Wenn Sie dreimal hintereinander kein Kabel und keinen Stecker in der Basis liegen gelassen und außerdem am Abend zuvor nicht vergessen haben, die Akkus wieder aufzuladen, haben Sie die erste Aufnahmeprüfung in die Duvenstedter Sonagraphische Kranichgesellschaft bestanden!)

Zwischen uns und den Kranichen lagen jeweils zwischen 150 und 500 Meter, unter Umständen sogar ein Kilometer und mehr. Über diese Entfernung hinweg mussten wir darauf hoffen, zum richtigen Zeitpunkt am richtigen Ort und aufnahmebereit zu sein.

Glücklicherweise halfen uns die Kraniche. Schließlich hatten wir 1998 sechs Revierpaare auf den etwa zwölf Quadratkilometern Fläche des Naturschutzgebiets und der nahen Umgebung, das »verflixte Siebente« trieb sich herum, Gruppen jugendlicher Kraniche kamen ebenfalls vorbei und nächtigten im Kernbereich. Drei Paare lebten in Nachbarschaft, in einer Entfernung von jeweils 100 bis 150 Metern, das nächste hatte sein Revier etwa 500 Meter entfernt. Zwei andere Paare waren ebenfalls nur ca. 200 Meter auseinander, von den anderen aber etwa einen Kilometer Luftlinie entfernt.

Morgens riefen sich fast alle Paare gegenseitig an. Wenn alle riefen und Windstille herrschte, konnte man Anfang April theoretisch morgens gegen halb sechs/sechs Uhr (Sommerzeit) alle Paare aufnehmen (Mitte März eine

Stunde früher). Tatsächlich benötigten wir aber vier Wochen und 140 Aufnahmen, um von allen Paaren ausreichend gute Aufnahmen zu bekommen und sicher sein zu können, dass Aufnahmen und Stimmanalyse reproduzierbar waren.

Wir haben zusätzlich tagsüber aufgenommen, je nachdem, wo wir uns gerade befanden und Kraniche beobachteten. Dabei kam es manchmal zu kuriosen Situationen. So radelte ich mit in Wartestellung eingeschalteter, aufnahmebereiter Technik hinter dem siebten Paar im Süden des Gebietes her, als mich Bengt anfunkte: »Wenn du mal die ›Schlitzohren‹ von ganz nah aufnehmen möchtest, und zwar, wenn sie dich aus 50 Metern Entfernung direkt antröten, musst du zur ›Eckweide‹ kommen.« Das war ein Platz, an dem dieses Paar in dem betreffenden Jahr oft relativ nah an einem Zaun stand und in einem wohl sehr nahrhaften Schlammpfuhl herumpickte. Natürlich wollte ich die »Schlitzohren« sehr gern direkt auf meine Minidisc tröten lassen. Nur musste ich dafür zuerst durch den ganzen Brook fahren, und bis ich bei der »Eckweide« ankam, konnten die Kraniche längst weggeflogen sein.

Also beeilte ich mich. Bengt war weitergefahren, um ihnen die Sicherheit zum Bleiben zu geben. Ich kam nach einer schnellen »Tour de Brook« 15 Minuten nach ihm an, und tatsächlich standen die »Schlitzohren« noch immer da und fraßen ruhig. Ich stieg vom Fahrrad, schaltete die Geräte ein und bewegte mich langsam den Weg entlang zum Zaun hin.

Und wie kurz zuvor bei Bengt fingen sie an, einen Duettruf abzugeben. Das bedeutete wohl, dass ich unerwünscht war und gehen sollte. Ich hatte nicht den Eindruck, dass sie sich fürchteten, denn sie blieben stehen und riefen weiter, während sie Sichtkontakt zu mir hielten. Nach ein paar Minuten, als die gewünschten Aufnahmen auf der Minidisc waren, tat ich ihnen den Gefallen und verschwand wieder.

Hilfreich bei den Aufnahmen sind auch »Luftraumverletzer«. Wenn man weiß, dass ein Paar in seinem Revier ist, wartet man darauf, dass ein fremder Kranich (oder ein anderes Paar) das Revier überfliegt. Man wird einen schönen Duettruf der Revierbesitzer »ernten«. Dazu muss man aber aufgrund früherer Beobachtungen ahnen, wann und wo Kraniche, die nicht ins Revier gehören, auftauchen könnten.

Als einmal der Hahn der »Rauen« sechs fremde Kraniche vertrieb, bekam ich einige interessante Flugrufe zu hören. Vier der Fremdlinge landeten in einem Waldteich direkt hinter meinem Standort auf einem kleinen Wanderweg, zwei riefen anschließend. So bekam ich ein neues Ruf-Bild, anhand dessen ich diese Kraniche wiedererkennen würde, falls sie noch einmal bei uns auftauchen sollten.

Erst durch die akustische Dokumentation ist hundertprozentig klar geworden, was wir aufgrund unserer Beobachtungen zwar vermutet hatten, aber lange Zeit nicht beweisen konnten: dass wir 1998 ein siebtes Paar in unserem Gebiet hatten, dass ein einzeln umherfliegender Kranich tatsächlich Single (oder der Witwer »Romeo«) war und dass zusätzlich sechs Jugendliche herumstreunten.

Weil ich die zahlreichen Aufnahmen wegen der Analysen immer wieder anhörte, wurde es mir bald möglich, bereits durch einfaches Hören zumindest vier der sieben Paare eindeutig zu bestimmen. Wenn ich zusätzlich die Richtung als Hinweis hatte, konnte ich alle sechs Brutpaare auseinanderhalten – das war zuvor undenkbar gewesen.

Ich habe neben dem Duettruf viele andere Rufe aufnehmen können, denn mich interessierte außer der individuellen Charakterisierung auch, was die anderen Rufe (Flugrufe, Kontakt-, Warn- und Suchrufe) vom Duettruf unterscheidet. Vielleicht wird uns das eines Tages Aufschlüsse darüber ermöglichen, wie Kraniche sich verständigen.

Schon bald erfuhr ich dank meines Hochleistungsmikrofons, dass Kraniche vor einem gemeinsamen Abflug sehr leise Laute austauschen, denn von meinem Laptop konnte ich später hören, was ich während der Aufnahme mit meinem Gehör nicht wahrgenommen hatte. Die Kraniche kommunizieren also nicht nur über die Körpersprache, sondern auch vokal. Dieser »Abflugs-Abstimmungs-Laut«[21] ist anders als die sehr leisen »gurrenden«[22] oder »kullernden«[23] Kontaktlaute, die ich von den »Schlitzohren« schon von der Begegnung am Hochsitz aus unmittelbarer Nähe kannte und bald ebenfalls aufnehmen konnte, als ich ihnen gut versteckt aus nächster Distanz zuhören durfte.

Sehr schnell bemerkte ich, dass die Sonagramme, wenn viele Rufe vieler Paare verglichen werden sollten, nicht so einfach zur Identifikation von Individuen dienen konnten. Ich benötigte eine zusätzliche Analysemethode. Also recherchierten wir nochmals in der gesamten Literatur. Die bereits erwähnte Studentin suchte die allgemeine biologische Literatur durch – es musste doch einfach Arbeiten anderer Forscher geben! Aber es gab sie nicht.

Ich selbst durchsuchte die Literatur nach Sonagraphie bei Kranichen, wobei die ICF mit ihrer gut sortierten Bibliothek eine große Hilfe war. Bis auf wenige Arbeiten war jedoch auch dort nichts zu finden, was mir bei der Entwicklung einer Auswertungsmethode hätte helfen können.

Eine einzige Veröffentlichung gruben wir aus, in der eine individuelle Charakterisierung von Vögeln mit akustischen Methoden versucht wurde: untersucht wurden Waldschnepfen aus weit voneinander entfernten Gebieten. Vögel in benachbarten Revieren wurden bei diesen Forschungen nicht untersucht, geschweige denn über mehrere Jahre hinweg. Also brachte mich auch diese Arbeit nicht weiter.

Im Falle der Kraniche ist die Form des Rufes ziemlich ähnlich, weist aber sehr subtile Kennzeichen auf, die von Individuum zu Individuum verschieden sind. Meine Ausgangshypothese war, dass die Struktur des tonerzeugenden Organs, der Syrinx (des »Stimmkopfes«), die an der Luftröhre (Trachea) sitzt, bestimmend für die Frequenzen sei, mit der ein Individuum rufen kann. Der Stimmkopf hat Membranen, die durch Muskeln moduliert werden können, während sie beim kräftigen Ausstoßen von Luft (wenn der Vogel rufen will) in Schwingung geraten.

Diese Schwingungen müssten, so dachte ich, für die einzelnen Kraniche verschieden und charakteristisch sein und hoffentlich über Jahre hinweg relativ stabil bleiben. Um dies festzustellen, musste meine Auswertungsmethode sensibel genug angelegt werden. Nachdem ich mehrere Computerprogramme getestet hatte, entschied ich mich dafür, die Analyse der Rufe mithilfe von zwei Programmen durchzuführen.

Das eine, »SoundForge«, ergibt das sogenannte Sonagramm, das die Frequenzen (also die Tonhöhe) als Graphik über die Zeit darstellt; die Lautstärke wird durch Farbintensität sichtbar gemacht.[24] Damit sieht man den Ablauf der Rufe. Die zweite Methode entwickelte ich mit einem Software-Anwendungsingenieur auf der Basis der Plattform »mathematica«; mit ihrer Hilfe konnte ich mit zwei komplizierten Rechenschritten (die wir programmierten) sogenannte »Power-Spektren« erstellen. Ein solches Spektrum nenne ich den »akustischen Fingerabdruck«; es zeigt die Lautstärke pro Frequenz, aufsummiert über die gesamte Rufzeit.[25] Wenn ich Kranichrufe miteinander vergleichen will, vergleiche ich Powerspektren.[26]

Störende Laute wie zum Beispiel einen dazwischenrufenden Kuckuck oder Pirol schneide ich mittels SoundForge heraus. Meisen, Spatzen und vergleichbare kleine Vögel stören nicht, weil ich mir nur die Spektren zwischen 600 und 1200 Hertz (dem Frequenzbereich, in dem die meisten Grauen Kraniche rufen) anschaue und diese Vögel in höheren Frequenzen singen oder tschilpen. Die Obertöne der menschlichen Stimme liegen im gleichen Frequenzbereich wie die der Kraniche, sodass ich mich fast ausschließlich allein, ohne jede Begleitung, für die Rufaufnahmen in den Brook begab. Denn obwohl ich »absolute Ruhe« verordnete, sprach ein Begleiter doch immer mal dazwischen, und sei es spontan mit »Hörst du auch die Kraniche rufen?« Ja, ich hörte sie, aber die Aufnahme war dann ruiniert.

Das Sonagramm enthüllt uns die Form, die Melodie des Rufes, der »akustische Fingerabdruck« (das »Power-Spektrum«) die charakteristischen Frequenzen. Im Allgemeinen reicht mir zur Identifikation eines bestimmten Kranichindividuums oder -paares das »Power-Spektrum«, manchmal aber gibt es Unsicherheiten, die sich dann eindeutig mit dem Sonagramm klären lassen. In den mehr als zehn Jahren, in denen ich die Sonagraphie anwendete, führte ich die Vergleiche »manuell« durch, obwohl alle Daten digital vorlagen. Ein automatischer Vergleich eines neuen Rufes, das heißt seines Sonagramms beziehungsweise »akustischen Fingerabdrucks« mit der digitalen Bibliothek der Rufe wäre sehr wünschenswert gewesen, ist aber bis heute nicht verlässlich möglich; zumindest habe ich keine geeignete Software dazu gefunden.

Während ich im ersten Jahr der Aufnahmen zunächst sicherstellte, dass die Duettrufe der Kraniche aus bestimmten Revieren über eine Saison hinweg gleichmäßig charakteristisch blieben, war noch offen, ob dies über Jahre hinweg ebenfalls der Fall sein würde. Ich beschloss, mir die Aufnahmen von Eberhard Henne anzuhören und sie zu analysieren: Würde ich in ihnen individuelle Kraniche wiedererkennen oder sogar feststellen können, ob in einem der etablierten Reviere andere Kraniche als im Vorjahr anzutreffen waren?

Eberhard übergab mir seinen »Schatz«, zahlreiche Magnettonbandkassetten in einer Plastiktüte und eins seiner alten Tonbandgeräte. In meinem Arbeitszimmer baute ich Abspiel- und Aufnahmetechnik auf, mithilfe von Bengt brachte ich die Aufnahmen im Verlaufe mehrerer Tage auf meine Minidisc. Schließlich hatte ich an die 200 digitale Dateien mit Aufnahmen aus sieben Jahren zur Auswertung.

Die Analyse erwies eindeutig, dass man Kraniche anhand ihrer Stimme wiedererkennen kann, selbst über mehrere Jahre hinweg. Im Laufe der Zeit war eine Veränderung der Stimme feststellbar, eine »Reifung« wie beim Menschen. Das Frequenzbild des »akustischen Fingerabdrucks« ist so charakteristisch, dass man die Paare und Individuen sicher unterscheiden kann. Meine Auswertungsmethode förderte reichlich überraschende Ergebnisse zutage. Immerhin hatte ich etwa 40 »Kranichpaar-Jahre« von insgesamt dreizehn verschiedenen Paaren auswerten können.

Eberhard hatte mich gewarnt: »1996 brüteten im Revier ›Bibberstipp‹ zwei Kranichpaare sehr eng nebeneinander, was uns sehr überraschte! Sie brüteten sogar in Sichtweite voneinander!« Nach der Auswertung seiner Tonbandaufnahmen konnte ich ihm über seine Kraniche mehr erzählen, als er selbst gewusst hatte: Es waren nicht nur im Jahr 1996 zwei verschiedene Paare; das zweite Paar war vielmehr schon 1994 und 1995 im selben Revier! 1997 war das ältere Paar entweder nicht da oder es hatte während der Aufnahmen nicht gerufen, 1998 waren wieder beide Paare (mit den unromantischen Namen Nr. 6 beziehungsweise 7) anwesend.

Mehr noch: So etwas schien häufiger vorzukommen, als

wir erwartet hätten. 1995 gesellte sich im Revier »Fuchsbruch« das Paar Nr. 13 zum Paar Nr. 10 AB. Im »Zabelseebruch« war 1994 das Paar Nr. 4 neben dem Revierpaar Nr. 3 zu finden, 1996 in »Zabelsee« das Paar Nr. 2 neben dem Revierpaar Nr. 1. Also gab es von 1994 bis 1996 in dem untersuchten Gebiet der Schorfheide immer irgendwo mindestens ein »doppelt« besetztes Kranichrevier.

Das ist so ähnlich auch im Duvenstedter Brook vorgekommen, war also für mich keine allzu große Überraschung: Als die »Füchse« erstmals brüteten, und zwar nur ca. 200 Meter entfernt von den »Pionieren«, ist dies den meisten Kranichbeobachtern und -bewachern verborgen geblieben, es gab sogar Debatten darüber, ob es sich wirklich um zwei verschiedene Paare handelte. Das Gleiche geschah, als 1997 die »Rauen« zum ersten Mal auftauchten. Die meisten meiner Kranichbewacherkollegen bezweifelten, dass es sich um ein weiteres (das dritte!) Paar in enger Nachbarschaft handelte, sondern vertraten die Ansicht, dass eines der beiden Paare, die »Pioniere« oder die »Füchse«, mal hier und mal dort zu sehen sei. Vor den Zeiten der Sonagraphie ließ sich die Wahrheit nur durch visuelle Beobachtungen ermitteln, wenn mehrere mit Funkgeräten bewaffnete Personen sich zur gleichen Zeit an drei Stellen postierten – das war selten genug möglich und sehr schwer zu organisieren. Durch Mehrfachbeobachtung musste man nachweisen, dass die einzelnen Paare morgens aus bestimmten Schlafplätzen ausflogen oder abends einflogen; erst dann konnte man sicher sein, dass wirklich zwei beziehungsweise drei Paare in enger Nachbarschaft brüteten. Dank der Stimmanalyse reichte nunmehr die Aufnahme von morgendlichen Duettrufen, um sagen zu können, wie viele Kranichpaare es wirklich waren und wo sie wohnten (möglichst mehrfach in der Saison, um nachzuweisen, dass die Paare dort tatsächlich das Revier besetzten).

In Eberhard Hennes Kranichrevieren allerdings nisteten Paare manchmal in weniger als 50 Metern Abstand voneinander; so nah hatte ich es bei uns nicht beobachtet. Während manche »Doppelbesetzungen« in der Schorfheide nur eine Saison lang dauerten, haben Paar Nr. 6 und 7 sich als Nachbarn offenbar aneinander gewöhnt. Bei der ersten Auswertung, als ich nur die Aufnahmen bis 1997 hatte, meinte ich noch: »Aha, das hat es mit der scheinbaren Kontinuität von Kranichen in Revieren tatsächlich auf sich: Einige Jahre lang brütet nur das Paar Nr. 7, ein paar Jahre lang dann brüten zwei Paare zusammen in enger Nachbarschaft, was oft nicht festgestellt werden kann. Dann übernimmt das jüngere Paar, hier die Nr. 6, das Revier.« Doch 1998 war auch Paar Nr. 7 wieder vor Ort.

Im Allgemeinen waren die Kraniche in Eberhards Revieren ihrem Partner und ihren Revieren treu. In den 40 ausgewerteten »Kranichpaar-Jahren« sind 34-mal Reviere wiederbesetzt worden, davon 29-mal von dem gleichen Paar (das entspricht 85 Prozent). Das stabilste Paar von allen war Nr. 7, das von 1991 bis 1998 (abgesehen von einem Jahr, in dem es vielleicht eine Brutpause machte) im »Bibberstipp« zu finden war.

Und es gab Ausnahmen. Im »Fuchsbruch« hatten wir 1991 das Paar Nr. 10 (Männchen A, Weibchen B). 1994 (leider gab es 1992 und 1993 keine Aufnahmen von ihnen) hatte sich A von seiner Partnerin B getrennt und das Weibchen C genommen. Mit diesem brütete es noch 1995 in Nachbarschaft mit einem anderen Paar. Leider fehlten uns wieder die Jahre 1996 und 1997, definitiv waren die beiden aber 1998 verschwunden; ein neues Paar (Nr. 13) war aufgetaucht.

Im Zeitraum von 1988 bis 1998, in dem allerdings einige Jahre an Aufnahmen fehlen, konnte ich also mit der Sonagraphie vier verschiedene Paare in einem bestimmten Revier identifizieren, bei einem sogar den Partnerwechsel erkennen. Die rein visuelle Beobachtung hätte eine normale Kontinuität eines Paares im Revier vermuten lassen.

Heiß ging es im Revier »Schwanzsee« her: 1994 finden wir das Paar Nr. 9, Männchen D, Weibchen B. 1995 wird es abgelöst durch das Paar Nr. 8, Männchen A, Weibchen C. Im nächsten Jahr aber findet sich ein neu kombiniertes Paar aus Männchen A und Weibchen B – hat sich A für B entschieden oder hat Weibchen B sich sein Revier zurückerobert, den dort lebenden Hahn mit »übernommen« und seine Rivalin vertrieben? Dieses Paar war dann stabil: 1997 und 1998 fanden wir es im gleichen Revier wieder. Insgesamt hatten wir also drei »Scheidungen« (das sind etwa zehn Prozent).

Dieses Verhalten mag uns, besonders die altvorderen Kranichexperten, überraschen, haben wir die Kraniche doch immer für den Inbegriff von Partner- und Reviertreue gehalten. Aber macht ein solches Verhalten nicht deutlich, dass es sich hier um entscheidungsfähige Individuen handelt mit individuellen Charakteren und unterschiedlichen persönlichen Erfahrungen und eben nicht um triebgesteuerte Brutmaschinen? Oder finden wir das Verhalten deshalb so befremdlich, weil es unserem eigenen so ähnlich ist und traditionellen menschlichen Moralbegriffen zuwiderläuft?

Interessant sind auch Paare, die wir nur einmal hören. In »Zabelsee« und »Zabelseebruch« waren die Paare Nr. 2 und Nr. 4 jeweils nur in einem Jahr zu finden. Im »Fuchsbruch« tauchte Paar Nr. 13 nur einmal auf. Vielleicht wurden sie nicht geduldet, vielleicht haben sie ein neues, besseres Revier für sich gefunden. Was wir daraus lernen, ist: Kraniche suchen sich aktiv Reviere. Es kommt vor, dass sie für einige Zeit in einem Revier sind, das schon besetzt ist, und dort vom Revierpaar zeitweise geduldet werden. Aus Gründen, die wir (noch) nicht kennen, ziehen sie aber weiter.

In der Brutsaison des zweiten Jahres meiner Rufaufnahmen – es war das Jahr 1999 – war ich mehrmals schon morgens um vier Uhr zum Aufnehmen von Duettrufen im Brook, bevor ich um acht Uhr in die Firma fuhr, oder ich ging abends und an den Wochenenden mit Mikrofon und Fernsteuerung in den Händen und den Aufnahmegeräten im Rucksack durch den Brook. Die Rufe, die ich dabei aufnahm, analysierte ich zu Hause am Computer, sooft ich Zeit dazu hatte.

Zu meiner Überraschung stellte sich heraus: Die »Pioniere« waren immer noch ein Paar, obwohl ich gewettet hätte, dass sie nach dem zweifachen Abbruch der Brut im Jahre 1998 auseinandergehen würden. Ohne die eindeutigen Ergebnisse der Sonagraphie hätte ich wahrscheinlich gedacht, es habe in der Zwischenzeit ein Partnertausch stattgefunden, denn die Gewohnheiten dieses Kranichpaares hatten sich geändert. Schließlich war es die relative Konstanz des Verhaltens aller Paare in den letzten Jahren gewesen, die es mir naheliegend erscheinen ließ, bestimmte Paare beziehungsweise Individuen wiederzuerkennen. Die Sonagraphie aber bewies mir: Es war das gleiche Paar, obwohl es sich so gut wie nie auf seinen früheren Weiden im Norden des Brooks aufhielt, sondern jetzt eine andere Wiese bevorzugte und sogar ein feuchtes Waldstück im nördlichen Brook (wohl als potenzielles neues Revier) intensiv untersuchte. Schließlich aber brütete es an der gleichen Stelle wie in allen Jahren zuvor, jedoch sehr spät. Auch in diesem Jahr war die Brut erfolglos.

Alle anderen Paare veränderten ebenfalls ihre Gewohnheiten, zum Teil sogar drastisch. Ohne Sonagraphie hätte ich sicherlich eine ganze Reihe falscher Schlüsse gezogen oder wäre zumindest sehr unsicher gewesen, denn fast alle Kranichpaare hatten sich neue Nahrungswiesen ausgesucht und/oder ihre Nistplätze verlegt: Die »Rauen« verlegten ihr Nest um 300 Meter nach Westen, begannen zu brüten, brachen diesen Brutversuch aber ab; etwas später begannen sie mit einer erfolgreichen zweiten Brut – und zwar mitten im Revier der »Planer«. Dass es tatsächlich dieses Paar war, das hier neuerdings »auf fremdem Boden« brütete, konnte ich nur mithilfe der Sonagraphie feststellen. Für die »Rauen« war eine Brut an diesem Platz nur möglich, weil die »Planer«, die in ihrem bisherigen Gebiet gebrütet hatten, ihre Jungen nicht auf »ihrer« bisherigen Wiese, der »Langweide«, sondern in einem schütteren Moorbirkenwald östlich des Hauptweges ausführten.

Die »Füchse« flogen zum Fressen nicht mehr auf die »Hügelsicht«, sondern von ihrem Brutplatz aus nur 150 Meter nach Süden. Die »Schlitzohren« hatten ihre Gewohnheiten ebenfalls geändert: Sie erschienen so gut wie nie mehr auf den Nahrungswiesen der Vorjahre, im Nordosten des Brooks, nicht einmal auf der »Eckweide«, wo sie mich im Vorjahr angetrötet hatten; ohne die Sonagraphie hätte ich bestimmt gezweifelt, ob es sich noch um das gleiche Paar handelte.

Die »Sucher« bezogen scheinbar ihr Revier mitten im »Grünen Brook« erst ziemlich spät, als die Saison fast vorbei war. Vorher schienen sie andere Reviere, zum Beispiel das »Kleine Moor«, zu erkunden – all das hätte ich jedenfalls ohne Sonagraphie vermutet. Die Stimmanalyse aber zeigte mir: Die Rufe, die ich zu Beginn der Saison in fremden Revieren, unter anderem im »Kleinen Moor« und südlich des Brooks aufgenommen hatte, gehörten zwei neuen, bisher fremden Kranichpaaren, die sich offenbar jeweils nur etwa drei Wochen lang im Brook aufhielten, in den Revieren nicht geduldet wurden und weiterzogen. Tatsächlich waren die »Sucher« überhaupt nicht da, obwohl sie im letzten Jahr bereits, allerdings erfolglos, gebrütet hatten.

Stattdessen hatte Ende April »das verflixte siebente Paar« das ehemalige Revier der »Sucher« übernommen, also das Paar, das schon 1998 im Süden des Gebietes herumgestrolcht war und das (meiner Vermutung nach) vom Witwer »Romeo« ständig belästigt wurde. Nun war es ein Jahr älter, rief aber noch lange nicht im Duett, sondern mit noch nicht entwickelten Einzelrufen. Erst Ende Mai hörte ich das Paar zum ersten Mal im Duett rufen – ein neues Paar hatte ein verlassenes Revier übernommen.

Von den sechs Revier- und Brutpaaren des Vorjahres waren also fünf zurückgekehrt; das sechste Revierpaar war identisch mit einem Paar, das im Vorjahr als noch revierlose »Herumtreiber« im Brook unterwegs gewesen war. Schon damals hatte ich ihre Anwesenheit nur bemerkt, weil ich die Rufe aller Kraniche im Brook sonagraphisch ausgewertet hatte. Zusätzlich waren mindestens zwei fremde Paare im Gebiet und sahen sich Reviere an beziehungsweise waren in Revierauseinandersetzungen verwickelt. Hinzu kamen Trupps von bis zu zehn Jugendlichen, die sich nicht akustisch äußerten. Sie hielten sich oft nur über Nacht im Brook auf.

Was also für jemanden, der die Kraniche lediglich mit dem Fernglas beobachtete, ein einziges rätselhaftes Verwirrspiel gewesen wäre, war mithilfe der Sonagraphie ein offenes Buch. Wir wussten nun: Bei der Revierbesetzung und -auswahl, der Revier- und Partnertreue ging es viel komplizierter zu als angenommen. Die Kraniche sind Individuen, die sich aktiv mit ihrem Partner, mit Nachbarn, Konkurrenten und ihrer Umgebung auseinandersetzen. Sie beobachten, sie entscheiden, sie entwickeln und wechseln ihre Gewohnheiten.

Trotz der jahrelangen intensiven Beobachtung der Kraniche im Brook waren im Nachhinein immer noch Überraschungen möglich. Bei der Auswertung der ersten Aufnahmejahre sprach ich einen Bekannten an, der seit Jahren im Brook Videos drehte. Ich fragte ihn, ob er vielleicht ein paar schöne Sequenzen von Kranichen mit Duettrufen aufgenommen habe und ob er mir diese Szenen überlassen könne. Zu meiner Freude bekam ich mehrere Videos. Als ich sie mir zum ersten Mal ansah, horchte ich überrascht auf: Da riefen zwei Kraniche mit Warnrufen beim ersten Höreindruck ganz wie das »verflixte siebente Paar«, das erst 1998 im Brook aufgetaucht war. Das konnte doch nicht sein, denn die Videoaufnahmen waren schon 1996 entstanden. Mehr noch: Die Szene wurde mit einem Duettruf abgeschlossen! Also erstellte ich mir eine digitalisierte Version der Szene und analysierte sie. Das Ergebnis: Der Warnruf war dem des »siebenten Paares« zwar musikalisch ähnlich, aber damit endete die Ähnlichkeit auch schon: Die Tonlage von Hahn und Henne lag um fast einen halben Ton tiefer als die der »Siebenten«. Und der akustische Fingerabdruck der Rufe sah völlig anders aus. Wer waren diese Kraniche auf dem Video?

Der Duettruf löste das Rätsel: Es waren eindeutig die »Sucher«, die 1998 erstmalig ein Revier besetzt hatten! Also hatten sie nicht erst 1997 (wie ich zu beobachten geglaubt hatte), sondern schon ein Jahr zuvor den Brook besucht und Reviere untersucht, ohne dass wir es aus visuellen Beobachtungen geschlussfolgert hätten. Auf der Videoszene ist nicht das Revier zu sehen, das sie zwei Jahre später besetzten, sondern ein anderes. Beim Betrachten wurde mir klar: Das damals von uns so genannte »ungleiche Paar« waren die »Sucher«. Und die »Pioniere« waren bereits auf einem Video von 1996 akustisch zu erkennen.

Systematische sonagraphische Untersuchungen hatte es in der Kranichwelt zuvor praktisch nicht gegeben, obwohl ich feststellte, dass einige Kranichforscher und -schützer schon einmal darüber nachgedacht oder es bereits versucht hatten. Der japanische Kranichforscher Professor Hiroyuki Masatomi sagte mir bei einem Treffen, er habe den Gedanken an eine individuelle Erkennung von Kranichen mittels Stimmerkennung vor Jahren aufgegeben, nun sei er glücklich: Ein alter Traum sei in Erfüllung gegangen.

George Archibald hat sich als einer der Ersten in seiner Doktorarbeit mit der akustischen Untersuchung von Kranichen befasst. Sein Ziel war damals aber ein anderes. Er wollte durch eine Analyse der Form der Duettrufe die Zuordnung der Kraniche zu Arten und Familien überprüfen. Dazu nahm er Rufe von allen Kranicharten der Welt auf und fand tatsächlich einige Unstimmigkeiten. Seine auf den Duettrufen basierende neue Zuordnung wurde später durch Genanalysen bestätigt. Eine individuelle Charakterisierung war von ihm damals weder beabsichtigt noch möglich (die Sonagraphie basierte seinerzeit auf mechanischen Geräten, die ziemlich grobe Sonagramme erstellten). Aber George war schon damals überzeugt, dass jeder Kranich seine eigene, charakteristische Stimme habe, so wie ich es hörte, nachdem ich im Brook so viele Jahre lang die angestammten und neu hinzugekommenen Kranichpaare hatte rufen hören. Deshalb war George der erste Kranichexperte, der meine neue Methode vorbehaltlos akzeptierte und überall bekannt machte.

Eine zweite Studie, die sich dem Kanadakranich widmete, hatte das Ziel, individuelle und regionale Unterschiede der Rufe herauszuarbeiten. Die Untersuchung war auf eine Art durchgeführt worden, die jedem Naturschutzgedanken Hohn spricht. Die Studentin hatte sich einen

Hund geliehen, der darauf abgerichtet war, Kranichnester aufzuspüren. Das hatte der Hundebesitzer dem Tier beigebracht, um in seiner Umgebung eine regelmäßige Zählung der Kranichbruten durchzuführen. Die Studentin ging mit diesem Hund zum Nest, scheuchte dadurch den gerade brütenden Kranich auf und veranlasste ihn, den sogenannten »guard call« zu äußern, also den Wächter- oder Warnruf. Sie war zwar in der Lage, individuelle Unterschiede festzustellen, aber als Methode zur Datenerhebung scheidet diese Vorgehensweise aus, denn sie basiert darauf, dass man den Kranich am Nest stört, und erlaubt nicht, die Paarbindung festzustellen (nur ein Vogel ist am Nest, der andere ist abseits oder auswärts, und nur ein Vogel ruft, man weiß nicht einmal, ob es ein Hahn oder eine Henne ist).

Eine dritte Studie hatte zum Ziel, das Geschlecht von Schreikranichen zu bestimmen. Auch hierzu wurde der »guard call« benutzt. Aber mit dieser Methode kann man keine Verhaltensbeobachtungen untermauern. Wie ich später erfuhr, gab es eine weitere Sammlung der »guard calls« von Schreikranichen aus dem Überwinterungsgebiet im Aransas National Wildlife Refuge am Golf von Mexiko. Diese Arbeit war nicht veröffentlicht worden, ich habe aber die Aufnahmen zur Analyse erhalten. Sie erwiesen sich jedoch als praktisch nutzlos.

All diese unsystematischen und rudimentären wissenschaftlichen Gehversuche waren nicht dazu geeignet, Kraniche beziehungsweise Kranichpaare individuell zu erkennen und wiederzuerkennen, geschweige denn dazu, ein größeres Gebiet, eine Kranichpopulation über längere Zeit hinweg zu beobachten.

Mit meiner Methode wurde es plötzlich möglich, einerseits die Geschichte einer Kranichpopulation in einem gewissen Gebiet (hier dem Duvenstedter und Hansdorfer Brook) über mehrere Jahre hinweg zu erstellen und andererseits individuelle Biographien einiger Paare aufzuschreiben, ohne die Kraniche je beringt, also je gestört zu haben.[27] Eine solche Studie ist nicht möglich mit nur einigen wenigen Aufnahmen einzelner Rufe vor und während der Brutzeit. Vielmehr wollte ich von jedem Paar zehn bis 20 Aufnahmen ergattern, um sicher sein zu können, dass ihr Frequenzspektrum charakteristisch und eindeutig war und sich das Paar einem Revier zuordnen ließ. Da die Zahl der Revierpaare im Brook ständig stieg, waren dies mehr als 200 Rufe pro Jahr, die auswertbar waren (viele weitere Rufdateien habe ich aus unterschiedlichen Gründen gelöscht oder nicht verwerten können). An jedem Tag, den ich mit Mikrofon und Recorder unterwegs war, erhielt ich zwischen null und vielleicht zehn auswertbare Rufe. Nun kann man sich ausrechnen, wie oft ich im Verlauf von drei bis vier Monaten »Rufe jagen« ging. Die Auswertung ist ebenfalls zeitraubend und erfordert Geduld, Sorgfalt und eine gewisse Frustrationstoleranz.

Insgesamt lernte ich in zehn Jahren Sonagraphie-Monitoring (plus Auswertung von Videosequenzen aus den Jahren 1996/97) 25 Kranichpaare kennen. Weil sie sich doch nicht lebenslang treu sind, waren es 61 anstelle von nur 50 verschiedenen Kranichindividuen. Ich habe 112 »Kranichpaar-Jahre« dokumentieren können. 18 Paare waren mindestens zwei Jahre im Brook, 14 Paare mindestens drei Jahre. Diese Letzteren repräsentieren allein 80 Kranichpaar-Jahre, also im Mittel fast sechs Kranichpaar-Jahre pro Paar.

Nur zwei Kranichindividuen (M4, das Männchen der »Füchse«, und F2, das Weibchen der »Planer«) waren in jedem der zehn Beobachtungsjahre anwesend (allerdings jeweils nicht immer mit dem gleichen Partner). Paar Nr. 5 konnte ich in neun von zehn Jahren feststellen, Männchen und Weibchen waren immer zusammen, es ist das einzige Paar aus meiner Studie, das so lange unzertrennlich war. Paar Nr. 4 war ebenfalls in neun Jahren zu hören und zu sehen, aber in einem der Jahre erschien M4 mit einem neuen Weibchen, und ich dachte: »Nun ja, F4 wird gestorben sein.« Aber das war nicht der Fall, denn im Folgejahr waren M4 und F4 wieder ein Paar. Die »Planer«-Henne war fünf Jahre mit dem »Planer«-Hahn M2 zusammen, dann erschien sie mit einem neuen Männchen, M19, und verlegte das Revier um nur etwa 300 Meter. Sie war also diejenige, die bestimmte, wo sich das Paar ansiedelte (das ist ungewöhnlich, normalerweise sind die Hähne die »Revierbesitzer«). Die Beziehung überstand im Folgejahr eine kurze »Affäre« von M19 mit einer neu auftretenden Henne F30 in einem anderen Revier, noch im selben Jahr brüteten M19 und F2 wieder zusammen.

Sechs der 14 Paare (also 42,9 Prozent), die mindestens drei Jahre lang ein Revier besaßen, waren diese drei Jahre oder mehr einander treu (soweit ich dies von Duettrufen ableiten kann, ich weiß natürlich nicht, was in der Stille und Dunkelheit uneinsichtiger Gebiete geschah). Von den acht anderen Paaren, also mit 57,1 Prozent die klare Mehrheit, waren im Verlauf dieser mindestens drei

Jahre Partnerwechsel zu hören. M6 (der »Raue«) war in neun von zehn Jahren anwesend und hatte in der Zeit vier verschiedene Weibchen. Zugleich war er in diesem Beobachtungszeitraum mit acht flüggen Jungvögeln der erfolgreichste Kranich.

Nur zwei Paare haben während des gesamten Beobachtungszeitraums immer das gleiche Revier bewohnt, alle anderen Paare haben Revierwechsel vollzogen. Wir sehen: Manches ist anders, als die Kranichexperten sagen und schreiben.[28]

In den zehn Jahren von 1998 bis 2007, in denen ich die Kraniche des Duvenstedter Brooks belauschte, sind sie mir immer vertrauter geworden. Manche Paare glaubte ich gut zu kennen, andere nicht so gut, wieder andere waren mir fremd. »Kennen« und »vertraut« meint: Ich wusste, um welche Kraniche es sich handelte; ich wusste, wo sie wohnten, seit welcher Zeit sie im Brook ihr Revier in Besitz genommen hatten, und ich konnte beobachten und dokumentieren, wie viele Jungen sie aufgezogen hatten. Mit manchen hatte ich noch weitere Erlebnisse der Art, wie ich sie in den früheren Kapiteln beschrieben habe.

Vielleicht bilde ich mir manchmal zu viel ein, zum Beispiel, dass ich einiges über die Motive der Vögel wüsste, oder dass ich, wenn sie gerade nicht rufen, dennoch »weiß«, wer da vor mir über die Wiese oder durch das Birkenwäldchen schreitet und was die Tiere möglicherweise bald vorhaben. Die Aufnahmen und Analysen haben mir viele Informationen geliefert, und von einigen Paaren möchte ich im Folgenden näher berichten. Dabei will ich mich bemühen, die Fakten einerseits und meine Vermutungen andererseits klar auseinanderzuhalten. Einige der Kranichpaare wird der Leser aus den vorherigen Kapiteln wiedererkennen.

Die »Pioniere« waren mit Sicherheit spätestens 1996 im Brook anwesend und besetzten das zentrale Revier (»Großes Moor«). Dies wissen wir, weil in jenem Jahr ein Bekannter zufällig eine Videoaufnahme von einem Duettruf angefertigt hatte, die ich 1998 analysierte. In den ersten Jahren meiner »freundlichen Lauschangriffe« im Brook war dieses Paar regelmäßig anwesend. Die »Pioniere« waren 1996 mindestens vier Jahre alt, wahrscheinlich aber deutlich älter. Ich nannte sie inzwischen auch »Paar Nr. 1,1«. Zu numerischen Bezeichnungen war ich übergegangen, weil ich immer wieder festgestellt hatte, dass Paare ihr Revier wechselten. Von daher machten die ursprünglich verwendeten Ortsbezeichnungen (wie etwa »vom Großen Moor«) keinen Sinn mehr. Die erste Ziffer bezeichnet jeweils das Männchen, die zweite das Weibchen. Was es damit auf sich hat, werden Sie im Verlauf dieses Kapitels noch genauer erkennen.

Nachdem die »Pioniere« einige Jahre lang (bis einschließlich 1999) keine Jungen erbrüten konnten und eine Brut im Frühjahr 2000 erneut fehlschlug, war ich überzeugt: Sie waren zu alt. Vielleicht waren die »Pioniere« wirklich die Methusalems des Brooks, die seit 1981 das zentrale Revier besetzt und etliche Junge flügge bekommen hatten? Dann wären sie im Jahr 2000 ungefähr 20 Jahre alt gewesen. Nicht unmöglich, aber unwahrscheinlich.

Etwas später in der Saison, Ende April, bekam ich den Eindruck, dass im nördlichen Bereich des Brooks ein neues

Paar brütete. Aber gleichzeitig waren die »Pioniere« aus ihrem Revier verschwunden. Waren sie umgezogen? Das wäre etwas total Neues gewesen.

Die »Pioniere« riefen nicht mehr, ich war wie alle anderen aufs Mutmaßen zurückgestutzt. Erst einige Wochen später gelang mir eine Aufnahme eines Duettrufs, die mir zeigte: Was ich hier hörte, sind die »Pioniere«, mein Paar Nr. 1, und sie brüteten im Norden. Sie führten zwei Junge, die flügge wurden. Zum ersten Mal seit wohl fünf Jahren!

Da hatte ich, der angebliche und selbsternannte Experte für Kraniche im Duvenstedter Brook und ihr Verhalten, gemeint, sie seien zu alt und würden keine Jungen mehr großkriegen oder hätten sich getrennt. Sie belehrten mich eines Besseren.

Im darauffolgenden Jahr praktizierten die »Pioniere« eine neue Variante: Sie brüteten im angestammten Zentralrevier, führten aber nach einigen Wochen ihr (einziges) Junges im nördlichen Revierteil, ebenso, wie sie dies schon früher einmal getan hatten, als das Gras schneller wuchs als ihre Jungen. Auch dies erfuhr ich nur durch einen Duettruf, den das Paar mir »schenkte« (wenn sie Junge führen, stoßen Kraniche so gut wie nie den Duettruf aus).

Die »Pioniere« veränderten ihr Verhalten also noch schneller, passten ihre Brut- und Aufzuchtstrategie noch variabler den Erfordernissen an, als selbst ich bis dahin zuzugeben bereit war. Leider haben wir keinerlei Information darüber, warum jahrelang die Bruten misslangen. Offenbar aber hatte sich das Paar bemüht, aus den Misserfolgen zu lernen, hatte nicht dumpf die immer gleiche Vorgehensweise am immer gleichen Platz wiederholt, sondern aus früheren Erfahrungen gelernt und drastische Veränderungen vorgenommen.

Man könnte nun annehmen, im Jahre 2002 sei es bei den »Pionieren« so weitergegangen: Brut im »Großen Moor«, Führen der Jungen im Norden des Reviers oder gleich die Brut im Norden, vielleicht erst als Nachbrut. So schien es zu sein, denn im zentralen »Pionier«-Revier zeigte sich wieder ein Paar. Das nördliche Revier war (wie immer) zunächst unbewohnt und nur gelegentlich von Kranichen besucht. Im März war aber etwas anders als sonst: Das Paar hielt sich fast immer im engeren Kern des »Großen Moors« auf, kaum außerhalb, und schon die ersten Rufe zeigten mir schon ohne digitale Analyse beim ersten Hören (weil das Männchen eine ungewöhnlich hohe Stimme hatte): Es waren nicht die »Pioniere«, nicht das Paar Nr. 1. Es wurde mein Paar Nr. 13.

Wo waren aber die »Pioniere«? Hin und wieder hörte ich Rufe von einzelnen Kranichen, und schließlich gelang mir etwas, das ich früher für unmöglich gehalten hatte: Ich hörte, speicherte und analysierte Rufe[29], die wie ein Duett von einem Paar klangen, jedoch nur von einem Männchen allein dargeboten wurden, das Weibchen fehlte oder war stumm. Etwas, das ich zuvor schon einmal mit den »Schlitzohren« allein und nur mit meinem Gehör erlebt hatte und wozu viele Experten damals meinten, das hätte ich mir nur eingebildet – hier hatte ich es nun dingfest gemacht.

Schließlich gelang es mir, den rufenden Kranich zu sehen und festzustellen: Er war allein! Er rief den männlichen

Stimmteil des Duettrufs als Solo. Es war das Männchen M1, der »Pionier«. Ich empfand Trauer: So war also eine Kranich-Ehe zu Ende gegangen. Das Weibchen war wohl verstorben, und das Männchen suchte nun eine neue Partnerin.

Auf einmal aber kam nach und nach immer mehr Leben auf in diesem nordöstlichen Teil des Brooks, einem zwar kleinen, aber schönen Bruchwaldstück, wo früher nie so recht etwas los gewesen war. Ein weiteres einzelnes Männchen tauchte auf, und ich erlebte Hahnenkämpfe: Die beiden Kraniche stolzierten nebeneinander her, beides waren stattliche Hähne, sehr groß und kräftig. Ich nannte das zweite Männchen M17. Ein Weibchen war nicht zu sehen. Doch nur wenige Tage später sah ich ein einzelnes Weibchen etwas abseits stehen.

Es dauerte nicht lange, und M17 war abgeschrieben. Er bekam das Mädel nicht. M1 hatte das neue Weibchen erobert, sie bekam bei mir die Nummer F16. Das Paar hieß bei mir fortan Nr. 1,16 und wohnte im Bruchwald im Norden des Brooks, ziemlich zurückgezogen, aber gut hörbar. Ich hörte und dokumentierte digital den einen oder anderen Kopulationsakt. Sie waren die ganze Saison zusammen zu sehen, riefen aktiv, schienen aber nicht zu brüten. Vielleicht war die Partnerin noch ein wenig zu jung?

Sicherlich, so vermutete ich, würde Paar Nr. 1,16 im folgenden Jahr versuchen, das schöne alte Revier von dem »bösen« Besatzer-Paar Nr. 13 zurückzuerobern. Aber so war es nicht. Im Jahre 2003 traute ich im März zunächst meinen Ohren und dann meinen Analysen nicht: In seinem letztjährigen Revier war Nr. 1,16 jedenfalls nicht anzutreffen. Im Nordosten war ein Paar zu hören, dessen Ruf nicht mit dem von Nr. 1,16 übereinstimmte, es sei denn, beim Weibchen hätte eine gewaltige Stimmverschiebung stattgefunden. Das Männchen ließ sich eindeutig identifizieren, es war der »Pionier«-Hahn. Hatte der Hahn nochmals eine neue, junge Henne gefunden? Jahrelang war er mit derselben Henne zusammen, und dann auf einmal ein neues Weibchen und im nächsten Jahr wieder ein neues?

Drei Wochen lang hörte ich diesen Ruf und konnte ihn analysieren, verstand aber nicht, wer das Weibchen war. Plötzlich, Ende März, war der Duettruf wieder der von Nr. 1,16 aus dem letzten Jahr! Wie konnte das sein? Das Weibchen konnte doch nicht drei Wochen lang eine tiefere Stimme mit einem anderen Frequenzbild haben und dann wieder »umkippen«, zurück in das Stimmbild vom letzten Jahr. Ich zweifelte an meiner Analysemethode.

Also grub ich in meinem Archiv und schaute mir andere, ältere Analysen an. Das hätte ich schon früher tun sollen, denn es erwies sich: In den letzten drei Wochen war der alte »Pionier« M1 mit seiner langjährigen Frau F1 zusammen gewesen! Sie hatten sich nicht in ihrem angestammten Revier aufgehalten, sondern in dem Revier, das der Pionier M1 mit seinem neuen Weibchen F16 bezogen hatte.

Wo auch immer F16 war in diesen drei Wochen: Nun war sie zurück, mit ihrem Männchen M1 zusammen, und F1, die alte »Pionierfrau«, war wieder ausgestochen.

Also lebte F1! Das war eigentlich meine größte Überraschung, denn ich war überzeugt gewesen, dass sie tot war und dass ihr Tod die Ursache für die Neuvermählung von M1 mit F16 gewesen war.

Wieder einmal wurde ich eines Besseren belehrt. Es war im Leben der Kraniche wieder einmal ganz anders gewesen, als ich es mir der Einfachheit halber ausgedacht hatte. Meine Interpretation war nunmehr diese: Kein Zweifel, dass M1 und F1 relativ alte Kraniche waren, im Jahre 2003 mindestens elf, zwölf Jahre alt. Seit dem letzten Jahr aber waren die beiden nicht mehr zusammen. M1 hatte aus freien Stücken im vorigen Jahr F16 erwählt, war aus uns nicht ersichtlichen Gründen nicht mehr mit F1 zusammen, die nicht tot war, aber jedenfalls im Jahr 2002 offenbar nicht im Brook zu sehen oder zu hören war. Wer weiß, wo und mit wem sie das Frühjahr und den Sommer 2002 verbracht hatte.

Im Jahr 2003 aber war sie zurück, zuerst zusammen mit ihrem alten Ehemann, dann wurde sie verstoßen oder vom jüngeren (?) Weibchen F16 ausgestochen oder ging freiwillig, und der alte Pionier war mit seiner Neuen wieder im Nordost-Revier. Sie versuchten in jenem Jahr wieder zu brüten, jedoch ohne Erfolg.

War das nicht verrückt? Es gab mir zu schlucken, dass Kraniche durchaus nicht ihr ganzes Leben unverbrüchlich in Treue mit ihrem Partner zusammen sind, sondern sich offenbar auch dann neu verpaaren, wenn der bisherige Partner noch am Leben ist. Neben meinen akustischen Analysen wird dies auch erst neuerdings durch einige wenige analoge Beobachtungen aus Beringungsprojekten belegt. Für diese Trennungen gibt es wohl Gründe, die irgendwie in der Partnerschaft bedingt sind. Einfach und ohne Vermenschlichung gesagt: Die Harmonie zwischen den bisherigen Partnern ist verloren gegangen.

Dass allerdings ein Paar mehr als ein Jahr nach einer Trennung noch einmal mindestens drei Wochen lang wieder zusammen war, überstieg selbst mein Vorstellungsvermögen.

Nach der abermaligen Trennung fiel mir F1 noch zweimal auf: einmal sah und hörte ich im Süden ein einzelnes Weibchen, dessen Rufsignatur auf F1 hindeutete. Dann hörte ich später Warnrufe von einem Männchen und einem Weibchen: Ich interpretierte die Analyse so, dass dies M17 zusammen mit F1 war. M17 hatte im Vorjahr (2002) mit M1 um das Weibchen F16 gebuhlt und verloren. Einen Duettruf der beiden habe ich aber nicht wahrgenommen. M1F16, die Neuvermählten, waren 2004 nicht zu finden, erschienen aber 2005, danach nicht mehr.

Das neue Paar Nr. 13: Im frühen Frühjahr des Jahres 2002 übernahm ein neues Paar das angestammte Revier der »Pioniere«, das »Große Moor«. Es erhielt die Nummer 13. Schon rein visuell fiel mir auf: Das Männchen war nicht besonders groß und das Weibchen war besonders klein.

Als ich beim Analysieren ihrer auffallend hohen Rufe das akustische Spektrum vor mir sah, dachte ich: So etwas habe ich schon einmal gesehen, in Rufen aus dem Nienwohlder Moor! Dieses Moor liegt etwa zehn Kilometer Luftlinie entfernt nördlich des Duvenstedter Brooks, und ich hatte im Jahre 2000 dort erstmalig Aufnahmen gemacht, kam aber 2001 nicht dazu, dies zu wiederholen. Eigentlich hatte ich vorgehabt zu prüfen, ob es gelegentlich einen Austausch von Paaren oder einzelnen Kranichen zwischen diesen beiden Gebieten gab, was ja bei der geringen Distanz nicht ungewöhnlich gewesen wäre.

Das Nienwohlder Moor ist ein kleineres Naturschutzgebiet. Es besteht aus einem baumlosen zentralen Hochmoor, einigen niedriger gelegenen abgetorften Moorflächen, in denen nun Wasser steht und zahlreiche Birken und diverse Büsche wachsen, einem kleinen Moorsee und einigen umgebenden verwildernden sowie einigen extensiv bewirtschafteten, teilweise beweideten Grünflächen. Kraniche suchen sich hauptsächlich im Hochmoor Nistplätze, manchmal weichen sie in die etwas niedriger gelegenen wiedervernässten Moorflächen aus.

Nun also schaute ich in den akustischen Spektren der Kranichrufe vom Nienwohlder Moor aus dem Jahr 2000 nach und fand tatsächlich ein Weibchen, das ebenfalls sehr hoch rief. So weit war meine Erinnerung also korrekt, aber die Form des akustischen Spektrums war vollkommen anders. Das war nicht das Weibchen, das nun bei uns aufgetaucht war. Und das Männchen passte ebenfalls nicht dazu.

Doch ich fand ein anderes Spektrum aus dem Nienwohlder Moor, das eines Männchens, das eindeutig identisch war mit dem Männchen unseres neuen Brook-Paares Nr. 13, das hier nun aber mit einem anderen Weibchen als damals im Nienwohlder Moor erschien. Damit konnte ich zum ersten Mal nachweisen, was eigentlich nahelag: Kraniche beziehungsweise Paare, die im Brook leben, kennen andere Plätze und wechseln ihr Revier über gewisse Entfernungen hinweg, nicht nur innerhalb des Brooks. Nun sind zehn Kilometer für einen Kranich keine Strecke, aber solch ein Brutortwechsel wurde vorher nie beobachtet, geschweige denn kombiniert mit Neuverpaarung.

Im Brook war Paar Nr. 13 aktiv. Beide waren immer im Revier und riefen Dutzende Male am Tag. Bald konnte ich sie allein mit dem Ohr erkennen, weil sie einen so charakteristisch hohen Klang hatten. Sie kopulierten, schienen aber nicht zu brüten. Männchen und Weibchen waren immer zusammen, immer im engeren Bereich des Reviers, oft in den ausgedehnten Schilfbereichen, wo man sie nicht sehen, aber umso intensiver hören konnte. Vermutlich bauten sie an Nestern, legten aber offenbar keine Eier ab.

Im Jahr 2003 das gleiche Schau- und Hörspiel: Die beiden waren immer da, riefen oft, brüteten aber nicht. Waren sie noch nicht so weit? Waren sie zu jung? Im Jahre 2000 war M13 vielleicht zwei, 2003 also etwa fünf Jahre alt. Vielleicht war das Weibchen ein oder zwei Jahre jünger. Gelang deshalb keine Brut? Und wie schaffte dieses Paar es, das Revier zu verteidigen, das am begehrtesten von allen war?

Ich wartete auf das Jahr 2004 – und was stellte ich da fest? M13 hatte sich ein neues Weibchen (F23) erwählt und besetzte weiterhin das »Große Moor«. Und F13 war mit einem neuen Männchen (M24) zusammen. Dieses neue Paar siedelte sich westlich von Nr. 13,23 an. Beide bisherigen Partner waren also da, jeder von beiden hatte einen neuen Partner, und sie waren Nachbarn. Wie kam das? Hatte das Weibchen F13, das den Brook schon kannte, seinem neuen Partner mitgeteilt, dass es da ein ganz tolles Revier gebe, in das man einziehen könne? Das wäre nochmals – wie schon die »Planer«-Henne F2, die mit ihrem neuen Partner M19 praktisch ihr altes Revier übernahm – ein Beispiel dafür, dass nicht immer der Kranichhahn –

wie allgemein aufgrund von Beringungsprojekten angenommen wird – entscheidet, wo ein Paar ein Revier sucht, sondern auch die Henne, und das sogar in unmittelbarer Nachbarschaft ihres Ex-Partners!

Falls Sie als Leser nun den Eindruck bekommen, dass bei den Kranichen offenbar nichts vorhersagbar ist und jede Lebensgeschichte anders, dann sind Sie in sehr kurzer Zeit auf einem Erkenntnisstand angekommen, für den ich einige Jahre gebraucht habe.

Nur eine Woche nach dieser Beobachtung rief mich Beate Blahy an, Eberhard Hennes Frau. Sie wollte mit mir einen Termin vereinbaren, zu dem ich in jenem Jahr in Brandenburg Tonaufnahmen der Kranichrufe machen sollte. Ich erzählte ihr, was ich kurz zuvor herausgefunden hatte.

»Du glaubst es nicht!«, rief Beate lachend durchs Telefon. »Wir haben letztes Jahr einige erwachsene Paare beringt, und natürlich kommt blöderweise eines dieser Männchen mit einem neuen Weibchen aus dem Winter zurück. Wir ärgern uns – wozu all dieser Aufwand, wenn dann das Weibchen verloren geht –, aber eine Woche später taucht das von uns im letzten Jahr beringte Weibchen auf – mit einem neuen Männchen, und die beiden Paare scheinen nicht weit voneinander ihr Revier in Besitz zu nehmen!« Das war eine direkte Bestätigung meiner Beobachtungen. Wenn ich selbst noch etwas unsicher gewesen war, ob meine doch einigermaßen abenteuerlich erscheinende Geschichte wahr sein konnte, war damit der letzte Zweifel ausgeräumt: Auch Weibchen können offenbar bestimmen, welches Revier sie mit dem Partner einnehmen wollen, und Ex-Partner mögen noch nebeneinander wohnen.

Natürlich behielt ich die beiden benachbarten Paare im Auge. Drei, vier Wochen lang lebten sie nebeneinander; ich weiß nicht, ob oder wie einträchtig. Jedenfalls waren sie beide gelegentlich zu hören.

Dann aber, ab Anfang April 2004, war das Paar Nr. 13,23 nicht mehr zu hören. Im Gegenteil: Nr. 24,13 besetzte das gesamte »Große Moor« und rief von der östlichen Ecke bis hin zur nordwestlichen aus allen Positionen. Nur das Paar Nr. 4 (die »Füchse«) wurde von ihm anerkannt. Nr. 13,23 aber war verschwunden, vertrieben, also das neu zusammengesetzte Paar mit dem ursprünglich revierbesitzenden Männchen M13. Hatte M24 oder das Weibchen F13 das geplant?

Das war längst nicht genug der Dynamik: Noch Anfang Juni, also ziemlich spät, tauchte ein neues Paar auf, übernahm das Revier von Nr. 13,23 und verteidigte es, den östlichen, offeneren Teil des »Großen Moors«. Ich kam an einem Sonntagvormittag im Brook an und hörte von weitem Warnrufe, die ich gleich aufnahm. Bald darauf sah ich das Paar. Bei der späteren Analyse stellte sich heraus, dass es sich um ein neues Paar handelte; ich nannte es Nr. 31. Ich ging weiter, verlor das Paar aus den Augen, auf einmal aber sah ich es abfliegen. Es landete dann auf der Wiese direkt neben dem Ort, an dem ich es zuvor gesehen hatte. Nur wenig später hörte ich leise Kopulationstöne und fing an, sie aufzunehmen. Die Laute kamen genau aus der Richtung des Ortes, an dem das Paar gelandet war.

Nicht immer, aber recht oft rufen Paare direkt nach

der Kopulation im Duett – so auch diesmal! Wie schön, denn nun konnte ich die Signatur der Warn- und Duettrufe gleich miteinander vergleichen.

Im Verlaufe der nächsten Wochen hörte ich das Paar noch gelegentlich kopulieren, schließlich schien es einen Brutversuch zu unternehmen, der aber offenbar nach kurzer Zeit abgebrochen wurde. Falls ein Nest gebaut wurde und ich meine Beobachtungen nicht fehlinterpretierte, schien dies im Revier von Nr. 4 (»Die Füchse«) zu geschehen, die sich mehr nach Osten und Süden zurückgezogen hatten.

Es war also ein weiteres neues Paar im Brook zu Hause. Im Jahre 2005 war es nicht auffindbar, 2006 brütete es im gleichen Revier wie schon 2004. Im Jahr 2007 (als ich arbeitsbedingt viel im Ausland war und nur selten in den Brook kam) fand ich es nicht wieder.

Paar Nr. 12. Nicht nur im schönsten zentralen Revier des Brooks, sondern auch im Norden tauchte im Frühjahr 2002 ein neues Paar auf. Zuerst hielt es sich weit außerhalb auf, ich hörte (und konservierte digital) Rufe aus Richtung Jersbek. Bald aber bewegte es sich in den Bereich im Norden des Brooks, in dem die »Pioniere« in den beiden Vorjahren ihre Jungen erbrütet beziehungsweise geführt hatten.

Hätte ich nicht damals trotz der späten Jahreszeit Rufe des Paares mit den Jungen aufnehmen und analysieren können, wäre mir nicht möglich gewesen zu erkennen, dass es sich 2002 eben nicht um die »Pioniere«, sondern um ein neues Paar handelte. In meiner Zählung wurde es Nr. 12.

Nr. 12 war ein sehr aktives Paar. Es erkundete die gesamte Gegend und nahm ein sehr großes Gebiet in Anspruch. Dieses Revier hatten die Kraniche – mit Ausnahme der »Pioniere« – zwei Jahrzehnte lang gemieden. Zwei Wiesen in diesem Revier waren in jüngerer Vergangenheit von den Bauern nicht mehr so intensiv genutzt worden und verwilderten nun langsam. Ihre Entwässerung funktionierte erfreulicherweise immer schlechter, und die Wildschweine gruben große Flächen um. Damit wurden diese Weiden für die Kraniche ruhiger und attraktiver, und das hatte Paar Nr. 12 erkannt und ausgenutzt.

In der zweiten Aprilhälfte nahm ich an, dass die beiden brüteten. Man sah sie kaum noch. Nach und nach wurde mir jedoch klar: Sie brüteten nicht, sie waren nur sehr scheu geworden. Sie hielten sich nicht mehr auf den großen Weideflächen auf, nur noch im Hintergrund, durch die schütteren Birkenwälder kaum zu entdecken. Schließlich kam ich zu der Schlussfolgerung, dass das Paar in der Mauser war. Damit stünde fest, dass die Vögel mindestens drei bis vier Jahre alt waren. Demnach konnten wir für das Folgejahr 2003 mit einer Brut rechnen.

So kam es auch. Die beiden hielten ihren Brutplatz gut geheim. Erst nach einer Weile fiel mir zufällig auf, dass er an einem Ort lag, an dem ich sie im Jahr zuvor schon einmal im Duett hatte rufen hören. Vermutlich hatten sie den Platz damals schon als potenziellen Brutplatz inspiziert: Erstaunlicherweise lag das Nest nur 50 Meter vom Wanderweg und 150 Meter von der den Brook umlaufenden Straße entfernt. Wie konnten uns Nestbau und anschließend Brutwechsel da entgangen sein?

Nach der üblichen Zeit von 30 Tagen erschien Paar Nr. 12 auf einer der Weiden und führte offenbar ein Junges. Etwa zwei Wochen später war das Junge verloren gegangen, ein Ereignis, das für junge, unerfahrene Brutpaare nichts Außergewöhnliches ist. Erst 2006 gelang es dem Paar, seine Jungen flügge zu bekommen.

Es dürfte inzwischen deutlich geworden sein, dass auch Kraniche ein recht bewegtes Leben führen und dabei von Schicksalsschlägen nicht unbedingt verschont bleiben. Mir kommt in diesem Zusammenhang das **Männchen M6** in den Sinn. Ich lernte es im Jahre 1997 als Teil einer Jugendgruppe kennen – schon damals fiel mir die charakteristisch raue Stimme dieses Tieres auf. 1998 begann dieses Männchen mit seinem Weibchen F6 mit der Brut (ich nannte das Paar »die Rauen«). Die beiden blieben zwei Jahre zusammen, ohne erfolgreiche Brut. In den Jahren 2000 und 2001 brütete M6 erfolgreich mit einem anderen Weibchen, F11, in einem anderen Revier. 2002 war er mit Weibchen F14 erfolgreich. Dort brütete er auch erfolgreich in den Jahren 2004 bis 2006 zusammen mit Weibchen F28. Ob diese beiden auch in meinem damals vorerst letzten Aufnahmejahr 2007 erfolgreich waren, konnte ich nicht feststellen, aber sie waren immerhin zusammen (M6 war wohl mit den Jahren ruhiger und beständiger geworden, ohne seine Flexibilität zu verlieren, denn er besetzte nacheinander fünf verschiedene Reviere, so viel wie kein anderer Kranich im Brook, zuletzt mehrere Jahre im Rader Wald direkt neben dem Brook).

Das Paar »Die Füchse« (Nr. 4) war eines der wenigen Paare, das neun von zehn meiner Beobachtungsjahre im

Brook anwesend war. Das Männchen M4 war der einzige Kranichhahn, der in jedem der zehn Jahre erschien. 2005 war es jedoch nicht mit seinem bisherigen Weibchen F4 zusammen, sondern mit einer neuen Partnerin: F32. Allerdings hielt diese Beziehung nur ein Jahr (und war in dem betreffenden Jahr auch nicht erfolgreich). In den Jahren 2006 und 2007 erschien M4 wieder mit F4, sie hatten 2006 sogar wieder ein flügges Junges. Ist das nicht interessant und eine grandiose Bestätigung der übrigen ebenso überraschenden Beobachtungen? Alles keine Einzelfälle!

Beate Blahy und Eberhard Henne berichteten auf der Europäischen Kranichkonferenz im Dezember 2018 in Arjuzanx/Frankreich von ihren Beobachtungen an beringten Kranichpaaren in Brandenburg. Ihnen gelang es mehrfach, erwachsene verpaarte Kraniche zu beringen, wenn diese in der Mauser waren. Ihre Schlussfolgerungen sind mit meinen aus der Sonagraphie sehr vergleichbar: Auch sie sagen, dass es im Leben der Kraniche kein festes Muster gibt. Man findet fest und stabil verpaarte Kraniche; man findet solche, die sich häufiger einen anderen Partner suchen, und der Revierbesitzer ist zwar überwiegend, aber nicht immer das Männchen. Neuverpaarungen sind eher die Regel als die Ausnahme, ebenso wie in meiner Brook-Kranichgesellschaft.

Ein besonders interessantes Beispiel aus Brandenburg ist die **Kranichhenne »Rosa«**: Rosa wurde 1997 beringt (sie war damals geschätzte sechs Jahre alt). Bis 2003 wechselte sie einmal ihren Partner. Im Jahre 2003 wurde Rosa neu beringt; bei dieser Gelegenheit wurde auch ihr neuer Partner beringt und bekam den Namen »Bernhard« (dies deshalb, weil ich bei der Beringungsaktion half und das Paar mehrfach beim Duettruf aufnahm). Das Paar blieb bis 2013 zusammen, dann war Bernhard verschwunden. Rosa verpaarte sich mit »Jochen«, sie war größer als ihr Partner. 2017 war auch Jochen verschwunden. Rosa bandelte mit zwei verschiedenen Männchen an, jeweils aber nur für wenige Wochen. Im Jahr 2018 kam Rosa allein aus dem Winterurlaub zurück; sie war bald darauf mit einem anderen Männchen zusammen, jedoch brüteten sie nicht. In den bisher 24 Jahren ihres Lebens hatte Rosa sieben verschiedene Partner und mit ihnen zusammen elf flügge Jungvögel; sie ist die Revierbesitzerin.

Nicht nur Rosas Leben macht deutlich: »Kraniche sind halt auch nur Menschen«, wie ich manchmal scherzhaft sagte, wenn ich Bekannten und Freunden von neuen überraschenden Beobachtungen dieser Art erzählte.

KAPITEL 9

Aufbruch in die weite Welt: Asiatische und amerikanische Kranicharten rufen mich

Schon 1998 begann es sich in der Welt der Kranichexperten herumzusprechen, dass ich eine Methode entwickelt hatte, mit der Kraniche anhand ihrer Stimmen individuell identifiziert werden können.

Als ich George Archibald, dem damaligen Präsidenten der ICF, auf einer Konferenz wieder begegnete und ihm von den Ergebnissen erzählte, die die Auswertung von Eberhard Hennes Aufnahmen gebracht hatten, wollte er die neue Methode sofort bei anderen Kranicharten ausprobieren. Also lud er mich ins US-amerikanische Baraboo ein, wo die International Crane Foundation (ICF) ihren Sitz hat.[30] In Baraboo sollte ich von den wichtigsten bedrohten Kranicharten, die dort für die Auswilderung beziehungsweise zur Erhaltung des Genmaterials gezüchtet werden, Duettrufe aufnehmen und untersuchen, ob bei diesen Kranicharten ebenfalls eine individuelle »Markierung« über die Stimmanalyse möglich ist. Im Anschluss an eine Geschäftsreise in den USA verbrachte ich im Januar 1999 mehrere Tage in »Crane City«, dem Zuchtgelände der ICF.

George Archibald ist einer der beiden Gründer der internationalen Kranichstiftung. Sie ist in den nun über 45 Jahren ihres Bestehens weltweit führend in Sachen Kranichschutz und Kranichforschung geworden, und das mit rein privater Finanzierung – Tausende von Mitgliedern leisten ihre Beiträge, noch wichtiger sind große Sponsoren, die größere Summen spenden. Obwohl er gebürtiger Kanadier ist, führte George die Organisation auf echt amerikanische Art und Weise, mit Galadinners und Kampagnen, bei denen bunte Kranich-Buttons und Luftballons verteilt wurden. So manchem Naturschützer deutscher Herkunft würde dies ein Stirnrunzeln entlocken. Inzwischen ist George, nunmehr überaus aktiver Rentner, als »Senior Conservationist« und »Board Officer« tätig. Seine Nachfolger managen die Stiftung ebenso erfolgreich wie er. Ich schätze mich glücklich, dass ich George Archibald seit Langem als meinen Freund betrachten darf.

Es gibt weltweit 15 Kranicharten, von denen in Europa heute praktisch nur noch der Graue Kranich (*Grus grus*) zu Hause ist. In Südosteuropa gibt es noch kleine Populationen des Jungfernkranichs (*Grus virgo*), der früher ebenfalls fast in ganz Europa zu finden war. Heute leben Jungfernkraniche vor allem noch auf dem Gebiet der südlichen ehemaligen Sowjetunion, in der Mongolei und in Nordchina.

Mehr als die Hälfte der 15 Kranicharten der Welt sind zum Teil sehr stark gefährdet. Die am stärksten gefährdete Art ist der amerikanische Schreikranich (*Grus americana*). Ähnlich problematisch steht es um den Mandschuren-Kranich (*Grus japonensis*; mit inzwischen immerhin wieder 1500 Exemplaren in Japan und etwa ebenso vielen in China und Russland). Vom Schneekranich (*Grus leucogeranus*) gibt es nur noch eine, die sogenannte »östliche« Population mit ca. 3500 bis 4000 Vögeln, die erfreulicherweise Wachstumstendenzen zeigt. Die frühere »westliche« Population ist so gut wie ausgestorben – es lebt nur noch ein einziger Kranich. Nicht viel besser geht es den Schwarzhalskranichen, den Weißnacken-, Mönchs-, Klunker- und Paradieskranichen. Wilde Schwarzhalskraniche (*Grus nigricollis*) sah ich erstmals im Juni 2016 in China, am QingHai-See in 3200 Metern Höhe. Während meine Lebensgefährtin und ich mühsam die wenigen Hügel erklommen, von denen aus wir mit Ferngläsern in die weiten Ebenen schauten und die Kraniche suchten, machte ich mir klar: Diese Kraniche fliegen (ebenso wie Streifengänse) offenbar klaglos in bis zu 10 000 Metern Höhe über den Himalaya zum Überwintern nach Süden. Sie machen nicht wie wir fast schlapp, wenn sie mal 50 Meter hochsteigen wollen.

Kraniche sind überall dort gefährdet, wo Menschen Feuchtgebiete entwässern und damit die Nahrungsflächen sowie Sammel- und Rastplätze der Vögel verschwinden lassen. Eine »Nebenwirkung« dieses Raubbaus an der Natur ist, dass wir uns damit langfristig selbst das Wasser abgraben, also die Regeneration des Grundwassers verhindern. Neben den Kranichen sind dadurch auch viele Pflanzen-, Insekten-, Amphibien- und Vogelarten bedroht oder bereits ausgerottet.

Das Wissen um die Bedeutung von Feuchtgebieten für das Klima, zum Beispiel als Wasserspeicher, oder von Mooren als aktiven CO_2-Speichern (eine relativ junge Erkenntnis), beeinflusst menschliches Handeln in der Praxis bisher leider wenig.

Kraniche zu schützen bedeutet zuallererst, ihren Lebensraum zu erhalten oder zu renaturieren, also die gesamten Biotopsysteme der Feuchtgebiete mitsamt ihren Bewohnern. Also bedeutet Kranichschutz zunächst einmal Schutz von Sümpfen, Bruchwäldern und Feuchtwiesen – vielgestaltige, lebendige und fruchtbare Landschaften, die Lebensräume für viele andere Arten sind, mit deren Fortbestand letztlich auch das Überleben und die Weiterentwicklung der Menschheit untrennbar verknüpft sind.

Während der beschriebene Verlust an Lebensräumen den Kranichen weltweit am härtesten zusetzt und die Hauptursache für ihre Gefährdung ist, gibt es mit der Jagd und der Wilderei zwei weitere Ursachen, die nicht zu unterschätzen sind. Unsere hiesigen Grauen Kraniche sind in Großbritannien aufgrund der Jagd ausgerottet worden und fassen dort erst seit wenigen Jahren wieder mit ein paar wenigen Paaren Fuß. Kanadakraniche sind beispielsweise in den USA bis Anfang des 20. Jahrhunderts intensiv bejagt worden, sodass es in Wisconsin um 1920 nur noch 26 Paare gab.

Nachdem die Jagd eingeschränkt und teilweise verboten wurde, leben nun in diesem Staat, der reich an Seen und Feuchtgebieten ist, wieder über 12 000 Kanadakraniche. Insgesamt gibt es in Kanada und den nördlichen USA wieder etwa 700 000 Exemplare.

Schreikraniche sind unter anderem wegen ihrer prächtigen weißen Federn, die ein beliebter Schmuck an den Hüten der wohlhabenden Amerikanerinnen der Ostküstenstädte waren, bejagt worden, bis es fast keine mehr gab. 1946 wurde der Tiefpunkt mit gerade einmal 15 Exemplaren erreicht.

Heute werden Kraniche nur noch im Nahen Osten und einigen Ländern Asiens gejagt, und dies ist eine der größten Gefahren für die letzten Schneekraniche. Unabhängig davon ist eines der Ziele der ICF, die Jagd auf Kraniche überall verbieten und dieses Verbot effizient kontrollieren zu lassen. Das ist jedoch nur eines ihrer Arbeitsgebiete.

Weltweit arbeitet die Stiftung mit etwa 100 angestellten Mitarbeitern und betreibt Projekte in 50 Ländern der Erde. Ein großer Teil der Angestellten arbeitet in Wisconsin, dazu kommen zahllose Freiwillige, Dutzende von Praktikanten und einzelne ausländische Gastforscher auf einem Gelände von etwa 110 Hektar Größe, einem kleinen Paradies. Fast 20 Mitarbeiter arbeiten in Ostasien, zehn in Südostasien und nochmals über 20 in Afrika. Hier und in den weltweit laufenden Forschungs- und Schutzprojekten wird das Geld benötigt, das mit dem Jahresbudget von über sechs Millionen Dollar bereitsteht.[31] Den jährlich über 50 000 Besuchern (die mit ihrem Eintrittsgeld zu den Einnahmen der Stiftung beitragen) wird ein attraktives Programm geboten. Dabei hat die ICF an wirklich alles gedacht, bis hin zum Elektrowagen für Menschen mit eingeschränkter Beweglichkeit. Im öffentlichen »Zoo« der Foundation kann man alle 15 Kranicharten der Welt sehen und kennenlernen, das ist weltweit einmalig. Die Gehege sind groß und hell. Klunkerkraniche (*Bugeranus carunculatus*) sind in einem großen offenen Gehege mit einem kleinen Feuchtgebiet untergebracht, zwei Schreikraniche verfügen über einen großen Teich, in dem sie bis zum Bauch im Wasser stehend nach Nahrung suchen. Den Kranichen scheint es hier zu gefallen, denn schon mehrere Paare, die nie Eier gelegt hatten, bevor sie hier lebten, fingen in der zweiten Saison im »Freilufttheater« an, Nester zu bauen und zu brüten.

Das Trainingsgelände für Küken ist ein weiterer zentraler Anziehungspunkt für die Besucher. Im Sommer läuft eines der bei der Stiftung erbrüteten Kanadakranichjungen frei herum. Mehrmals in der Woche findet eine Flugschau mit einem Schreikranich statt: Der zahme Kranich wird zu einem offenen Prärieteil geführt, eine Praktikantin animiert ihn zum Fliegen, und er hebt ab. Für die meisten Besucher ist es das erste Mal, dass sie einen Kranich fliegen sehen, erst recht einen Schreikranich.

Auf fast vier Kilometer Wegen durch 40 Hektar Wald, Feuchtgebiete und Prärie kann man einerseits die ursprüngliche, andererseits die derzeit heimische Vegetation kennenlernen. Ziel ist, den Besuchern zu zeigen, dass die Erhaltung der Lebensräume und der Artenvielfalt in sich selbst regulierenden Biotopen wichtig ist und dass es nicht nur um die Erhaltung einzelner Arten geht. Wer durch das teilweise übermannshohe Präriegras auf den schmalen gemähten Wegen geht, die Gerüche einatmet und dem Wispern der Gräser sowie dem Zirpen der Grillen lauscht oder die zahllosen Vögel beobachtet, wird diese Botschaft verstehen. Bei meinem ersten Besuch habe ich kaum glauben können, dass eine rein private Initiative all das hervorgebracht hat.

Nicht öffentlich zugänglich ist »Crane City«, die etwa

30 Hektar große Anlage mit den Aufzuchtgehegen. Hier haben George und seine Mitarbeiter schon bald nach der Gründung der Stiftung angefangen, gefährdete Kranicharten zu züchten. Ihnen gelang weltweit erstmalig die Aufzucht von sibirischen Schneekranichen, einer ebenfalls extrem bedrohten Art.

Schreikraniche durften in den USA ursprünglich nur von einer einzigen staatlichen Institution gezüchtet werden. Die ICF wurde die erste private Einrichtung, die neben dem Patuxent Wildlife Research Center die Lizenz zur Nachzucht erhielt. Das Patuxent Center musste 2017 seine Kranichzucht wegen Sparmaßnahmen der Trump-Regierung aufgeben, die dortigen Kraniche wurden überwiegend der ICF übergeben.

Mit der Zucht alleine wäre den Schreikranichen noch nicht geholfen. Der eigentliche Schritt zur Rettung ist die Auswilderung der in Gefangenschaft aufgezogenen Schreikraniche.

Ab 1975 startete man erste Versuche, Schreikraniche dadurch in die Wildnis zu entlassen, dass man den (ungefährdeten) Kanadakranichen Schreikranich-Gelege aus Patuxent und von der ICF unterschob. Diese Versuche scheiterten und wurden aufgegeben. Die Eier wurden zwar erfolgreich bebrütet, die unwissenden Kanadakraniche haben die Küken auch aufgezogen und ihnen das Fliegen und Ziehen beigebracht – aber die weißen Schreikraniche wollten sich partout nicht zu ihren ebenfalls weißen Artgenossen gesellen, fanden sie sexuell nicht attraktiv, sondern interessierten sich nur für die graubraunen Kanadakraniche, auf die sie geprägt waren. Mit ihnen konnten sie allerdings keine fruchtbare Partnerschaft eingehen, das verhinderte die Artenbarriere.

1993 begann man mit einem Programm zum Aufbau einer ausgewilderten Population von Schreikranichen (»Whooping Cranes«) in Florida. Lange hatte das »Whooping Crane Recovery Team« (WCRT) diese Aktion vorbereitet. Dazu musste zunächst die Aufzucht umgestellt werden, denn die Kraniche sollten ja nicht auf Menschen geprägt werden, sondern auf Artgenossen. 1995 begann man daher mit der Entwicklung einer »Isolations-Aufzucht-Methode«, bei der die jungen Kraniche niemals Menschen direkt zu sehen bekamen. Stattdessen erschienen die Menschen – wenn überhaupt – getarnt durch weiße »Kranichgefieder«-Umhänge und fütterten die Jungtiere mit speziellen, einem Kranichschnabel nachgebildeten Löffeln.

Nichts überließ man dem Zufall. Sogar der Transport wurde selbst organisiert: Man verschickte die ausgewählten Jungtiere aus Baraboo oder Patuxent nicht mit einem kommerziellen Flugzeug, sondern charterte einen Privatflieger, der auf diese Anforderungen spezialisiert war.

In Florida wurden die Tiere wochenlang in Quarantäne gehalten und regelmäßig untersucht. Nach und nach wurden sie an die Freiheit und die bereits freilebenden Kraniche gewöhnt. Sie sollten sich deren Gruppen anschließen und mit ihnen in den Feuchtgebieten übernachten.

Dennoch war die Verlustquote mit um die 50 Prozent ziemlich hoch. Alligatoren und Rotluchse fanden in den unerfahrenen Tieren leichte Opfer. 1999 lebten 75 Schreikraniche in Florida. Jährlich wurden etwa 30 Jungkraniche ausgewildert.

Nach und nach bildeten sich erste Paare, die anfingen, Reviere zu verteidigen. Aber es wurde zunächst nie eine Brut beobachtet – bis endlich 1999 per E-Mail die wunderbare Nachricht Experten in aller Welt erreichte: Erst ein, dann ein zweites und ein drittes Paar hatten Eier gelegt und brüteten! Doch kurz darauf verflog die Euphorie, ein Gelege nach dem anderen ging verloren. Zwei aufgrund der Trockenheit: Hier wurden die Eier zerbrochen aufgefunden; es blieb unbekannt, welche Tiere dies getan hatten, und es war nicht auszuschließen, dass es die Kraniche selbst waren (in Gefangenschaft geschieht dies recht oft, wenn man versucht, Eier von unerfahrenen erwachsenen Schreikranichen ausbrüten zu lassen).

Ein drittes Gelege wurde bei einem Sturzregen überflutet, die Kraniche verließen das Nest, als sie von unten die Kälte spürten, so die erste Vermutung. Kurz darauf fand man das Gelege. Ein Ei war noch intakt; man versuchte es künstlich auszubrüten, aber ohne Erfolg. Es war zu spät.

Bereits Ende der 1990er Jahre, als ich ins Schreikranichprogramm eingebunden wurde, bezweifelte man den Sinn dieses Auswilderungsprojektes. Es wurde dann 2007 gestoppt, weil die Verlustquote einfach zu hoch war. Schon vorher konzentrierte man sich auf ein Projekt, bei dem eine Population in Wisconsin, die im Winter nach Florida ziehen würde, durch Auswilderung aufgebaut werden sollte. An diesem Programm sollte ich mitwirken, wenn auch nur am Rande, nämlich bei der Erfassung und Identifikation der Individuen der letzten Wildpopulation. Dafür sollte ich Duettrufe der Schreikraniche zur Verfügung stellen, und diese wollte ich in Baraboo aufnehmen, damit man mit ihnen später beim Monitoring über Megaphon Duett-Antworten wilder Kraniche provozieren konnte.

Mit meiner neuen Aufgabe begann ich gleich am ersten Tag nach meiner Ankunft im Januar 1999. Bei minus 25 bis minus 30 Grad Celsius, mit steifgefrorenen Fingern, machte ich in »Crane City« zwei Tage lang Aufnahmen von Duettrufen verschiedenster Kraniche, vor allem von Schnee-, Schrei- und Mandschurenkranichen. Auf diese Arten wollte ich meine künftige Arbeit konzentrieren. In den folgenden Monaten besuchte ich darüber hinaus den Vogelpark Walsrode (der einige Kranicharten hielt und züchtete), die staatliche Zuchteinrichtung in Patuxent bei Washington und den Calgary-Zoo in Kanada. Dort nahm ich weitere Kranichpaare auf. Die Analysen am Computer zeigten, dass die Rufe auch dieser Kranicharten individuell verschieden und charakteristisch sind.

George Archibald fielen sofort ein halbes Dutzend Gebiete und Projekte in der ganzen Welt ein, die ich besuchen sollte, um dort Kranichrufe aufzunehmen und mit der sonagraphischen Methode neue Datenbanken aufzubauen.

Dies war eine Herausforderung, die ich mit meinen Geschäftsreisen gut würde vereinbaren können. Da ich inzwischen nicht mehr Leiter des Kranichschutzprogramms im Brook war, wurden Zeitreserven für meine sonagraphische Forschung frei. So machte ich bis 2007 Aufnahmen von Kranichrufen im Brook und führte dort meine Verhaltensbeobachtungen fort. Hinzu kamen zahlreiche Aufnahmen, die ich über mehrere Jahre hinweg im Nienwohlder Moor, in Mecklenburg und in Brandenburg erstellte und analysierte.

Wenn Bill Lishman, George Archibald und ich uns trafen, begegneten sich drei sehr verschiedene Charaktere, jeder auf seine Art »verrückt«: ein Künstler, ein Kranichstiftungsdirektor, ein Chemie-Unternehmer. Wir drei finanzierten unsere Arbeit jeweils aus rein privaten Quellen, unabhängig von staatlichem Geld (aber dennoch abhängig von staatlichen Genehmigungen), und die Unterschiede in unseren Auffassungen über die beste Vorgehensweise zum Schutz der Kraniche überbrückten wir durch offene, intensive und humorvolle Diskussionen, bis wir drei überzeugt waren, die beste Lösung gefunden zu haben.

Bill Lishman[32] ist ein Beispiel für die Kraft, die von der Initiative eines Einzelnen ausgehen kann. Am besten wird er durch dieses Zitat einer Sendung im kanadischen Fernsehen charakterisiert: »Es wäre ein Verlust für die Welt, wenn Bill Lishman irgendwo eine feste Anstellung annehmen würde.« Bill war in jeder Hinsicht unkonventionell, im Vergleich zu ihm bin ich ein todlangweiliger Spießbürger. Er war so verrückt, wie ich es bei keinem meiner Bekannten für möglich gehalten hätte. So verrückt, dass er nicht einmal in einem »normalen« Haus wohnte, sondern in einem selbst gebauten runden Höhlenhaus, in dem es keine einzige Ecke gibt und kein Fenster – denn das Haus war bis auf den Eingang und die Deckenlichtfenster vollständig unterirdisch angelegt.[33]

Der 2017 verstorbene Bill Lishman ist der Erfinder des per Ultraleichtflugzeug (ULF) geführten Vogelzugs in ein Überwinterungsgebiet, worüber ich noch berichten werde. Als Jugendlicher war es sein Traum, mit Wildgänsen zu fliegen. Diesen Traum erfüllte er sich 1988 als Erwachsener nach vielen Fehlschlägen mit verschiedenen selbst gebauten Flugzeugtypen, nachdem er gelernt hatte, wie er seine Gänse trainieren musste, damit sie ihm, der im Flugzeug saß, in die Luft folgten. Bill war damit zugleich einer der Pioniere bei der Entwicklung von Ultraleichtflugzeugen. Dieses Hobby-Projekt finanzierte er mit Erträgen aus seiner künstlerischen Arbeit. Er war es, der (angeregt durch George Archibald) Anfang der 1990er Jahre den Kranichschutz-Organisationen in Kanada und den USA vorschlug, ausgewilderte Jungkraniche von einem nördlichen Brutgebiet in ein südliches Überwinterungsgebiet zu führen und sie so Migrationsverhalten lernen zu lassen. Wenig später gründeten Bill und sein Freund Joe Duff, ein Fotograf, dazu eine Stiftung mit dem griffigen Namen »Operation Migration«. Sie wurde zentraler operativer Partner des überwiegend (abgesehen von der ICF) aus staatlichen Institutionen bestehenden »Whooping Crane Recovery Teams« (WCRT), der Stahlkünstler Bill und der Fotograf Joe, lediglich deshalb für die Schlüsselrolle in diesem Projekt qualifiziert, weil sie schon mit Wildgänsen geflogen waren. Den Start von »Operation Migration« finanzierten sie mit den Einnahmen aus dem Film *Fly away home* (*Amy und die Wildgänse*),[34] für den sie mit ihrer Truppe das Training der Gänse und die Flüge durchführten. Bill, der dies ja erfunden hatte, steuerte als Double für den Film das Ultraleichtflugzeug, ist selbst auch als Pilot zu sehen und als Motorradfahrer, der Amy abholt.

George Archibald, der rastlose Gründer und Motor, Spendensammler und wissenschaftliche Inspirator der International Crane Foundation (ICF), ist vollkommen anders, und doch waren beide in gewisser Hinsicht vergleichbar. Auch er ist ein Beispiel für die Kraft, die die Initiative eines Einzelnen hervorbringen kann. Er gründete 1973 noch als Student zusammen mit seinem Freund Ron Sauey (der leider allzu früh verstarb) die Kranichstiftung. Die beiden – und bald darauf George allein – arbeiteten unermüdlich daran, immer mehr Menschen für den Kranichschutz zu gewinnen und Spenden einzuwerben. George ist über die nun vielen Jahrzehnte hinweg *der* international führende Kranichschützer und -forscher geworden.

In seinem 2016 erschienenen Buch *My Life with Cranes*[35] findet sich eine beeindruckende Zahl von abenteuerlichen Geschichten aus seinem Leben. Die bekannteste und zugleich am wenigsten vorstellbare Geschichte ist die, in der George mit einem weiblichen Schreikranich tanzt. Sie wurde US-weit bekannt, weil George 1982 in Johnny Carsons *Tonight Show* eingeladen wurde und sie dort erzählte.[36] Das Schreikranichweibchen »Tex« schlüpfte 1966 im San-Antonio-Zoo, zu einer Zeit, als es nur 44 Schreikraniche in Freiheit und 15 in Patuxent gab. Tex war das erste Küken, das ein Paar im Zoo erbrüten konnte. Tex wurde nach drei Wochen Pflege im Haus des Zoodirektors nach Patuxent gebracht und dort großgezogen. So war dieser Kranich unwiderruflich auf Menschen geprägt worden, und es gelang jahrelang nicht, Tex in Patuxent mit dem vormals wilden Kranich »Canus« oder einem anderen Männchen zu verpaaren. Was war das Problem?

Der Schreikranich ist die am stärksten bedrohte Kranichart. Im Winter 1945/46 gab es nur noch 15 Exemplare. Mit einer außergewöhnlichen Kraftanstrengung gelang es einigen wenigen Naturschützern, das Winterquartier der Schreikraniche bei Aransas in Texas zu schützen. Erst 1954 wurde im hohen Norden Kanadas das letzte Brutgebiet der Schreikraniche entdeckt, es wurde mit der Gründung des Wood-Buffalo-Nationalparks geschützt. Als man erkannte, dass von einem Gelege mit zwei Eiern immer nur ein Junges überlebte, begann man, einzelne Eier zu entnehmen und die Schreikraniche in Gefangenschaft nachzuzüchten.

Im Jahr 2018 war die letzte Wildpopulation auf 505 Individuen angewachsen.[37] Dennoch ist der Schreikranich nach wie vor extrem gefährdet. Eine Epidemie im Brutgebiet oder eine einzige Ölkatastrophe im Golf von Mexiko könnte fast die gesamte Art auslöschen. Auch darum wird die Nachzucht in Gefangenschaft aufrechterhalten. Man hofft, auf diese Weise auch den (wegen des Tiefpunkts der Population mit nur 15 Kranichen ziemlich homogenen) Genpool dieser Kranichart möglichst reichhaltig zu bewahren: Genetisch einzigartige Vögel werden am Leben erhalten und zur Fortpflanzung gebracht. Ein solches Exemplar war Tex.

George Archibald machte es zu einem persönlichen Herzensanliegen, Tex zum Legen eines Eis zu bewegen. Es dauerte sieben Jahre, in denen George jeweils im Frühling mehr oder weniger intensiv mit Tex zusammen war und mit ihr tanzte (was, wenn man George kennt, nur schwer vorstellbar ist). Tex war in George »verliebt«; andere Menschen akzeptierte sie nicht. Das Tanzen mit ihr nannte George »Texercise«, denn es war anstrengender

Sport! Und Tex legte das erste und später weitere Eier, die aber alle entweder nicht befruchtet werden konnten oder eine zu weiche Schale hatten und zerbrachen.

1982 wollte George einen letzten, besonders intensiven Versuch wagen. Er baute sich eine Hütte nahe Tex' großem Gehege, verlegte sein Büro dorthin und übernachtete dort von März bis Mai. Die Aktion war mit Patuxent koordiniert. Der dortige Leiter der Kranichzucht, George Gee, schickte regelmäßig Kranichsperma, das von George dann nach einem der Tänze bei Tex eingeführt wurde.

Schließlich legte Tex ein befruchtetes Ei, das nach vielen weiteren Komplikationen ein Küken hervorbrachte – den männlichen Kranich »Gee Whiz«, benannt nach George Gee. Dieser Erfolg brachte George Archibald in die *Tonight Show*, wo ihm 22 Millionen Amerikaner zuschauten – es war ein unglaublich wirksamer Durchbruch in der öffentlichen Wahrnehmung des Schreikranich-Schutzprogramms und des Natur- und Artenschutzes überhaupt.

George hat auf der Basis seiner Erfahrungen mit Tex entscheidend dazu beigetragen, die Nachzucht von Schreikranichen zu verbessern. In seinem Engagement für die Kraniche ist er nicht zu bremsen. Ihm gelang es nachzuweisen, dass die Mandschurenkraniche auf der japanischen Insel Hokkaido dort auch ein Brutgebiet besaßen. Damit konnte er die japanische Regierung überzeugen, mehr für den Schutz dieser Kraniche auf Hokkaido zu tun. Ich weiß nicht, wie er 1974 in die hermetisch abgeschlossene demilitarisierte Zone zwischen Süd- und Nordkorea gelangen konnte – er kam hinein und entdeckte dort den in Korea als ausgestorben geltenden Japanischen Ibis, von dem es in Japan damals nur noch 20 Exemplare gab. Dieser Erfolg machte ihn in Asien weiter bekannt. Er schaffte es auch, der damaligen indischen Ministerpräsidentin Indira Ghandi bei einem persönlichen Treffen das Versprechen abzuringen, ein gefährdetes Kranich-Schutzgebiet in Indien effektiver zu schützen, die Jagd zu verbieten und das Verbot zu kontrollieren.

In Baraboo startete George ein Nachzuchtprogramm für die extrem bedrohten sibirischen Schneekraniche, indem er einerseits den Zoo in Philadelphia, andererseits die Besitzer des Vogelparks Walsrode überredete, ihre jeweils einsam dort lebenden Schneekraniche nach Baraboo zu verlegen. Das Männchen aus Walsrode war 71 Jahre alt, als es in Baraboo eintraf; zwar paarten sich die beiden, aber die Eier blieben unbefruchtet. So bat George den Hirakawa Zoo in Japan, seinen ebenfalls einsam lebenden Schneekranich nach Baraboo zu schicken. Dieses angebliche Männchen balzte aber mit dem nun 72 Jahre alten Kranich-Greis, was ebenfalls misslang, obwohl das nun als Weibchen erkannte Tier Eier legte. Erst mit einem weiteren Schneekranich aus dem Vogelpark Walsrode in Deutschland gelang die erste Aufzucht.

George und sein Freund Ron entwickelten im Interesse der Kraniche persönliche Beziehungen sogar in die Sowjetunion. George war in der UdSSR respektiert, weil ihm die weltweit erste Schneekranich-Nachzucht in Gefangenschaft gelungen war. Weil die ersten Erwärmungen im Kalten Krieg zu einem Umweltabkommen mit den USA führten, konnte die Zusammenarbeit auf eine offizielle Ebene gehoben werden. Nach komplizierten Verhandlungen erhielt George persönlich die Erlaubnis, Schneekranich-Eier aus der Sowjetunion nach Baraboo zu überführen, was dort die weitere Zucht erheblich verbesserte.

George war ebenfalls einer der Ersten, der in China intensive Kontakte mit dortigen Naturforschern und -schützern suchte. Anfang der 80er Jahre bekam die ICF aus China ein Paar Schwarzhalskraniche im Austausch für sieben Kranichpaare anderer Arten, die in Nordost-China in einem neu gebildeten Schutzgebiet (dem ZhaLong-Nationalpark) in einem Informationszentrum gehalten wurden. 1985 gelang es George, an einem erst kurz zuvor als Überwinterungsgebiet von Kranichen in China erkannten See (dem PoYang-See) während einer extrem anspruchsvollen Expedition die ersten Schneekraniche zu entdecken: Damit wurde die Zugbewegung der Schneekraniche klarer. George und seine Begleiter hatten zudem 1000 mehr Schneekraniche gefunden, als vorher als Bestand dieser Art geschätzt worden war.

Im australischen Busch suchte und fand George Saruskranich-Nester. Er erforschte Kraniche in Afrika, Vietnam und Thailand, in der Mongolei, in Botswana (wo er auf der Suche nach Kranichen nachts im Jeep im offenen Gelände liegenblieb und über Nacht allein war, sich mit einem Feuer davor schützte, von Elefanten zertrampelt oder von Löwen gefressen zu werden) und selbst in Nordkorea, wo seine Arbeit viele Jahre später noch ganz andere Auswirkungen haben sollte (Kapitel 15). Nichts ist ihm zu beschwerlich, nichts zu gefährlich. Zugleich wird er nicht müde, Spenden einzusammeln, PR zu betreiben, mit Regierungen und der UNO zu verhandeln. Ich empfinde es als große Ehre, dass er für sein Büchlein, in dem er jede Kranichart anhand einer kleinen Begebenheit vorstellt, für den eurasischen Grauen Kranich ein von mir beobachtetes Vorkommnis ausgewählt hat.[38]

Ermutigt von den ersten guten Resultaten der Sonagraphie an Grauen Kranichen, wollten George und ich dem WCRT vorschlagen, Aufnahmen von Duettrufen wilder Schreikraniche zu machen und so ein breites Monitoring zu beginnen. Diese Rufe und Lautäußerungen, ihre Analyse sowie die besten Duettrufe auf CD sollten die Grundlage dafür sein, die Rufe der wild lebenden Vögel zu erfassen, und zwar in ihrem Überwinterungsquartier in Aransas. Da eine solche Maßnahme vom gesamten Führungsteam des WCRT und dann von staatlichen Stellen genehmigt werden musste und außerdem ungeheuer viel Papierkram erforderte, musste das Projekt von einer Art Vollversammlung des WCRT empfohlen werden.

Ich war nervös. Würde das amerikanische Expertenteam einem Hobby-Kranichforscher aus Deutschland (der eigentlich Chemie-Unternehmer und -Forscher war) ohne jede Erfahrung mit Schreikranichen eines ihrer Projekte anvertrauen? Um mich und meine bisherige Arbeit vorzustellen, hatte ich eine Präsentation meiner bisherigen bioakustischen und sonagraphischen Arbeiten vorbereitet.

Bevor ich dran war, diskutierte das Team über viele andere wissenschaftliche und technische Themen. Ich begann, mich wohler zu fühlen in diesem Kreis, und ich war beeindruckt. Diese Leute waren professionell, zielgerichtet, kameradschaftlich und engagiert. Schließlich berichtete ich von den bisherigen Ergebnissen der Sonagraphie, von meinen ersten Analysen der Rufe im Brook und in der brandenburgischen Schorfheide, der Rufe von Schreikranichen aus den Gehegen in Baraboo und Patuxent und von Mandschurenkranichen auf Hokkaido, die zeigten, dass eine individuelle Erkennung und damit ein Monitoring der wilden Schreikraniche möglich war. Der Vortrag war ein voller Erfolg. Nun war ich akzeptiert, fast schon wie ein langjähriges Mitglied des Teams. Und zu meiner Freude wurden zudem meine Überlegungen zu Verhalten und Intelligenz der von mir beobachteten Grauen Kraniche interessiert und konstruktiv aufgenommen.

Wir diskutierten über die hohe Verlustrate bei der Auswilderung von Schreikranichen in Florida, von denen viele allzu schnell ein Opfer von Raubtieren wurden, meist Rotluchsen. Ich wunderte mich, wieso noch niemand darüber nachgedacht hatte, dass die Jungtiere vor der Auswilderung gar keine Erfahrungen mit anderen Tieren sammeln konnten; schließlich haben sie keine Eltern, die ihnen zeigen, vor welchen fremden Wesen man sich in Acht nehmen muss. Ich fragte, ob es nicht notwendig sei, ein Trainingsprogramm »Raubkatzen erkennen und vermeiden« für junge Kraniche zu entwickeln. Die Idee fand allgemeinen Anklang, und schon am nächsten Morgen verteilte jemand Kopien von Artikeln zu diesem Thema.

Ein wesentlicher Teil der Diskussion drehte sich um die Wiederansiedlung von Schreikranichen in Wisconsin und vor allem darum, wie man den Kranichen, die dort ausgewildert werden sollten, den Weg in ihre Winterquartiere zeigen konnte. Bill Lishman erläuterte das Konzept der »Operation Migration«. Seine Vorstudie mit Kanadakranichen hatte gezeigt, dass es möglich war, Kraniche zum Fliegen mit dem Ultraleichtflugzeug zu bewegen. Doch nach dem Eintreffen im Zielgebiet wollten die jungen Kraniche nicht unter sich in der freien Natur bleiben, sondern folgten entweder den Trainern und Piloten oder flogen auf Marktplätze in Dörfern, in Kindergärten und einmal sogar in einen Gefängnishof, wo Gefangene ihren Spaziergang machten. Wenn das mit Schreikranichen später ähnlich verlaufen würde, könnte man sie einfach nicht auswildern.

Ich hob schüchtern meinen Arm und fragte, als man mir das Wort erteilte: »Was für Töne macht ihr während der Aufzucht der Küken, während des Trainings der Jungkraniche?« Sie behaupteten, außer den jungen Kranichen Flugzeugmotor- und andere Umweltgeräusche vorzuspielen, um sie daran zu gewöhnen, würden sie keine Laute einsetzen. Ich sagte: »Das glaube ich nicht, ihr werdet sie zum Futter und anderswohin locken wollen!« »Ja«, gaben sie dann zu, »wir machen ›prrr‹ und ›drrr‹, wie es die Kranicheltern tun.« Ich wendete ein: »Das sind aber keine Kranichlaute, sondern menschliche Laute. Kraniche haben ja kein Stimmband, keine Lippen, nicht die gleiche Sorte Zunge und Lippe wie wir, mit denen wir ›prrr‹ machen. Deshalb klingt euer Lockton wie eine menschliche Stimme, und damit prägt ihr die Küken und die jungen Kraniche auf Menschen.«

Betroffene, nachdenkliche Stille folgte. Es war ihnen sofort klar, dass meine Schlussfolgerung zutraf. »Aber was können wir denn tun?«, fragten sie. Mein Vorschlag war, stattdessen die passenden Laute echter, am besten wild lebender Schreikraniche aufzunehmen, zu speichern und dann nur diese Rufe zu verwenden. Die Experten kamen ins Grübeln. Wie sollte das denn praktisch vonstattengehen? Ich erläuterte: »Ihr verwendet eine Hardware wie ich und schleicht euch an die Kraniche an, am besten im Winterquartier, denn die Brutgebiete sind zu sumpfig.« So könne man aus der Nähe diese leisen Töne aufnehmen. Das war aus meiner Sicht eine logische Ergänzung des Projektes, das George und ich dem WCRT für ein sonagraphisches Monitoring der Schreikraniche vorgeschlagen hatten; mein Plan war, dass sie die Aufnahmen machen würden, ich wollte dann die Analysen in Deutschland durchführen. Die sich turbulent verändernden Stirnfalten der Konferenzteilnehmer übersetzten mir die nicht laut gestellte Frage: »Wie um Himmels willen soll das denn gehen?« Schließlich fragte George: »Bernhard, kannst du das nicht für uns machen?« Ich zögerte: »Aber ihr wollt doch das Monitoring mit Sonagraphie beginnen, ich zeige euch, wie es geht, und dabei könnt ihr doch gleichzeitig die anderen Aufnahmen machen.« George: »Ich denke, es ist besser, wenn du das alles machst, du weißt, wie man Kraniche aufnimmt, wie man speichert, die Rufe verarbeitet und so weiter – hilf uns doch, mach das doch bitte selbst, ja?« Nun saß ich da, hatte nur eine Frage gestellt, und das Ergebnis war, dass ich selbst die Antworten beschaffen sollte? Meine Gehirnzellen liefen auf Hochtouren: »Kann ich das überhaupt bewerkstelligen? Was muss ich dafür vorbereiten? Kann ich das zeitlich einbauen in meine geschäftliche Tätigkeit, meine chemische Forschung, mit der ich mein Geld verdiene? Ich kenne das Gebiet doch gar nicht. Und meine Zeit für die Familie? Ich kenne die

Schreikraniche überhaupt nicht. Ich kann das nicht. Sag: ›Tut mir leid, das geht nicht.‹ Aber mir ist noch nie so ein außergewöhnliches und wichtiges Projekt vorgeschlagen worden. Sag Ja! Lass dir diese Chance auf so ein Wildnis-Abenteuer nicht entgehen!« Und letztlich war mein Mund schneller als der bewusste Teil meines Gehirns: »Ja, okay, ich mach's.« So begann meine Mitarbeit an diesem großen Projekt zur Rettung der Schreikraniche.

Meine Expedition sollte im Dezember 1999 stattfinden. Dazu musste ich die verschiedenen Rufaufnahmen vorbereiten, sodass ich sie über ein Megaphon abspielen konnte in der Hoffnung, die Schreikraniche im Winterquartier zum Rufen zu bewegen. Zusätzlich musste ich andere (sehr leise) Lautäußerungen der Schreikraniche, die bei der Aufzucht und beim Flugtraining verwendet werden sollten, dort im Freiland aufnehmen. Meine geplante Expedition nach Texas hatte darüber hinaus weitere Ziele, denn vor einem Flugtraining mit Schreikranichen im Herbst 2001 sollte im Herbst 2000 zuerst eine Generalprobe mit Kanadakranichen durchgeführt werden. Mit diesen Aufgaben stand ich also nicht am Ende meiner Kranich-Forschung, sondern eigentlich erst an ihrem Anfang. Zu diesem Zeitpunkt wusste ich genau genommen nichts über die Kommunikation oder die »Sprache« der Kraniche. Ich wusste nicht einmal, ob sie so etwas überhaupt haben. Ich hatte bisher lediglich den Eindruck gewonnen, dass manche Rufe jeweils bestimmte Bedeutungen haben oder in bestimmten Situationen ausgestoßen werden, wie etwa der Duettruf bei der Revierverteidigung. Kraniche rufen aber auch in anderen Situationen im Duett, zum Beispiel nach einer Kopulation, wenn weit und breit kein anderes Kranichpaar zu sehen ist. Haben die Rufe dann eine andere Bedeutung? Oder klingen sie in Kranichohren tatsächlich anders?

Nehmen wir einmal der Einfachheit halber an, dass Kraniche keine komplexe Sprache haben, sondern nur einige verschiedene Lautäußerungen als »Codes« benutzen und verstehen. Solche »Codes« könnten zum Beispiel bedeuten: Hier bin ich/dies ist unser Revier, wir gehören zusammen (Duettruf)/Komm her/Hier ist etwas Interessantes/Hau ab/Gefahr am Boden/Gefahr in der Luft/Versteck dich/Abfliegen/wir fliegen weiter/Landen/Gutes Futter/Schlechtes Futter/Schlafplatz ist sicher/Übernimm du das Brüten jetzt etc. – vielleicht sind es mehr, vielleicht weniger.

Bisher konnte ich aber nur drei bis vier verschiedene Lautäußerungen unterscheiden. Die Feinheiten verstand ich nicht, ging aber davon aus, dass es eine viel differenziertere Kommunikation geben musste als mit nur drei oder vier verschiedenen Lauten. Ob meine Erfahrungen mit dem Grauen Kranich auf den Schreikranich übertragbar sein würden, konnte ich damals noch nicht sagen. Schließlich hatte ich den Schreikranich bisher noch nie in der Freiheit beobachten können. Dazu aber würde ich Gelegenheit haben, wenn ich bald ins texanische Überwinterungsgebiet der Schreikraniche reiste. Obwohl die DNA von Schreikranich und Grauem Kranich zu 99,9 Prozent übereinstimmt, war klar, dass das Verhalten (und erst recht die »Sprache«) der beiden Arten und der Individuen teilweise sehr verschieden sein würde. Insofern konnte ich nicht erwarten, dass ich mein ohnehin erst rudimentäres

Verständnis der Vokal-Codes der Grauen Kraniche auf die Kommunikation von Schreikranichen übertragen konnte. Und wie viele verschiedenartige und nutzbare Lautäußerungen der wilden Schreikraniche würde ich denn überhaupt während einer nur zehn Tage dauernden Ein-Mann-Expedition im riesigen Aransas National Wildlife Refuge erwischen können, und das in ausreichend klarer Form?

Das waren nur einige der Fragen, die sich mir zu Beginn des Schreikranich-Projektes stellten. Letztlich stellte sich dann heraus, dass das Kommunikationsverhalten von Grauen Kranichen und Schreikranichen sehr verschieden ist. Nach meinem Eindruck kommunizieren Schreikraniche (jedenfalls die, die ich in Gefangenschaftshaltung erlebte) nicht so differenziert miteinander wie die Grauen Kraniche.

Offensichtlich haben die Grauen Kraniche in den letzten (möglicherweise nur) Jahrhunderten eine erstaunliche »kulturelle« Entwicklung durchgemacht. Während sie sich früher während der Brutzeit *und* im Winter eindeutig territorial verhielten, also Reviere besetzten und gegeneinander verteidigten, reisen Graue Kraniche heute in Gruppen von 20 bis 200 Individuen und halten sich an Rastplätzen und in den Überwinterungsgebieten über längere Zeiträume in Gruppen auf. Schreikraniche hingegen verhalten sich ausnahmslos territorial – während der Brutzeit, beim Zug und in den Winterquartieren. Die größte Zuggruppe, die je bei Schreikranichen beobachtet wurde, umfasste 15 Individuen, alles Jugendliche. Normalerweise ziehen die Familien allein, ganz anders als die Familien der Grauen Kraniche, die sich offenbar immer Reisegruppen anschließen.

Der Graue Kranich hat darüber hinaus in den letzten Jahren gelernt, in immer kleineren Feuchtgebieten und in größerer Nähe zu Menschen an Dorfrändern zu leben, der Schreikranich offenbar nicht. Dessen unmittelbarer Konkurrent, der Kanadakranich, ist meiner Meinung nach sogar der kulturellen und kommunikativen Entwicklung des Grauen Kranichs um einiges voraus. Kanadakraniche nisten gelegentlich sogar dort, wo das Nest gesehen werden kann; ihre Reviere liegen enger beisammen (wenn das Nahrungsangebot das erlaubt) als bei unseren europäischen Kranichen, und sie suchen ihre Nahrung notfalls in unmittelbarer Nähe zu menschlichen Siedlungen. Wir beobachteten auf einer Exkursion in Wisconsin beispielsweise eine Kanadakranich-Familie mit zwei Jungen, die sich in einem Sojabohnen-Feld die Bäuche vollschlug, obwohl dieser Acker direkt neben einem Schulhof lag. Die Familie kam pünktlich zum Ende einer Pause an, als die Schüler für die nächsten zwei Stunden in die Klassenzimmer verschwanden. Der Leiter des Kranich-Feldforschungs-Projektes der ICF meinte, die Kraniche würden inzwischen den Stundenplan kennen, denn sie kämen nie während der Pausen.

Vielleicht ist ein Mangel an Flexibilität, also der Fähigkeit, sich den neuen Umwelt-Gegebenheiten anzupassen, neben der früheren Bejagung und dem Verlust an Feuchtgebieten ein weiterer wichtiger Grund für die dramatische Situation der Schreikraniche? Das Beispiel der Kanadakraniche spricht dafür. Vielleicht hätten die Schreikraniche trotz des Verlustes der Feuchtgebiete und der Jagd auf sie (beides traf ja auch auf Kanadakraniche zu) auch ohne das aufwändige Programm des Whooping Crane Recovery Team überleben können, wenn sie nur sozialer und flexibler geworden wären? Diese Spekulationen sind zugegebenermaßen rein theoretischer Natur. Doch ich frage mich zudem, ob die Schreikraniche wohl eine differenziertere »Sprache« entwickelt hätten, wenn es eine den Grauen Kranichen vergleichbare Entwicklung bei ihnen gegeben hätte. Schließlich gibt es keine differenzierten sozialen Verhaltensweisen – ob bei Menschen oder Tieren – ohne eine dazu geeignete Kommunikationstechnik (die natürlich nicht notwendigerweise vokal sein muss). Der jährliche Wechsel zwischen territorialem Verhalten im Frühling und Sommer einerseits und sozialem Gruppenverhalten in Herbst und Winter andererseits ist bei Grauem Kranich und Kanadakranich eine ständige Herausforderung und erfordert vermutlich eine entsprechend differenzierte Ausdrucksweise.

Eine ganz andere Frage war, ob Schreikraniche in Gefangenschaft in der Lage waren, ihren Jungen die »Sprache« ihrer Art beizubringen. Bei Schreikranichen in Gefangenschaft würden aber selbst diese einfachen Kommunikationsfähigkeiten in wesentlichen Teilen verloren gehen, sodass Schreikranichpaare in Gehegen ihren Jungen die »Sprache« ihrer Art nicht mehr beibringen können. Nach meiner Einschätzung bestand eine unserer Aufgaben darin herauszufinden, wie wild lebende Schreikranichjunge eigentlich die ihnen gemäße Ausdrucksweise lernen.

Selbst für den Fall, dass alle Anstrengungen nicht ausreichen, um die Schreikraniche zu retten, weil sie zum Beispiel ihre »Sprache« nicht wieder lernen oder weil eines Tages ein leckgeschlagener Öltanker im Golf von Mexiko ihre Nahrungsgrundlage zerstört, wird unsere Arbeit nicht umsonst gewesen sein. Das Projekt Schreikranich hat schon jetzt viel mehr erreicht, als »nur« ein paar seltene Vögel zu retten. In Kanada wurde der Wood-Buffalo-National Park (wo die Schreikraniche brüten) erhalten, in Texas mit dem Aransas Wildlife Refuge das größte seiner Art. Ohne das Projekt wäre Aransas längst zu einem Wohn-, Industrie- oder Touristenareal »entwickelt« worden. Auf der Migrationsstrecke von Kanada ins Überwinterungsgebiet in Texas wurden zahlreiche Feuchtgebiete als potenzielle »Zwischenstationen« der Vögel gesichert. Unzählige Tier- und Pflanzenarten und somit auch die Lebensgrundlagen der Menschen profitieren von diesen Maßnahmen. Es geht nicht um eine Art allein, es geht um die Artenvielfalt, die nur in lebendigen und ausreichend großen Biotopen möglich ist. Und nur darin können wir Menschen leben.

Mit dem Jahr 1999 veränderte sich meine Arbeit für die wilden Kraniche enorm. Die Sonagraphie würde dabei eine wichtige Rolle spielen, denn sie konnte als Alternative zur Beringung dienen, die bei so seltenen Tieren wie dem Schrei- und dem Schneekranich zu riskant ist. Sie konnte dabei helfen, Aufschluss darüber zu gewinnen, wie viele Kraniche in einem Gebiet leben, wie lange sie leben, wie stabil sie in ihren Partnerschaften sind, wie flexibel sie mit ihren Revieren umgehen, wie sich ausgewilderte Kraniche verhalten im Vergleich zu wilden. Es standen neue Aufgaben an, die mich weit weg führten vom Duvenstedter Brook. Das nächste Kapitel hatte begonnen.

KAPITEL 10

Forschungs-Abenteuer: Mandschurenkraniche belauschen bei minus 25 Grad und bewacht von Grenzsoldaten

Georges Lieblingskraniche – jedenfalls die, die er am schönsten findet – sind die japanischen Mandschurenkraniche. Und ich muss ihm zustimmen, denn diese prachtvollen Vögel im Schnee auf Hokkaido (der nördlichsten Insel Japans) zu sehen, ist ein beeindruckendes Erlebnis, das man nie vergisst. Ich verdanke es (natürlich) George.

Am letzten Abend meines ICF-Besuchs im Januar 1999 erzählte ich ihm, dass ich drei Wochen später eine Geschäftsreise nach Korea und Japan unternehmen würde und plante, bei dieser Gelegenheit auf Kyushu, der südwestlichsten japanischen Hauptinsel, die dort überwinternden Mönchskraniche zu besuchen. George war regelrecht entgeistert: »Wie kannst du im Winter nach Japan fliegen und statt in den Norden zu den Mandschurenkranichen in den Süden zu den Mönchskranichen fahren?« Ich fühlte mich unschuldig und fragte, was daran falsch sei. »Auf Hokkaido siehst du einmalige Kraniche in einmaliger Umgebung, ein Erlebnis, das du nie vergessen wirst. Ich werde sofort Yulia anrufen, sie soll alles arrangieren, vor allem den Besuch bei Mrs Watanabe.« Ich verstand gar nichts – noch bevor ich überhaupt zugesagt hatte, fing George an, Pläne für mich zu machen und Leute anzurufen. Zum Glück nahm Yulia Momose, die »Botschafterin« der ICF in Japan, nicht ab.

George nennt Yulia Momose seine »Schwester«. Wenn man beide kennengelernt hat, weiß man, warum – mindestens weil sie beide kabarettistisches Talent haben und urkomisch sein können. Yulia ist US-approbierte Internistin, arbeitet aber für die Kraniche. Yulias Vater war zu seiner Zeit ein führender japanischer Kranichschützer, und Professor Masatomi[39], einer der bekanntesten Kranich-Professoren der Welt, war ständiger Gast im Hause. So wurde Professor Masatomi Yulias »Onkel«. Letztlich fand ich mich im Januar dann tatsächlich auf dem Weg nach Hokkaido wieder, zum Entsetzen meines japanischen Geschäftspartners, mit dem ich im Begriff war, eine gemeinsame Firma zu gründen. Für ihn war Hokkaido vergleichbar mit dem Ende der Welt: »Kein Telefon, keine Infrastruktur, keine Kultur.« Mit Yulia war ich auf Hokkaido aber sofort mittendrin in der japanischen Kranich-Gesellschaft. Sie kannte einfach jeden, und sie stellte mich jedem vor.

Die japanischen Mandschurenkraniche sind mit ihrem rein weißen Gefieder mit wenigen schwarzen Stellen an Flügeln und Hals und dem leuchtenden Rot ihres Scheitels im Weiß des Schnees einfach das schönste Naturschauspiel, das ich jemals gesehen habe. Mein Tagebuch aus dieser Zeit vermittelt mir noch heute einen lebendigen Eindruck von der Eiseskälte und dem gleißenden Schnee bei strahlend blauem Himmel; den Menschen, denen ich begegnete, und natürlich den Kranichen.[40,41]

Es hatte nicht viel gefehlt, und dieses unvergessliche Erlebnis wäre nie mehr möglich gewesen. Mandschurenkraniche gibt es in Japan nur noch, weil Menschen zu Anfang der 1950er Jahre die letzten 15 Exemplare in einem der kältesten Winter der letzten 200 Jahre gefüttert und damit vor dem Verhungern gerettet haben. Es war in Japan wie überall: Schon vor Jahrhunderten wurde die Landwirtschaft intensiviert, in diesem Fall der Reisanbau. Man begann, Feuchtgebiete auf Honshu, der Hauptinsel, großflächig trockenzulegen – und damit die Rast- und Übernachtungsgebiete des Mandschurenkranichs während der Migration im Herbst und im Frühjahr zu zerstören. Zugleich wurde die althergebrachte Regel, dass der Kranich außer vom Kaiser nicht bejagt werden durfte, immer weniger befolgt.

So konnte die verbliebene Population nicht mehr im Süden überwintern. Der Mandschurenkranich wurde stark dezimiert und zeitweise sogar als in Japan ausgestorben betrachtet. Einige wenige Vögel überlebten – jahrzehntelang unbemerkt – in der Nähe von Kushiro, wo noch heute ein sehr großes Feuchtgebiet liegt, das seit einiger Zeit zwar Nationalpark, aber dennoch leider nicht gesichert ist. 1923 wurden die Kraniche wiederentdeckt und 1936 zum »Nationalen Monument« erklärt. Wenig später galten sie erneut als ausgestorben, weil sie nicht mehr gesichtet wurden. Ihr Brutgebiet war nicht bekannt, es wurde vermutet, dass es außerhalb von Japan auf dem Festland, vielleicht in Sibirien, liege (erst viele Jahre später hatte George es in den Sümpfen außerhalb von Kushiro entdeckt). Das Verhältnis der Japaner zu den Kranichen wirkt ambivalent. Die Kraniche spielen in der japanischen Kultur eine große Rolle, sie stehen für ewiges Leben, Gesundheit, Treue – aber nur wenige Japaner haben je freilebende Kraniche sehen können. So sind die Vögel für die meisten Japaner eine Art Kulturgut, ein Museumsstück, werden aber dennoch von der Gesellschaft insgesamt anscheinend nicht als effektiv schützenswertes Lebewesen betrachtet.

Für die letzten überlebenden Mandschurenkraniche gab es von den Menschen unbemerkt ein verstecktes, unzugängliches Rückzugsgebiet. In diesem riesigen Feuchtgebiet bei Kushiro gibt es grund- und salzwasserhaltige Tümpel und Flüsse, die im Winter normalerweise eisfrei bleiben und den Vögeln so mehr als 200 Jahre lang das Überleben und erfolgreiches Brüten ermöglichten. 1952 aber froren alle Gewässer zu, die Kraniche hätten den Winter nicht überstehen können. Da näherten sich einige von ihnen in ihrer Not den Bauernhöfen, pickten Korn und Mais in der Nähe der Stallungen auf und wurden von den Bauern entdeckt.

In der Bevölkerung entstand eine Bewegung zur Rettung der Kraniche: Die Bauern streuten Mais aus, Schulkinder bekamen von ihren Eltern Futter für Kraniche mit zur Schule, wenn diese bei einem Feld lag, auf dem Kraniche gesichtet wurden. Die Kraniche überstanden den Winter.

Seither wird an bestimmten, heute staatlich und vom Kranichschutz regulierten Stellen auf Äckern Mais und Fisch ausgestreut, die Kraniche kommen und fressen das angebotene Futter. Diese Fütterung hat mittlerweile einen enormen Anstieg der Kranichpopulation ermöglicht. Dies ist eine positive Entwicklung für diese so bedrohte Kranichart, während die Populationen auf dem Festland derzeit noch schrumpfen. Die Mandschurenkraniche vermehren sich auf Hokkaido auf natürliche Art und Weise, können sich vom Frühling bis zum Winteranfang selbst ernähren, sind aber beim Überwintern auf die Hilfe des Menschen angewiesen.

Zurzeit meines Besuchs war ein wichtiger Stützpunkt der Kranichfütterungen eine landwirtschaftliche Schule. Dort fütterte Frau Watanabe schon seit Jahrzehnten die Kraniche. Nachdem die Schule geschlossen wurde, führte sie die Arbeit allein weiter. Damit sie das Kranichfutter mit ihrer Karre nicht mehr so weit schieben musste, verlegte sie die Futterstelle zu sich nach Hause. Dort lernte ich sie kennen.

Der Fütterungsplatz am Haus von Frau Watanabe war eine der von Japanern am häufigsten besuchten Stellen, wenn sie Kraniche im Winter beobachten und fotografieren wollten. Das Gatter, an dem die Besucher standen, ist etwa 100 Meter von den Kranichen entfernt. Ich aber durfte ins Haus kommen, denn Yulia wollte mich Frau Watanabe vorstellen. Wir tranken Tee; ich erläuterte, was George von mir erwartete. »George…« – ein Leuchten ging über das runzlige Gesicht der alten Bäuerin. Er hatte auch hier – wie konnte es anders sein – einen bleibenden Eindruck hinterlassen.

George hatte mir erklärt, was er sich von meinem Besuch auf Hokkaido versprach: Die hiesigen Kraniche waren seit mindestens 200 Jahren von der Festlandpopulation, die in

Nordostchina und Ostsibirien in den Feuchtgebieten nahe dem Amur und Ussuri brütet und teilweise in Südostchina (an der Küste), in Korea und teilweise in Südjapan überwintert, getrennt. Während sie sich früher durchmischen und austauschen konnten, war dies seither nicht mehr möglich. Georges Frage war: »Haben die beiden Populationen unterschiedliche Sprachen?« Darüber hinaus hatte er mir erzählt, dass Professor Masatomi schon immer der Meinung gewesen sei, man müsse Kraniche anhand ihrer Stimme individuell charakterisieren und wiedererkennen können, nur habe er nie eine geeignete Methode entwickeln können. Die solle ich nun nach Japan exportieren, damit die Beringung eingestellt werden könnte und berührungsloses Monitoring möglich würde.

Also ging ich nach dem Tee mit meinen Aufnahmegeräten und dem Fotoapparat durch Frau Watanabes Küche hinter das Haus und stand praktisch direkt neben den Kranichen. Niemals vorher und nachher bin ich wildlebenden Kranichen für längere Zeit so nahe gekommen. Ich blieb (mit Unterbrechungen) zwei volle Tage dort, teils nur wenige Meter von ihnen entfernt. Mein Erlebnis mit den »Schlitzohren«, als ich auf dem Hochsitz saß und sie unter mir nach Futter pickten, verblasste dagegen zur Momentaufnahme. Nach diesen zwei Tagen hatte ich eine volle Minidisc mit Aufnahmen der Rufe vieler japanischer Kranichpaare.

Dabei blieb es aber nicht. Trotz der bitteren Kälte blieb ich draußen, denn immerzu geschah etwas für mich Neues. Einmal war es ein Jungvogel, der für sich allein tanzte und dabei mit einem bunten Plastikstückchen um sich warf, dann wieder gab es Auseinandersetzungen zwischen Kranichpaaren zu sehen. Oft tanzten einzelne Paare. Es herrschte ein ständiges Kommen und Gehen, denn die Kraniche verbrachten nicht den ganzen Tag auf der verschneiten Wiese von Frau Watanabes Grundstück. Sie flogen andere Fütterungsstellen an[42], landeten auf freien Äckern, suchten in den eisfreien Flüssen nach Nahrung. Obwohl auf menschliche Zusatzfütterung angewiesen, waren sie keineswegs domestiziert. Sie kannten ihre Helfer, hielten Distanz zu Fotografen, flohen vor fremden Menschen an der Straße, sie suchten weiterhin selbstständig nach Futter und schliefen gemeinsam abseits von Menschen im Fluss (vgl. Fußnote 40) – sie gingen mit ihrer Umwelt sehr aktiv und beobachtend um.

An der Futterstelle hatten die Kraniche eine verminderte Fluchtdistanz, gegenüber den zahlreichen Besuchern hinter den Absperrungen ca. 100 Meter, gegenüber Frau Watanabe weniger als zehn Meter. Als ich Gast von Frau Watanabe war, näherten sich die Kraniche mir ebenfalls bis auf wenige Meter. Wenn ich aber Kraniche auf freiem Gelände an einer Straße traf und aus dem Auto stieg, flogen sie selbst bei mehr als 100 Metern Entfernung auf.

Mein beeindruckendstes Erlebnis war, als ich von der anderen Seite einer Buschreihe, wo sich ein paar Kraniche abseits der Fütterungswiese aufhielten, ein paar leise, aber ungewöhnlich melodische Laute hörte[43]. Während ich nichts Besonderes heraushörte, wendeten alle rund 100 anwesenden Kraniche wie auf Kommando ihre Köpfe dorthin.

Dann fingen sie an, untereinander leise Lautäußerungen auszutauschen, und bewegten sich gemächlich mit interessiert vorgestrecktem Kopf auf die Buschreihe zu. Ich konnte nicht entdecken, was da sein sollte, denn Frau Watanabes Futterlager versperrte mir die Sicht. Yulia stand neben mir und konnte sich ebenfalls nicht erklären, was los war. Bald standen alle Kraniche an der Buschreihe, und nach einer Weile begannen einige, locker und unaufgeregt ein bisschen zu tanzen, und die anderen gingen wieder nach und nach auf die Fütterungswiese zurück.

Eine Viertelstunde später das gleiche Spiel. Wieder konnte ich nichts sehen. Als nach einer weiteren halben Stunde überraschenderweise das Gleiche noch einmal losging, kletterte ich auf die Futterkisten. Ich wollte doch wissen, was die Kraniche dort so interessiert betrachteten! Diesmal sah ich es: einen Marderhund.

Der lief die Buschreihe entlang und schließlich über den entfernten Teil der Fütterungsfläche und kehrte dann um. Erst jetzt bemerkte ich, dass ich vor lauter Faszination zwar automatisch die Laute, die die Kraniche die Köpfe wenden ließen, auf Minidisc aufgenommen, aber kein Foto von der Situation gemacht hatte. Denn alle Kraniche schauten nach links und marschierten gemächlich dorthin, wie Menschen auf einem Marktplatz, auf dem jemand ruft: »Hier zeigen wir heute erstmalig eine wunderbare Maschine, mit der Sie in die Zukunft schauen können!« – es glaubt zwar niemand, aber trotzdem gehen alle hin und schauen es sich an. Mir kam es so vor, als hätte ein Kranich gerufen: »Hier ist ein Tier, das zwar nicht gefährlich ist, aber irgendwie interessant und neu«, nur einfacher ausgedrückt in wenigen leisen Lautäußerungen.

Ich erzählte Hiroyuki Masatomi später davon, und er erwiderte, so etwas kenne er von »seinen« Kranichen auch. Er hatte einmal eine Nacht in der Nähe ihres Schlafplatzes verbracht, um zu beobachten, was nachts dort geschah. Viel war es nicht. Aber immer war irgendeiner der Kraniche wach, nie waren alle fest eingeschlafen. Auf einmal aber, Masatomi hatte nichts bemerkt, drehten alle, sogar die schlafenden Kraniche, ihre Köpfe zum Ufer. Sie mussten etwas gehört haben, und Masatomi meinte, es war ein leiser Kranichruf, der ihnen etwas signalisierte. Schließlich gingen sie alle gemächlich, wie auch von mir beobachtet, zum Ufer, betrachteten die Lage und gingen dann ruhig zurück, um weiterzuschlafen. Masatomi fand damals nicht heraus, was die Kraniche gesehen oder gehört hatten. Aber er meinte, dass es ein Signal geben musste, das den Kranichen sagt: »Kommt mal her, etwas Interessantes, nichts Gefährliches, aber schaut doch mal!« Genauso hatte auch ich es empfunden.

Bei einer anderen Gelegenheit hörte ich einen scharf zischenden Laut, den sogar ich problemlos als Warnlaut interpretierte, und erst recht alle Kraniche[44]: Sie unterbrachen alle sofort das Futtern oder die Gefiederpflege, Tanzen und Spiele, bogen ihren Hals nach hinten und richteten ihre Schnäbel senkrecht nach oben, bereit zuzustoßen: Ein Riesenseeadler[45] kam angesegelt; er wollte schauen, ob er vielleicht ein unvorsichtiges Kranichjunges oder ein älteres schwaches Kranichexemplar erjagen konnte. Dies erinnerte mich daran, dass mir ein deutscher Kranichbeobachter einmal erzählt hatte, er meine, dass Kraniche ein besonderes Rufsignal für »Adler« hätten, denn auf einen Ruf hin schauten alle nach oben, streckten ihren Schnabel nach oben, um einen Adlerangriff abwehren zu können, und sahen nach, von wo der Adler angeflogen kommen könnte. Auf einen Fuchs reagierten sie völlig anders, ganz so, wie ich es bei den Mandschurenkranichen beobachtet hatte. Auch ich konnte ein paar Jahre später einmal die Adlerwarnrufe der Grauen Kraniche hören und aufnehmen.[46]

Nachdem die Aufnahmen, die ich bei Frau Watanabes Haus gemacht hatte, ausgewertet waren, war ich erst recht überzeugt, dass auch die Mandschurenkraniche anhand ihrer Rufe individuell charakterisiert werden konnten. In Japan wird sehr intensiv Kranichforschung betrieben, unter anderem mit der Beringung von rund 20 Vögeln jährlich in aufwändigen Aktionen. Jedoch wissen die japanischen Kranichforscher, dass sie mit der Beringung nur einen Bruchteil der Population erfassen können und jedes Mal stören.

Außerdem wird die Beobachtung oft durch natürliche Umstände behindert: Mal ist der Beobachter zu weit entfernt, mal steht der Kranich im hohen Gras oder Schilf, sodass man die Ringe nicht sehen kann, mal fliegt der Vogel weg, bevor das Fernrohr fokussiert ist. Es ist also sehr schwierig, einen beringten Kranich genau zu bestimmen.

Deshalb setzten die japanischen Kranichschützer damals große Hoffnung in die Methode der Sonagraphie. Schließlich war es mir bei »meinen« Kranichen gelungen, ihre Rufe aus großer Entfernung aufzunehmen und zu identifizieren.

Ich hatte die vielversprechenden Ergebnisse der Januar-

Aufnahmen nach Japan geschickt, und wir fieberten alle dem Juni entgegen, in dem ich aus geschäftlichen Gründen erneut nach Japan fliegen musste.

Für diesen zweiten Aufenthalt hatte ich eine CD mit den bisher aufgenommenen Rufen vorbereitet; ich wollte sie per Megaphon ertönen lassen. Denn im Unterschied zum Brook, wo ich im April und Mai morgens um fünf beziehungsweise vier Uhr geduldig auf Rufe warten konnte, würden wir hier vier Tage lang durch verschiedene Kranichreviere wandern, und ich wollte Duettrufe und nicht Warnrufe aufnehmen. Also würde ich nun zum ersten Mal per Megaphon Kraniche »anrufen« und sie (hoffentlich) zum Revierverteidigungsduett provozieren. Damit waren die Gerätschaften, die ich für mein Projekt verwendete, noch zahlreicher geworden.[47] Mir war bewusst, dass die Kraniche möglicherweise gar nicht auf meinen über Megaphon abgespielten Ruf reagieren würden. Zwar hatte ich eine sehr kräftige Anlage bauen lassen, um den Ruf über weite Entfernungen hörbar werden zu lassen, aber was hält ein Kranichohr davon? Ich hoffte, dass die Kraniche den CD-Ruf als einen »echten« Kranichruf akzeptieren und darauf zur Revierverteidigung mit ihrem eigenen Duettruf antworten würden.

Zunächst riefen wir nur Kranichpaare an, die wir zugleich sahen, sodass wir ihre Reaktion beobachten konnten. Jedes Kranichpaar hob sofort die Köpfe und lauschte. Die weiteren Reaktionen waren aber sehr unterschiedlich. Der erste Kranichhahn verließ das Nest, näherte sich uns zügig und drohte in unsere Richtung. Er musste uns also gesehen haben, aber wir waren seiner Ansicht nach wohl keine Kraniche, deshalb durchsuchte er nah bei uns ein Gebüsch, wollte offenbar wissen, wo nun eigentlich die bösen Eindringlinge steckten.[48] Da er keinen anderen Kranich fand, flog er zurück. Und als er bei der Henne landete, boten sie uns den erhofften Duettruf, der in voller Länge und Klarheit auf meiner Minidisc ankam. Später wurde ich mutiger und ließ das Megaphon auch dann erklingen, wenn wir die Kraniche nicht sahen, was meistens der Fall war. So kam ein im Revier nur vermutetes Paar angeflogen und stellte sich 250 Meter entfernt von uns auf. Da es nicht rief, wiederholte ich nach einiger Zeit den CD-Ruf. Das schien die Kraniche zu verunsichern, denn sie sahen keine Kraniche, die rufen könnten, sodass sie über uns herflogen und hinter dem Wald (durch den wir gekommen waren) erst einmal nach dem Rechten schauten. Nach geraumer Zeit kamen sie zurück, flogen wieder knapp an uns vorbei, landeten 250 Meter entfernt von uns und riefen im Duett. Ein anderes Paar flog einfach fort, zuerst in sein Revier und später nach einem weiteren CD-Ruf über uns hinweg in eine Feuchtwiese auf der anderen Seite der Straße – einen Ruf erhielten wir nicht.

An einem anderen Tag riefen wir mehrere Male in verschiedenen Revieren und hatten unterschiedlichen Erfolg. Während ein in unserer Nähe sein Junges führendes Paar nicht antwortete, rief ein Paar aus 1,5 Kilometer Entfernung auf der anderen Seite des Sees sofort. Hier konnten wir ein Paar »markieren«, wo vorher noch nie eines vermutet worden war. Insgesamt fanden wir drei Reviere, die noch nicht bekannt gewesen waren.

Bei einer anderen Gelegenheit kam das Männchen angeflogen und äußerte sehr interessante »Knöttertöne«. Ich antwortete mit einem Kontaktlaut, den ich auf der CD hatte, und der Kranich antwortete mir etwas, was ich wieder nicht verstand. Hier hatte ich den Eindruck – erst recht nach der Analyse –, dass eine differenziertere Lautäußerung vorlag, als sie der Duettruf darstellt.

Letztlich hatte sich jedes Paar, jedes Individuum unterschiedlich verhalten. Es waren beeindruckende Tage, und ich vergaß mitunter fast die Sorge um die richtigen Knöpfe, Kabel und Batterien und die ständigen Attacken von Zecken im Haar und am Hals. Abends nahm ich ein Bad im Heißwasserzuber, benebelt von japanischen Badearomen, und entfernte die Zecken.

In den Tagen, die ich mit japanischen Kranichschützern und -forschern auf Hokkaido unterwegs war, hat sich ein schöner japanisch-deutscher Austausch entwickelt. Die akustische Methode kam den Japanern sehr entgegen, da sie jetzt die Möglichkeit hatten, die Vögel aus großer Entfernung gut zu erforschen.

Ich entschied mich, ihnen eine baugleiche Ausführung meiner Aufnahmehardware zukommen zu lassen, und bot an, die Minidiscs mit ihren Aufnahmen der nächsten Jahre in Deutschland auszuwerten. Wir hatten mit einer genauen Lokalisierung der Aufnahmen auf Landkarten im Maßstab 1:25 000 begonnen, die nächste Brutsaison konnte also kommen. Meine neuen Freunde in Japan wollten die Rufe ihrer Kraniche aufnehmen und mir zur Auswertung zusenden (was leider dann nur ein einziges Mal geschah; die Japaner, eigentlich bekannt für ihre Ausdauer, waren wohl, was Kranichrufaufnahmen anbetraf, nicht ausdauernd genug; Yulia entschuldigte sich kürzlich noch dafür, dass es leider nicht zu einer Fortsetzung kam, aber es habe interne Probleme gegeben; sie hoffe, meine Methode doch bald wieder anwenden zu können).

Im Wettstreit darüber, wer die schönsten Kraniche hat, habe ich mich mit den Japanern und George auf einen Kompromiss geeinigt: Die japanischen Mandschurenkraniche sind wirklich die schönsten, aber unsere Grauen Kraniche rufen schöner. Ihr Ruf ist klarer, der der Mandschurenkraniche klingt rauer, knatternder. Aus Sicht des Bioakustikers wiederum sind die japanischen Rufe interessanter, denn sie sind reichhaltiger strukturiert. Dies lässt auf eine differenziertere »Aussage« im Ruf schließen.

Meine asiatischen Kranichbeobachtungen waren mit den Erlebnissen auf Hokkaido noch nicht beendet. Bei meinem Aufenthalt in Baraboo im Jahre 1999 hatte ich »Sunny« Seon Hwan Pea kennengelernt, einen Doktoranden der Seoul University, der seit zehn Jahren Kranichforschung betrieb. Und dies nicht irgendwo, sondern in der demilitarisierten Zone (DMZ) an der Grenze zwischen Süd- und Nordkorea. Und genau dort fand ich mich nun wieder, wenige Monate nach meinem Hokkaido-Aufenthalt. Denn wieder einmal hatte George Pläne für mich gemacht und bereits Entscheidungen getroffen. Als ich Sunny das erste Mal abends im Gästehaus traf, wusste er schon, was ich machte, weshalb ich dort war, und dass ich Geschäfte in Korea hatte, und vieles andere mehr ... Also stimmten wir nur noch Details ab, denn inzwischen wusste ich, dass Georges Empfehlungen, wo es interessant, aufregend und anders war, zutrafen.

Und so fuhren wir nun gemeinsam immer näher an die Grenze zu Nordkorea. Etwas mulmig war mir schon zumute, als wir uns dem Checkpoint näherten. Wir fuhren auf den Eingang zur Zivilkontrollzone (»civil control zone«, CCZ) zu, einer bis zu zehn Kilometer breiten Zone, in der sich Zivilisten nur mit Sondergenehmigung aufhalten dürfen. Erst danach kommt die demilitarisierte Zone, vier Kilometer breit, in der sich – außer vereinzelten Soldaten auf Wachttürmen – eigentlich niemand aufhalten darf, so sehen es die Waffenstillstandsvereinbarungen von 1953 vor. Sunny hatte jedoch eine Sondergenehmigung. Er konnte sich in der CCZ und sogar in der DMZ aufhalten, Letzteres jedoch nur unter Bewachung.

Für mich ging es hier nun um die Frage, ob die Kraniche an der nordkoreanischen Grenze (die chinesischen und russischen Festland-Mandschurenkraniche) anders »sprachen« als ihre japanischen Verwandten.

Als wir fast am Kontrollpunkt angekommen waren, gestand mir Sunny, dass der Antrag auf Genehmigung einer zweiten Person samt technischer Ausrüstung zwar schon lange gestellt, aber noch nicht beantwortet, geschweige denn genehmigt worden war. »Und jetzt?« – »Wir fahren einfach hin, denn meine Sondergenehmigung erlaubt das Mitnehmen einer Person, und wenn sie das Auto nicht kontrollieren, haben wir Glück. Wenn doch, nehmen wir einen anderen Checkpoint und versuchen es nochmal.« Das waren ja schöne Aussichten. Ich sah schon vor mir, wie meine teure Ausrüstung beschlagnahmt wurde, oder schlimmer: wie wir beim Herausfahren aus der Grenzzone mit allen Aufnahmen kontrolliert würden und erst dann all meine Resultate und Apparate einkassiert würden.

Meine Sorge war unbegründet. Wir kamen ohne Probleme durch den Checkpoint und verbrachten drei volle Tage an der Grenze.

Es war ein großes Abenteuer. Sobald wir in die DMZ hineinfuhren, begleitete und bewachte uns ein bewaffneter Soldat.[49] Die Kraniche hielten sich nicht an die Waffenstillstandsregelungen, und wir wollten so nah wie möglich an sie heran. Uns ging es darum herauszufinden, ob sich die »Sprache« der seit Jahrhunderten isoliert lebenden japanischen Hokkaido-Kranichpopulation von der der chinesisch-russischen Festlandpopulation unterschied.

Wir übernachteten in einer primitiven Herberge und aßen bei minus 20 Grad Celsius im Freien, wo man uns mit gegrilltem Hundefleisch bewirtete, vorn selbst gegrillt von glühendem Feuer, auf dem Rücken durchgefroren. Meine Forschungsarbeit – Kranichrufe aufnehmen – leistete ich unter absurden Umständen: Ich konnte nur dann vernünftige Aufnahmen ergattern, wenn beide Seiten, die nord- und die südkoreanische, für wenige Minuten nicht ihre dröhnenden Propagandalautsprecher laufen ließen, und wenn ich es in diesen Minuten dann auch schaffte, Kraniche zum Rufen zu bewegen. Dazu versuchte ich zunächst wie in Japan, mit über ein Megaphon verstärkten Rufen von japanischen Mandschurenkranichen die Kraniche in der DMZ zu Antworten zu bewegen. Das klappte überhaupt nicht. Ich versuchte alles Mögliche, aber die koreanischen Kraniche antworteten einfach nicht. Das war für mich ein erster Hinweis darauf, dass ihre »Sprache«

sich von derjenigen ihrer japanischen Artgenossen unterschied. Letztlich blieb mir nichts anderes übrig, als in den eiskalten Winternächten schon früh im Dunkeln bei den Kranichen zu sein, um ihre morgendlichen Duettrufe aufzunehmen. Nachdem ich die ersten Aufnahmen hatte, konnte ich Kontrollexperimente anstellen: Der Duettruf eines einheimischen Kranichs wurde von den Kranichen im Gelände sofort beantwortet, der Duettruf eines japanischen Kranichs bewirkte keinerlei Reaktion. Spätere Analysen, die ich auch veröffentlichte, u.a. zusammen mit einer russischen Forschergruppe[50], ergaben, dass sich die Rufe allein schon in der Länge, zusätzlich aber in vielen anderen Charakteristika unterschieden. Damit wurde klar, dass sich die beiden Populationen der Mandschurenkraniche nicht mehr miteinander verständigen konnten, selbst wenn sie sich denn wiederträfen. Möglicherweise wird sich bei länger andauernder Trennung der beiden Populationen sogar eine Artenbarriere entwickeln.

Nebenbei nahm ich Rufe der Weißnackenkraniche auf und machte dieses und jenes Foto. Erst zu Hause entdeckte ich auf einem Foto etwas Merkwürdiges: neben Weißnacken- und Mandschurenkranichen einen jungen, einsamen sibirischen Schneekranich.[51] Als ich George das Foto zeigte, vermutete er, dass dieser Kranich vermutlich von seiner Familie getrennt wurde und sie wohl auch nicht wiederfinden würde – ein herber Verlust für diese so sehr bedrohte Art!

Vor und nach diesen drei Tagen an einer der fragilsten Grenzen beziehungsweise Waffenstillstandslinien der Welt war ich in Südkorea geschäftlich unterwegs – was für ein

Kontrast! In der DMZ fast ausschließlich Soldaten, Armut, Eis und Schnee sowie Kraniche in skurrilem Propagandalärm, im übrigen Südkorea quirlige Städte, moderne Fabriken, hektische Menschen. Hier Einsamkeit und stockdunkle Nächte, dort Tag und Nacht Verkehrslärm und aufgrund ständig blinkender Werbung an den Häuserwänden fast taghelle Nächte.

KAPITEL 11

Das Abenteuer geht weiter: bei den wilden Schreikranichen

»Nach weiteren 20 Meilen wirst du meinen, du seist am Ende der Welt angelangt und vielleicht zu weit gefahren. Doch du musst weiterfahren, denn erst nach nochmals 15 oder 20 Meilen, die noch verlassener aussehen, erreichst du den Eingang zum Aransas National Wildlife Refuge.« Das schrieb mir Tom Stehn, der Koordinator des Whooping Crane Recovery Teams, in einer seiner E-Mails Ende 1999, kurz bevor ich zu meiner Expedition in das Winterquartier der Schreikraniche aufbrach.

Ich lächelte nachsichtig, als ich das las, denn ich hatte bis dahin bereits einige recht verlassene Weltgegenden besucht, etwa in Alaska, Schweden oder Island. Und solange ich noch auf zweispurigen gut geteerten Straßen fuhr, kam ein Gefühl von »Ende der Welt« nicht wirklich auf. Trotzdem wuchs in mir eine nagende Ungewissheit, was ich eigentlich tun sollte, wenn mein Leihwagen liegenbliebe, denn schon seit Langem hatte ich kein anderes Auto mehr gesehen. Die Tatsache, dass der von mir vorreservierte 4-WD-Jeep nicht in »CRP« (= Corpus Christi) am Flughafen auf mich gewartet hatte, sondern aufgrund eines Eingabefehlers der Vermietungsgesellschaft in irgendeinem noch verlasseneren Kleinflughafen (»CPR« = Casper Natrona County Airport mit selbst heute, 20 Jahre später, nur fünf Starts und Landungen pro Tag) in Wyoming stand, war nicht gerade beruhigend. Ich hatte stattdessen einen Leihwagen bekommen, der für Studenten auf dem Weg vom Wohnheim zur Uni sicherlich geeignet war, aber mich überhaupt nicht überzeugte, jedoch was blieb mir anderes übrig? Die letzten 30 Meilen meines Weges nach Aransas wären bei einer Panne schlecht zu Fuß zu bewältigen gewesen. Es war tiefe Nacht, keine Lichtquelle weit und breit. In Deutschland sieht man immer irgendwo in der Nähe ein Licht, hier nicht. Mein Auto hatte kein Innenlicht, sodass ich zum Studium der Karten anhalten, aussteigen und im Scheinwerferlicht lesen musste; Navigationsgeräte gab es damals noch nicht.

Wenn ich bereits bei meiner Ankunft das letzte Dorf vor dem Eingang zum Wildlife Refuge bei Tageslicht gesehen hätte, wäre ich vielleicht sogar umgekehrt. Doch ich sah es erst am nächsten Tag: ein vollkommen verlassener Campingplatz war »for sale by owner«, Geschäfte, die mit den nahen Schreikranichen warben (»Whooper's Nest«), waren verrottet, öde, verfallen, die Wellblechhütten waren leer und sahen aus, als flögen sie beim nächsten milderen Sturm weg.

Die wenigen Bewohner, die das Dorf noch zu haben schien, erweckten nicht den Eindruck, als sei man noch diesseits der Grenze zum »Ende der Welt«, sondern eher schon jenseits, zumal die meisten Autos mit aufgeklappter Motorhaube herumstanden und jemand nicht sehr optimistisch in einen Motorraum der Wagen blickte. Immerhin hatte ich mich für die zehn Tage, in denen ich den Kranichen nachstellen und ihre Rufe aufnehmen wollte, bereits mit reichlich Proviant eingedeckt, denn ein Geschäft gab es hier natürlich nicht, nicht einmal eines, das wenig Auswahl und dennoch überhöhte Preise gehabt hätte.

Ich erreichte das Refuge mitten in der Nacht und fand wie durch ein Wunder den für mich reservierten Wohnwagen, umgeben von vier Mobile Homes, in denen die freiwilligen Helfer wohnten. Dies alles lag unmittelbar am Eingang des Wildlife Refuge direkt bei den »Headquarters«, Holzbaracken mit Büros, in denen die Mitarbeiter ihre Arbeit taten. Tom empfing mich am nächsten Morgen und zeigte mir als Erstes die Karten, um die ich gebeten hatte. Schließlich wollte ich Kraniche irgendwo in der Landschaft beobachten, ihre Stimmen aufnehmen und sie Revieren zuordnen. Leider hatte Tom keine topographischen Karten für mich, sondern eher Skizzen, sicherlich einigermaßen maßstabsgetreu, aber um welchen Maßstab handelte es sich? Zusätzlich gab er mir Luftfotos, die mir eine gute Hilfe sein konnten. Tom flog damals während der Überwinterungszeit der Kraniche einmal im Monat mit einem einmotorigen Flugzeug samt Pilot über alle Reviere, zählte die anwesenden Kraniche und notierte, wo er sie antraf. Die wenigen noch beringten Exemplare[52] versuchte er ebenfalls zu identifizieren, indem der Pilot auf 20 Meter Höhe herunterging und Tom mit einem Fernglas die Ringe abzulesen versuchte – schon bei der Erzählung wurde mir schwindelig.

Bei der ersten Beschäftigung mit den Karten gewann ich sehr schnell den Eindruck, dass ich mir viel zu viel vorgenommen hatte: Die Entfernungen waren, verglichen mit dem Duvenstedter Brook, ungeheuerlich. Das Gesamtgebiet des Refuge ist ca. 500 Quadratkilometer groß, 50-mal größer als der Brook. Etwa die Hälfte davon macht die Insel Matagorda aus, auf der ich drei Tage verbringen wollte. Nur fünf Prozent des Geländes im Nordosten des Refuge waren öffentlich zugänglich und mit einer 20 Meilen langen Ringstraße erschlossen (dieses Gebiet allein ist mit ca. 25 Quadratkilometern wesentlich größer als die Mehrzahl aller Schutzgebiete in Deutschland und noch zweieinhalbmal so groß wie »mein« Duvenstedter und Hansdorfer Brook zusammen). Nur mit einer Sondergenehmigung, wie ich sie erhalten hatte, kam man in das geschlossene Refuge. Nicht einmal professionelle Naturfotografen erhielten eine Zutrittsgenehmigung, denn Fotos und Filmsequenzen von Schreikranichen gebe es genug, man brauche keine neuen Bilder, und jeder Besucher, der nicht direkt dem Schutz der Kraniche diene, stelle eine unnötige Störung dar, war die Ansicht der Refugeleitung. Angesichts von damals nur noch etwa 180 Kranichindividuen[53] wollte man nicht das geringste Risiko eingehen. Deshalb hatte auch die Diskussion über meinen Projektvorschlag so lange gedauert. Ich aber erhielt einen Schlüssel und sollte mich in den nächsten zehn Tagen frei im Gebiet bewegen können.

Nun hatten die Kraniche ihre Reviere unmittelbar an der Küste, und wenn ich die Skizzen, mit denen Tom die Reviere aus seinen Luftbeobachtungen zusammengefasst hatte, richtig deutete, betrug die Gesamtküstenlänge, auf der Kraniche angetroffen werden konnten, um die 70 Kilometer; und selbst dann würde ich maximal 30 Paare (der damals 50 Brutpaare) aufsuchen können, die anderen waren auf weiter entfernten Inseln oder Halbinseln zu Hause. Ich entschied, mich auf diese 30 Reviere zu konzentrieren, um nicht zu viel Zeit durch Boots- und Autofahrten zu verlieren. Zuerst musste ich ohnehin eine Technik entwickeln, wie ich angesichts dieser Entfernungen überhaupt an Rufe herankommen konnte, die auswertbar waren und bei denen ich wusste, wo die Kraniche, die riefen, sich aufhielten.

Mit dem Auto konnte ich einen Wirtschaftsweg befahren, der direkt vom nordöstlichen Ende des Gebietes, an dem der Eingang und die Headquarters lagen, zum südwestlichsten Ende führte – etwa 40 Kilometer weit.

Natürlich war der Wirtschaftsweg nicht asphaltiert, sondern eine einspurige, sehr holprige Schotterstraße. Die Autos, mit denen die Refuge-Mitarbeiter dort gewöhnlich fuhren, waren von entsprechendem Kaliber: Allradantrieb, mächtige Reifen mit grobem Profil – oh, wie deplatziert kam ich mir vor mit meinem Ersatz-Leihwagen, den ich anstelle des bestellten Jeeps erhalten hatte! Mich beschlich ein ungutes Gefühl: Ein ungeeignetes Auto in einer riesigen Landschaft sollte mich auf einem Schotterweg, dessen Steine die schmalbrüstigen Reifen womöglich weit entfernt vom Headquarter zum Platzen bringen würden, zu den Kranichen bringen, die aber nicht unmittelbar rechts und links vom Weg, sondern zwei bis fünf Kilometer davon entfernt in ihren Revieren lebten. Wie wollte ich da an Aufnahmen ihrer Rufe herankommen?

Nach der Vorbesprechung zeigte mir Tom das Gebiet.

Wir fuhren mit einem der Geländewagen in das geschlossene Refuge, die Strecke zog sich hin. Wir hielten hier und da, stiegen auf das Autodach, sahen aber zunächst keine Kraniche. Plötzlich aber doch: Sie flogen nördlich des Weges auf, überquerten ihn und strebten der Küste zu. Meine erste Schreikranich-Beobachtung! Wie sich herausstellte, hatten diese Kraniche, ein Paar mit einem Jungen, ein Wasserloch aufgesucht, an dem sie gewöhnlich mindestens einmal am Tag Süßwasser zu sich nahmen.

Die Wasserlöcher lagen am etwas höher gelegenen, von der Küste schon ziemlich weit entfernten Teil des Refuge, jenseits des Schotterwegs. Zur Küste hin erstreckte sich eine zwischen zwei und fünf Kilometer breite flache, aber unebene, von Gräben, Löchern und Tümpeln durchsetzte Gras- und Buschlandschaft. Dort wanderten die Schreikraniche entlang und suchten Futter, besonders gern Cranberrys. Noch lieber waren sie direkt an der Küste des Golfs von Mexiko, genauer: am Kanal, der an der Küste entlangführt und auf dem Containerschiffe, Öl- und Chemietanker fahren. Dort suchten sie im Brackwasser des Golfs ihre Leib- und Magenspeise, die Blaukrabbe, ihre wesentliche Proteinquelle. Neben dem Wirtschaftsweg befanden sich zwei für die Öffentlichkeit nicht zugängliche Aussichtsplattformen, von denen aus die Biologen einen Teil ihrer Beobachtungen machten.

Nun standen Tom und ich auf einer dieser Plattformen und sahen tatsächlich die ersten Kraniche in ihren Revieren, zwar in einigem Abstand von uns, vielleicht 800 Meter, aber immerhin. Ein Kranich putzte sein Gefieder, der andere stocherte wenig engagiert mit seinem Schnabel im

Boden herum. Der Wind war stramm, aber nicht zu stark, und ich entschloss mich, die ersten Aufnahmeversuche zu wagen. Wie vor einem halben Jahr in Japan spielte ich per Megaphon Kranichrufe ab, diesmal von in Gefangenschaft gezüchteten Schreikranichen aus Baraboo, und war bereit, die Antwort der Revierbesitzer aufzunehmen. Sie hoben die Köpfe, unterbrachen kurz ihre Aktivitäten, antworteten jedoch nicht. Ich war enttäuscht. Die Mandschurenkraniche hatten meist sofort geantwortet, wenn ich per Megaphon rief, oder sie kamen angeflogen, um zu prüfen, was denn da in ihrem Revier vor sich ging. Warum taten ihre entfernten Verwandten in den USA dies nicht? Vielleicht lag es daran, dass sie im Winterquartier waren, und nicht, wie im Juni auf Hokkaido, im Brutrevier? Dagegen sprach, dass Schreikraniche auch im Winter Reviere abgrenzen und vermutlich gegen andere Kranichpaare verteidigen – mit Duettrufen?

Ich fragte Tom, was er darüber wisse, und er gab seine wenig motivierende Meinung zum Besten: »Ich glaube nicht, dass man mit einigermaßen vernünftigem Aufwand ausreichend viele Rufe provozieren und aufnehmen kann. Wir haben das schon mal versucht – die Bänder hast du bereits, sie sind praktisch nicht auszuwerten.« Ja, diese endlosen Aufnahmen mit gelegentlichen Warnrufen waren wertlos. »Tom«, antwortete ich, »ich gehe anders vor. Ich möchte nicht wie ihr bei den damaligen Versuchen mit laufendem Aufnahmegerät auf die Kraniche zumarschieren, sondern unsichtbar bleiben und auf ihre Duettrufe warten. Ich warte auf die Situation, in der sie rufen *wollen*! Ich will Duettrufe und nicht so sehr die weniger interessanten

Warnrufe aufnehmen.« – »Da kannst du lange warten«, gab sich Tom unbeeindruckt, »denn sie rufen praktisch nicht.« Warum war ich dann hier?

Wir erreichten die zweite Aussichtsplattform. Wieder sahen wir in der Ferne einige Kraniche, diesmal sogar zwei Paare und ganz weit hinten ein drittes Paar, sicher mehr als einen Kilometer entfernt. Wir sahen den Kanal (den »Intercoastal Waterway«) in einigen Kilometern Entfernung und ein Schiff – die größte Bedrohung für die letzte sich natürlich fortpflanzende Schreikranichpopulation der Welt. Falls ein Tanker oder ein Chemikalientransportschiff verunglückt, wird die gesamte Population vernichtet, denn sie ernährt sich von Lebewesen im Brackwasser, den Blaukrabben. Verglichen damit ist die Erosionsgefahr durch die an der Küste anbrandenden Bugwellen relativ harmlos, aber konstant, was Tom und dem WCRT deshalb große Sorgen macht. Denn nur dort, wo die Küstenlinie künstlich gesichert wird, lässt sich verhindern, dass das Wasser sich immer mehr Land zurückholt.

Ich startete wieder das Megaphon, im Abstand von jeweils 30 Minuten mehrere Male. Jedes Mal erhielt ich die gleiche entmutigende Reaktion: das eine oder das andere Paar hob die Köpfe, aber mehr passierte nicht. Vielleicht war ich zu weit entfernt? Nein, daran konnte es nicht liegen. In Japan hatte ich Duettrufe sogar über eine Distanz von bis zu drei Kilometern provoziert! Ich konnte mir keinen Reim darauf machen und fragte Tom, ob die Kraniche denn wenigstens morgens rufen würden. Es war keine erhebende Aussicht, in diesem riesigen Gebiet nachts weit vor Sonnenaufgang an Ort und Stelle sein zu müssen, aber wenn es meine einzige Chance war? Dann müsste ich in der Herrgottsfrühe hier draußen vorn an der Küste nahe den Kranichen im Gelände stehen, und das, obwohl ich wirklich nach Schlaf lechzte, weil ich durch den Jetlag und die geschäftlichen Verhandlungen der Vortage ausgelaugt war. »Die rufen morgens nicht«, meinte Tom. Das wäre eine herrliche Entschuldigung, mit der ich mir erklären könnte, wieso ich es erst gar nicht versuchen sollte. »Woher weißt du das?«, fragte ich nach. Ich war nun mal hier und wollte zehn Tage im Gebiet arbeiten. »Ich habe sie morgens noch nie rufen hören.« Mir kam ein Verdacht: »Tom, was ist für dich ›morgens‹?« – »Na, wenn ich hier ankomme, also gegen neun Uhr. Natürlich hört man schon mal ein Paar rufen, aber das ist doch sehr selten.« – »Weißt du, ob sie vor Sonnenaufgang rufen?«, setzte ich nach. »Nein, das weiß ich nicht, aber ich glaube, sie rufen nicht.« – »Warst du denn mal deutlich vor Sonnenaufgang hier im Gebiet?« – »Nein, noch nie.« Das überraschte mich: Der oberste Leiter des Schreikranichschutzprojektes, zuständig für die Schutzbemühungen in den USA und Kanada, hat diese Kraniche offenbar niemals vor Sonnenaufgang besucht.

Auf meine Nachfrage, ob die Schreikraniche denn im Frühjahr und Sommer im Brutgebiet vor Sonnenaufgang riefen, erklärte mir Tom, er wisse es nicht und es sei schwer herauszufinden. »Das Brutgebiet ist sehr unzugänglich, nur mit dem Hubschrauber kann man in die Nähe der Nester gelangen, und das machen die nicht in der Nacht.« Wie wenig man von diesen Kranichen wusste! Wo sollte ich nun hingehen, wo in diesem riesigen Gebiet sollte ich mich postieren und auf eventuelle Rufe warten?

Wir fuhren zurück und entdeckten auf dem Weg einen Alligator und eine Giftschlange. Tom erklärte mir, dass ich deshalb sehr vorsichtig sein müsse. Für die Besucher des öffentlichen Teils des Refuge gab es außerdem ein Schild, auf dem vor Killerbienen gewarnt wurde mit dem Hinweis, dass Weglaufen keinen Sinn habe und man sich am besten auf den Boden legen solle. Oje, was waren das für Aussichten? Worauf hatte ich mich eingelassen? Auf Hokkaido hatte ich im Winter minus 25 Grad Kälte, im Frühling die Feuchtgebiete und die Zecken ertragen, in Korea wurde ich in Sichtweite der Grenze zu Nordkorea von bewaffneten Soldaten begleitet, hier sollte ich mich in einem riesigen unwegsamen Gebiet verlieren, Reifenpannen 40 Kilometer vom letzten Posten der Zivilisation entfernt reparieren und im Dunkeln frühmorgens auf Kranichrufe und Giftschlangen warten? Und wann werden Alligatoren oder Killerbienen wach? Ich hatte keine Ahnung von diesen Tieren und sollte ihnen nun direkt begegnen – oder keine Kranichrufe aufnehmen?

Ich hatte mir diese Expedition viel einfacher vorgestellt. Mir war klar gewesen, dass mich andere Herausforderungen erwarten würden als im heimatlichen Brook, aber dass es so schwierig und sogar gefährlich sein würde, hatte ich nicht geahnt. Nun erst wurde mir klar, warum es noch keine Duettrufe wilder Schreikraniche in Form von Tonband- oder modernen digitalen Aufnahmen gab, in keiner Bibliothek natürlicher Geräusche auf der Welt, nicht einmal an der Cornell University, die über das größte Vogelstimmenarchiv der Welt verfügt.

Nachmittags hatte Tom Termine und ließ mich allein.

Ich richtete mich in dem vom Refuge zur Verfügung gestellten Wohnwagen ein. Es war ein primitiver, aber geräumiger Campinganhänger amerikanischer Prägung. Es gab einen Kühlschrank und einen kleinen Elektroherd. Der Fernseher funktionierte nicht – aber ich würde ohnehin keine Zeit zum Fernsehen haben.

Abends sollte es ein »Cook-out« der freiwilligen Helfer, der »Volunteers«, geben, zu dem ich eingeladen war. Ich war froh, so musste ich nicht sofort mit meinem kargen Dosenessen anfangen.

Den Nachmittag wollte ich zu einem lockeren Spaziergang in der Nähe der Headquarters nutzen, auf einem Weg namens »Herons Flats Trail«, der den Besuchern zugänglich war. Er führte durch eine wunderschöne Küstenlandschaft, wo etwas von der Küste entfernt Süßwasserfeuchtgebiete lagen und seewärts das Brackwasser Lagunen und Teiche bildete. Eine Vielfalt von Wasservögeln war hier zu Hause. Am Ende des Weges, wo der Wanderer umkehren oder den landeinwärts führenden Rückweg nehmen sollte, öffnete sich eine große Flachwasserlagune, und mittendrin stand ein Schreikranichpaar und schlief. Was für eine Überraschung! Einer der Kraniche war am rechten Bein beringt, meines Erachtens war es das Weibchen (weil etwas kleiner als der andere Kranich).

Was tun? Meine Akustikausstattung hatte ich nicht dabei; ich hatte ja nur spazieren gehen und mich mental auf meinen ersten Expeditionstag in der Dunkelheit vorbereiten wollen. So schnell ich konnte, lief ich zurück zum Auto, fuhr zu meinem Wohnwagen, packte meine Sachen in den Rucksack, raste zurück, marschierte zu der Stelle, an der ich vor nun etwa 30 Minuten die Kraniche gesehen hatte – und, na klar: Sie waren weg! Ich war enttäuscht, wollte aber noch nicht aufgeben – vielleicht waren die beiden nur etwas zur Seite gegangen oder geflogen? Und siehe da, nur etwa 200 Meter von der ersten Stelle und nicht einmal 150 Meter von mir entfernt fand ich sie, wiederum mitten am Nachmittag schlafend, die Köpfe im Gefieder.[54]

Ich bereitete meine Apparate vor und spielte den Ruf ab, den ich auch am Morgen im nicht-öffentlichen Teil des Refuge gewählt hatte. Die Köpfe kamen aus dem Gefieder heraus, drehten sich in meine Richtung. Es war keinerlei Aufregung erkennbar; die Kraniche steckten die Köpfe wieder ins Gefieder und schlummerten weiter. Nun war ich, versteckt hinter Büschen und Schilf, so nah an einem Schreikranichpaar, wie ich es mir nicht einmal hätte erträumen können, und sie riefen nicht!? Ich dachte nach: Vielleicht finden sie den Ruf nicht aufregend, nicht natürlich genug? Vielleicht empfinden sie ihr Revier nicht bedroht von einem Kranichpaar, das nicht einmal richtig rufen kann? Also spielte ich mir leise alle Rufe vor, die ich auf meiner CD hatte. Es waren Rufe von insgesamt 16 Paaren aus Baraboo und Patuxent. Die Mehrzahl dieser Rufe verwarf ich, weil sie entweder zu viele Hintergrundgeräusche aufwiesen oder weil sie mir zu schwach, zu unentschlossen, nicht kraftvoll genug erschienen. In willkürlicher Reihenfolge probierte ich die drei Rufe aus, die mir geeignet erschienen. Zwischen den drei Rufen wollte ich 15 oder 20 Minuten Pause lassen, falls keine Reaktion kam. Und es kam auch erst einmal keine. Beim ersten Duettruf hob das Kranichpaar nicht einmal die Köpfe.

Doch als ich einen Ruf des Paares »Gee-Ooblek« abspielte, kam Bewegung in das schlummernde Paar. Beide merkten sehr viel stärker auf als bei den vorhergegangenen Rufen, strafften sich, und plötzlich streckten sie die Hälse und riefen im Duett, während ich meine Minidisc für die Aufnahme laufen ließ. Ich war wie elektrisiert und fasste wieder Mut: Nun hatte ich den allerersten Duettruf eines Schreikranichpaares, eine Weltpremiere[55], und ich wurde zuversichtlicher, die Schreikraniche nach und nach so gut kennenzulernen, dass ich besser wissen würde, was zu tun war, um sie zum Rufen zu bewegen. Für den Moment beschloss ich, den beiden weitere Rufe vorzuspielen. Hiervon kann ich berichten, dass weder ein Ruf des Grauen Kranichs noch ein Mandschurenkranich-Duettruf irgendeinen Eindruck hervorrief. Inzwischen war das echte Kranichpaar wohl zu der Überzeugung gekommen, dass so viele verschiedene Kranichpaare da nun wirklich nicht im Schilf versteckt sein konnten.

Nicht schlecht für den ersten Tag. Immerhin hatte ich den ersten Duettruf, während Tom eher geglaubt hatte, ich könnte leichter Warnrufe erhalten. Natürlich wollte ich diese Rufe ebenfalls. Sie sind sicherlich charakteristisch, allerdings weniger reichhaltig strukturiert als Duettrufe, die deshalb eindeutiger einzelnen Individuen zugeordnet werden können. Insofern beschloss ich, in den folgenden Tagen zu versuchen, mithilfe von »Gee-Ooblek« Duettrufe zu provozieren. George wird sich sehr freuen, wenn ich ihm diese Geschichte erzähle, dachte ich mir. Denn der Kranichhahn »Gee« war ja dem Ei der Kranichhenne Tex entschlüpft, das nur, weil er mit ihr jahrelang getanzt hatte, mit Samen aus Patuxent befruchtet werden konnte. Was für eine Fortsetzung dieser damaligen Geschichte! Realistisch betrachtet würde ich vermutlich froh sein können, wenn es mir in dem riesigen, schwer zugänglichen Gebiet gelang, täglich maximal zwei Paare aufzunehmen, insgesamt also bestenfalls 20 Paare.

Als ich Tom am Abend von meinem Erfolg berichtete und die Beringung des Weibchens erwähnte, sagte er mir, dass die betreffende Henne in diesem Winter noch nicht gesehen worden war – sie war mit ihrem Partner also erst heute oder am Vortag angekommen. Was für ein Glück.

Das Cook-out am Abend war sehr angenehm und lustig, ein schöner Abschluss des ersten Tages. Die Freiwilligen erzählten mir einiges über den amerikanischen Naturschutz. Beispielsweise, dass ein Wildlife Refuge einen höheren Schutzstatus hat als ein Nationalpark. Während in einem Nationalpark die Besucher fast überall hindürfen und die meisten Parks durch Straßen und Wege erschlossen sind, dürfen die Besucher in Wildlife Refuges nur relativ kleine Bereiche betreten. Der große Rest ist dann ein wirkliches Rückzugsgebiet für die Tier- und Pflanzenwelt. Ein Konzept, das wir in Europa gar nicht kennen.

Im Aransas National Wildlife Refuge (ANWR) übernahmen die Volunteers alle möglichen Aufgaben: Sie führten das »Visitor Center«, ebenso die Telefonzentrale. Sie räumten Müll weg. Sie reparierten, strichen an, mähten und pflegten die Wanderwege im öffentlichen Teil des Refuges, machten Führungen für Schulklassen, standen auf der Besucher-Aussichtsplattform und gaben Erläuterungen. Ohne sie konnte das Refuge nicht laufen, jedenfalls nicht in der Weise, wie es das offenbar tat. Insgesamt verbrachten die Volunteers drei bis sechs Monate des Jahres im Refuge. Sie erhielten kein Gehalt, nur den freien Platz zum Aufstellen ihres mobilen Heimes. Die meisten von ihnen, aber beileibe nicht alle, waren Rentner. Und alle waren sie der Meinung, dass sie nach beziehungsweise neben ihrem bisherigen beruflichen Dasein noch etwas anderes für die Gesellschaft bzw. die Erde und für sich selbst tun sollten.

Ich ging an jenem ersten Abend sehr nachdenklich schlafen. Alles war anders, als ich es erwartet hatte. Mein Auftrag erschien mir am Morgen sogar fast unlösbar, mit dem Erfolg am Nachmittag war ich optimistischer. Und auch die Arbeit, das jährlich monatelange Engagement der freiwilligen Helfer gab mir viel zu denken. Für den nächsten Tag hatte ich mir vorgenommen, um Viertel vor vier aufzustehen.

Zugegeben, mir war ziemlich unheimlich zumute, als ich am nächsten Morgen in aller Frühe aufstand und nach einem kurzen Frühstück (immerhin mit heißem Tee) in das stockfinstere Refuge fuhr. Am Wegesrand blitzten immer mal kleine Lichter auf, die Widerspiegelung meiner Autoscheinwerfer in den Augen der Waschbären. Nachdem ich das Einfahrtstor zum geschlossenen Teil des Refuge zunächst verpasste, fand ich es nach einigem Suchen doch, schloss auf und fuhr in die weite, dunkle Einsamkeit der mir vollkommen unbekannten Wildnis.

Ich hatte mir auf der Karte einen Platz ausgesucht, von dem ich annahm, dass ich Rufe würde hören können – falls denn die Kraniche morgens rufen würden. Da ich nichts erkennen konnte, war es ein Glücksspiel, diesen Ort zu finden. Ich verpasste ihn nur um etwa zwei Meilen, wie ich später bei Tageslicht feststellte. Nachdem ich den Wagen abgestellt hatte, belud ich mich mit meiner Ausrüstung und stapfte blindlings los in die pechschwarze, weglose Landschaft. Nur die Windrichtung half mir auszumachen, wo die gut zwei Kilometer entfernte Küste lag, in deren Nähe ich auf Rufe warten wollte.

Es war Viertel vor sechs, um sieben Uhr etwa würde Sonnenaufgang sein. Zuerst hörte ich außer Insektengebrumm nichts. Dann erschreckte mich eine Art Rülpsen und lautes Schmatzen direkt vor mir – war das eines dieser merkwürdigen Wildschweine, die eigentlich gar keine Wildschweine sind und »Javelina« (auf Deutsch »Nabelschwein«) heißen? Ich sah nichts, zumal ich keine Taschenlampe dabeihatte – ich hatte nicht erwartet, hier vor Beginn der Dämmerung herumlaufen zu müssen, geschweige denn quer durch die Wildnis. Gegen halb sieben, es dämmerte endlich, hörte ich schließlich in der Nähe erste Warnrufe, etwas später flog eine Schreikranich-Familie ab, vielleicht 500 Meter von mir entfernt in der Marsch. Im Verlauf der nächsten halben Stunde hörte ich fünf Duette, mindestens eines davon aus einer Richtung, aus der ich zuvor bereits eines gehört hatte. Alle waren recht weit entfernt, aber die Aufnahmen waren gut genug für die geplante Auswertung. Fünf Duette, was für eine Super-Ausbeute, auch wenn es nicht fünf verschiedene Paare waren, sondern vielleicht zwei.

Zunächst einmal war ich glücklich. Meine Vermutung, dass auch die Schreikraniche morgens riefen, stimmte, und sie taten es sogar im Winter. Ich konnte kaum fassen, dass ich nun weltweit der erste Mensch war, der die frühmorgendlichen Duette wilder Schreikraniche gehört hatte. Das nahm mich natürlich in die Pflicht, von nun an jeden Tag sehr früh aufzustehen. Doch ich hatte einen weiteren Schritt zum Verständnis dieser fremden Art getan.

Während der erste Morgen noch mild war, die Insekten brummten und summten, kam an den folgenden Tagen mehr und mehr Wind auf, und es wurde schnell kalt. In der Frühe herrschten oft an die null Grad und dann sogar unter null, und das in Texas! Ich zog zwei Hosen, drei Hemden und zwei Pullover übereinander an, darüber meine dünne Windjacke, denn ich hatte keine Winterausrüstung dabei. Jeden Tag marschierte ich nun weit vor Tagesanbruch aufs Neue bei Eiseskälte in die dunkle Landschaft hinein, postierte mich an einem Ort, von dem ich annahm, dass ich dort in einem Winkel von ca. 120 Grad mehrere Reviere vor mir hätte, und wartete bibbernd auf Kranichrufe, bei denen ich mit eiskalten Fingern die Aufnahmetechnik in Gang setzen musste.

Aber es lohnte sich. Ich erntete täglich mindestens drei Duettrufe, dazu einige Warnrufe. Dies zeigte mir, dass die Kraniche untereinander einen regen Austausch über die Revierbesitzverhältnisse pflegten. Für mich war überraschend, dass sie auch dann Warnrufe ausstießen, wenn sie nicht von Menschen beunruhigt wurden (denn es war ja außer mir niemand anwesend, und ich war unsichtbar). Aus weiteren Beobachtungen lernte ich im Laufe der Tage, dass die Schreikraniche Revierstreitigkeiten überwiegend mit längeren Serien von Warnrufen austragen, anders als

»meine« Grauen Kraniche, die dazu eher den Duettruf einsetzen und die Warnrufe meist als Äußerung gegen Reviereindringlinge anderer Arten (Menschen, Füchse, Wildschweine) nutzen.

An jedem Morgen begab ich mich mit dem Auto an einen anderen Ort und stolperte vom Wirtschaftsweg in die finstere Wildnis. Meine Augen gewöhnten sich daran, und ich lernte die Gegend langsam kennen, sodass mir Unwegsamkeit und rülpsende Nabelschweine keinen Schrecken mehr einjagten. Nur einmal blieb mir das Herz stehen – nein, es schlug mir heftig bis zum Hals –, als ich im Dunklen aus nur einem halben Meter Entfernung angefaucht wurde. Ich denke, es war ein Rotluchs, denn das Fauchen klang katzenähnlich, und ich hatte einige Tage zuvor am Spätnachmittag einmal das Glück gehabt, einen Rotluchs beobachten zu können.

Bald kannte ich den Wirtschaftsweg im Dunkeln und merkte mir Baum- und Strauch-Silhouetten, zumal ich ihn auch abends in der Dunkelheit zurückfuhr, denn kurz vor der Abenddämmerung gab es ebenfalls zahlreiche Rufe zu »ernten«, wenn die Kraniche ihren Schlafplatz aufsuchten. Entweder versuchte ich, vom Weg aus aufzunehmen (wenn der Weg nahe genug an der Küste lag), oder ich ging vom Weg quer durchs Gelände zum »Deich«, einer kleinen Erhöhung von vielleicht einem Meter Höhe, die in früheren Zeiten zum Schutz der Weiden gegen das Eindringen von Salzwasser gebaut worden war. Von hier aus überblickte ich die Marschlandschaft und war direkt an den Reviergrenzen der Kraniche.[56] Besonders morgens in der Dunkelheit vor Beginn der Dämmerung, ohne Taschenlampe, war es gefährlich, durch das Gebiet zu stolpern, das war mir bewusst. Denn wenn mir etwas passierte, wäre ich zehn, 20 oder 30 Kilometer vom Headquarter und somit von Hilfe entfernt gewesen. Und das ohne Funkgerät. Handys gab es damals noch nicht.

Ich hatte einen festen Tagesablauf. Eineinhalb Stunden vor Tagesbeginn, also zwischen fünf und halb sechs Uhr, war ich am gewünschten Aufnahmeort. Für Anfahrt und Fußmarsch musste ich je nach Ort, an dem ich aufnehmen wollte, ein bis zwei Stunden einrechnen und dementsprechend früh aufstehen. Abhängig von der Situation oder meinem Gefühl wartete ich auf Duettrufe oder provozierte sie mit meinem Megaphon. Nach halb acht riefen die Schreikraniche nicht, da sie nicht mehr im Revier waren, sondern bei der Futtersuche, also fuhr ich zu meiner Basis und frühstückte ordentlich. An zwei Tagen fuhr ich tagsüber mit Tom beziehungsweise einem anderen Mitarbeiter mit dem Boot den küstennahen Kanal entlang. Wir legten an verschiedenen Revieren an, ich ließ die CD über das Megaphon erklingen und wartete auf Antwort. Normalerweise aber suchte ich nach dem Frühstück allein bis zum Mittag Orte auf, von denen ich meinte, Kraniche ganz aus der Nähe beobachten und Flugrufe sowie Kontaktlaute aufnehmen zu können. Diese brauchte ich, um sie dem Auswilderungsprojekt als Kommunikationshilfe zur Verfügung stellen zu können, für die Arbeit am Boden und mit großen Lautsprechern verstärkt vom Ultraleichtflugzeug aus.

Mittags von halb eins bis halb vier hielten die Schreikraniche Siesta, und ich tat es ihnen gleich. Spätestens um vier

Uhr war ich wieder in irgendeinem der Reviere in der Absicht, heimkehrende Kraniche aufzunehmen.

Besonders ein Erlebnis war dabei sehr produktiv: Ich befand mich an der Küstenlinie, vor mir ausgedehnte Wasserflächen, Halbinseln und Inseln. Und auf der übernächsten Landzunge oder Insel sah ich ein Kranichpaar. Aha, da ist also ein weiteres Revier, dachte ich und wollte so gegen halb sechs »Gee-Ooblek« rufen lassen. Der Wind stand leider ungünstig, es geschah nichts. Wenig später aber hoben die beiden Kraniche ab, überquerten die Wasserflächen im Tiefflug, kamen näher und näher und würden nur etwa 100 Meter entfernt von mir landen. Ich war gut versteckt und hatte eine Idee: Kurz bevor sie landeten, würde ich Rufe abspielen, sie würden so überrascht sein, dass sie sofort nach der Landung ihren Duettruf ertönen lassen würden. Genauso geschah es. So konnte ich das Paar Nr. 17 (»Lobstick«) aufnehmen, das Männchen war beringt. Von ihm werden Sie später noch mehr lesen.

Ähnlich arbeitete ich nachmittags bis nach Sonnenuntergang in vielen anderen Revieren, bis ich in der späten Dämmerung durch die Marsch zum Wagen zurückstolperte und dann zum Wohnwagen fuhr. Wenn ich dort ankam, war es schon wieder dunkel. Mir war nie mehr bewusst, dass ich mich allein in einem 500 Quadratkilometer großen Gebiet bewegte und dass dies eigentlich gefährlich war. Die schmalbrüstigen Reifen, die mein Ersatz-Leihwagen hatte und für Einkaufsfahrten in amerikanischen Vorstädten vermutlich ausreichend waren, nicht aber für Schotterpisten, ängstigten mich nicht mehr, und daran, dass ich mir in der Geest oder der Marsch einen Bänderriss holen oder mir vielleicht den Fuß oder ein Bein brechen könnte (denn die wilde Landschaft dort ist alles andere als fußmarschfreundlich), dass ich in einem feuchten Loch versacken oder stecken bleiben könnte, ganz abgesehen von Alligatoren, Killerbienen und giftigen Schlangen, wollte ich einfach nicht denken. Im Nachhinein betrachtet scheint es mir aber doch sehr riskant gewesen zu sein, denn es kümmerte niemanden, wann ich die Headquarters verließ und ob und wann ich zurückkehrte. Gegen Schlangen trug ich immer Stiefel, da hatte ich meinen Respekt behalten.

Drei Tage konnte ich auf der Insel Matagorda verbringen. Dort schlief ich in einem ehemaligen Wirtschaftsgebäude, in dem gelegentlich Schulklassen oder Studenten übernachteten, die von den McAllisters im Frühling und Sommer über die Insel geführt wurden und biologische Studien machten. Das Ehepaar McAllister wohnte ganzjährig auf der Insel. Die beiden waren die Insel- oder Naturschutzwarte im Dienst des Staates und Universitätsdozenten, die anstelle eines Lebens in einer Stadt die absolute Einsamkeit dieser Insel bevorzugten. Sie wussten alles über die Insel, und ich hatte ihr Buch über Matagorda bereits zu lesen begonnen. Sie ließen mich in Ruhe und wollten ihrerseits in Ruhe gelassen werden, waren aber extrem nett und hilfsbereit. Als wir einmal etwas länger miteinander plauderten, war es ein sehr anregendes Gespräch.

Weil sie ja offenbar wirklich alles Biologische der Insel kannten, machte ich den Test und fragte, ob die Kraniche morgens vor Sonnenaufgang im Duett riefen. Zuerst meinten sie »Nein«, aber ich war ja inzwischen gewitzt, fragte nach und erfuhr so, dass auch sie ihre Kraniche – obwohl sie nun seit Jahren allein auf der Insel wohnten, im Winter praktisch von Kranichen umgeben – bisher nicht ein einziges Mal vor Sonnenaufgang in einem der Reviere aufgesucht hatten. Ich war wohl wirklich der erste Mensch, der wilde Schreikraniche morgens im Duett hat rufen hören.

Matagorda verlangte mir einiges ab. Nachts war es um die minus fünf Grad, was an sich keine Rekordkälte ist, aber in dem Wirtschaftsgebäude, in dem ich schlief, waren die Ritzen an den Fenstern fast so breit wie die Fenster selbst. Türen gab es nicht, nur offene Eingänge. Der Wind, es war eher Sturm, pfiff direkt durchs Zimmer, Strom war nicht verfügbar, die Kerzenflamme flackerte im Sturm und drohte ständig auszugehen. Meine Akkus lud ich mittags bei den McAllisters auf.

In meinem Schlafsack trug ich drei Schichten Kleidung: Unterwäsche, Schlafanzug, Socken und einen Pullover. Der gute Schlafsack gab sein Bestes, ich schlief wunderbar. Nur mein Gesicht und vor allem die Nasenspitze waren morgens eiskalt. Ich hatte früher schon gelegentlich im Freien in diesem Schlafsack übernachtet, aber noch nie bei Minusgraden. Und auch dann muss man sich für die Nacht frische Kleidung anziehen, sich umziehen, egal wie kalt der Wind durch die Bretterbude fegt, ansonsten würde man frieren. Ich wurde für die Unannehmlichkeiten meiner Unterkunft mehr als entschädigt durch die Beobachtungen, die ich tagsüber in der Natur machen konnte. Meine Minidisc mit Kranichrufen füllte sich von Tag zu Tag mehr.

Im Schnitt schaffte ich 35 Aufnahmen am Tag (von jedem Paar mehrere Rufe), die ich abends noch ordnete, in Karten eintrug, Datei für Datei protokollierte und auf meinem Laptop sowie einem externen Datenspeicher sicherte. Unmittelbar nach jedem Ruf hatte ich schon auf den Recorder gesprochen, aus welcher Himmelsrichtung er zu hören gewesen war. Natürlich verzerrte der Wind die Richtung, aber ungefähr stimmte das schon. So entstand langsam ein Bild, aus welchen Revieren ich bereits Rufe gehört hatte und aus welchen noch nicht. Dort würde ich mich dann am nächsten Morgen oder Abend postieren.

Täglich lernte ich etwa drei Paare neu kennen, also ein Paar mehr, als ich mir als maximal machbar vorgestellt hatte. Morgens und abends wartete ich meist auf spontane Rufe der Kraniche. Tagsüber arbeitete ich immer mit Megaphon.

Dabei lernte ich die Kraniche langsam immer besser kennen. Besonders auf Matagorda, wo ich durch die Marsch wanderte, wurde allmählich klar: Wenn aus der Perspektive der Kraniche ein Mensch wie ich auf einmal wie ein Kranich rief (wenn sie mich also sehen konnten und dann einen Ruf aus meiner Richtung hörten), gab es allenfalls einen Warnruf, aber keinen Duettruf. Als Schreikranichpaar ruft man einen Menschen offenbar nicht per Duettruf zur Ordnung. Ich musste also unsichtbar sein.

Generell hat man als Schreikranich im Aransas National Wildlife Refuge keine Sorgen, wenn sich einem ein Mensch nähert. Ein kurzer Warnruf ist angebracht – falls überhaupt –, aber dann kann man weiterfuttern oder man schaut zu, was der Mensch da so macht. Er kann sich wegen des Wassers nicht allzu sehr nähern. Und falls er es doch tut, fliegt man einfach eine Halbinsel weiter. So schienen die Schreikraniche zu denken, denn im Gegensatz zu den Grauen Kranichen, wie ich sie kannte, verhielten sie sich nicht extrem scheu. Falls sie überhaupt die Mühe einer Flucht auf sich nahmen, schritten sie dabei sehr gemächlich, weiter Futter suchend, von mir weg.

Eine Annäherung auf 100 Meter war kein Problem, wenn ich es langsam bewerkstelligte. Ich konnte mich auf den Marschboden setzen und den Kranichen einfach zuschauen. Damit hatten sie kein Problem, solange Wasser zwischen uns war.[57] Wenn nur trockenes (oder feuchtes) Land uns trennte, zogen sie sich langsam, aber stetig und zielbewusst zurück. Niemals flog ein Kranichpaar weg, wenn es mich entdeckte und ich zu nahe war. Schreikraniche bekommen in ihrem sehr abgelegenen Brutgebiet in Kanada gar keine Menschen zu sehen, in Aransas nur sehr wenige, und so treffen die meisten vielleicht nur während des Zuges auf ein paar Menschen.

Ihre Wahrnehmung war sehr differenziert. Deutlich weniger als die Grauen oder die Mandschurenkraniche reagierten sie unwillkürlich auf meinen Megaphon-Duettruf. Wenn ich mich verstecken konnte und dann den Duettruf startete, war es hilfreich, wenn wenigstens in der Ferne ein anderer Schreikranich zu sehen war. Das brachte mich vor meinem zweiten Aufenthalt im Refuge im Jahr 2001 auf die Idee, Kranichattrappen zu verwenden, die ich auf einer Stange auf dem Deich von weitem sichtbar hinstellte.[58] Einige Rufe, zum Beispiel vom Paar Nr. 7 auf einer Insel am Küsten-Kanal, erhielt ich, indem ich mich vom Boot aus an der Küste anschlich, mich auf keinen Fall sehen ließ und dann vom Land aus rief. Am besten funktionierte die Ruf-Provokation, wenn sie der Situation angepasst war. Einmal erreichte ich morgens vor der Dämmerung den Deich an der Marsch. Vor mir lag eine Wasserfläche, die ich im Mondschein erkannte. Aus früheren Beobachtungen hatte ich geschlossen, dass das Revierpaar Nr. 6 näher an der Küste übernachtete, also würde es normalerweise nicht vor mir im Wasser stehen. Es könnte sich daher von einem angeblichen Paar aus diesem Wasser provoziert fühlen. Mein Megaphon erschallte, und ich erhielt sofort die Antwort. Daraufhin erklang eine Antwort von weiter entfernt aus Richtung Südwesten, was wiederum das küstennahe Revierpaar zu einer neuerlichen Antwort provozierte.

Als die Dämmerung etwas mehr Licht spendete, wurde mir klar, warum dem Revierpaar die Situation so realistisch erschienen war: Vor mir standen vier offenbar jugendliche Kraniche im Wasser, das Revierpaar mit einem Jungen stand am Südufer des gleichen Sees. Die vier Jungkraniche hatten nicht gerufen, aber (nach mir) das Paar mit dem Jungen. Dieses Paar zeigte mir außerdem, dass die Schreikraniche keine feststehenden Schlafgewohnheiten hatten. Tatsächlich wechselten sie ihren Schlafplatz fast täglich innerhalb ihrer etwa zwei Quadratkilometer großen Reviere.

Ein Paar hat mich eines Tages sehr überrascht: Ich befand mich wieder einmal in der Dunkelheit des frühen Morgens auf dem niedrigen Deich. Als die Dämmerung einsetzte, bemerkte ich zu meinem Erstaunen, dass ein Kranichpaar sehr nah bei mir vor dem Deich stand. Es hatte mich nicht bemerkt, und ich konnte ein wunderbar klares

Duett aufnehmen, als sie aufwachten. Ich blieb für längere Zeit auf meinem Posten, weil ich sehen wollte, warum das Paar hier auf festem Boden und nicht in seichtem Wasser übernachtet hatte. Schließlich wanderten die beiden Kraniche zu einer nahe gelegenen schwarzen Fläche – und ich erinnerte mich, am Tag zuvor von weitem hier in der Gegend Rauch gesehen zu haben. Ganz offensichtlich hatte es gebrannt (es könnte eine kontrollierte Pflegemaßnahme gewesen sein, um das Verbuschen zu verhindern), und dieses Kranichpaar hatte eine interessante Schlussfolgerung gezogen: »Wo Rauch ist, ist auch Feuer, und nach dem Verlöschen und Abkühlen gibt es dort lecker gegrillte und gegarte Insekten und Frösche. Die müssen wir uns sichern und übernachten ganz in der Nähe, sodass wir morgen früh, wenn die Stelle abgekühlt ist, gleich als Erste da sind.« Nun futterten sie an der Grillbar! Dies war ein starker Hinweis für die Fähigkeit zur Vorausplanung und für das Vorhandensein eines sogenannten »episodischen Gedächtnisses«, dazu mehr in Kapitel 14.

Tagsüber konzentrierte ich mich darauf, andere Rufe als Duette und Warnrufe von Schreikranichen aufzunehmen, schließlich benötigte ich auch Kanadakranichrufe für die Generalprobe der Ultraleichtflugzeug-geführten Migration mit Kranichen dieser Art. Es gab diese im Refuge, sie überwinterten dort ebenfalls. Sie schliefen in Gruppen in flachen Lagunen, in respektvollem Abstand zu den Schreikranichen, die als Paare oder bestenfalls Vierergruppen von Jugendlichen ihre eigenen Schlafreviere hatten. Nirgendwo sonst wird wahrscheinlich dieser grundsätzliche Unterschied der beiden Kranicharten so direkt sichtbar: Die

Kanadakraniche ändern ihr Verhalten flexibel. Im Frühjahr und Sommer sind sie als Paar oder Familie allein für sich, verteidigen ihr Revier, im Herbst und Winter schließen sie sich zu Gruppen zusammen. Genau das sah ich hier in Aransas. Die Schreikraniche sind immer nur als Familie für sich, verteidigen im Frühjahr und Sommer ihr Brutrevier, im Winter ihr Nahrungs- und Schlafrevier.

Die Kanadakraniche sind auch bei der Futtersuche flexibler. Bei Anbruch der Morgendämmerung flogen die ersten Gruppen aus dem Refuge heraus nach Norden, um sich außerhalb des Schutzgebietes auf Feldern ihre Nahrung zu suchen. Spätestens um halb acht waren alle Kanadakraniche verschwunden. Die Schreikraniche blieben im Refuge.

Am Nachmittag kamen die Kanadakraniche zurück; der Einflug begann schon gegen vier Uhr und endete meist in der späten Dämmerung. Eines meiner Ziele war, Flugrufe zu sammeln, die zum akustischen Kommunikationsarsenal der Kraniche gehören und die ich der »Operation Migration« für das Training und den Flug nach Florida zur Verfügung stellen wollte. Ich wollte diese Rufe aus der Nähe aufnehmen, ohne Windgeräusche, und möglichst nicht von einer Vielzahl von Kranichen, sondern idealerweise von nur einem Paar.

So suchte ich nachmittags Stellen auf, die die Kanadakraniche vielleicht überfliegen würden. Dort setzte ich mich unter Büsche, um nicht so sehr aufzufallen, denn wenn man als Wanderer gut sichtbar in der Ebene stand, vermieden die Kraniche immer einen direkten Überflug, den ich aber für gute Aufnahmen von Flugrufen brauchte.

Eines Tages gelang es mir. Es war sonnig und nicht besonders windig, ich saß gemütlich auf meiner Regenhose und hörte von weitem ein Paar anfliegen. Sie sprachen miteinander. Ich startete die Aufnahme. Die Rufe wurden klarer und klarer, nun sah ich das Paar, und es flog in meine Richtung. Ich musste sehr darauf achten, nicht vor lauter Aufregung herumzuzappeln und dadurch die Aufnahme zu ruinieren. Nur jetzt keine Möwenschreie, bitte auch kein Schiffshorn, keine Hummel, keine Biene beim Mikro! Ich halte den Atem an und ihr fliegt bitte genau so weiter und hier über mich hinweg! Und sie taten es. Es wurde die schönste Aufnahme, die ich von Kanadakranichen bekam. Ich liebe sie sehr und habe sie oft anderen Menschen vorgespielt.[59] Hier sagen die Kraniche wohl: »Alles in Ordnung, wir fliegen weiter in dieser Richtung.«

Gelegentlich waren auch Fehlversuche produktiv. Einmal kam ein Paar Kanadakraniche auf mich zugeflogen, als ich gut sichtbar in der Marsch stand. Sie sahen mich wohl spät, bekamen einen Schreck und kommunizierten, dass sie nun die Flugrichtung ändern würden. Dieser Ruf wurde im Repertoire meiner Aufnahmen der Code »Achtung, Gefahr, wir fliegen zur Seite!«.

Viel Zeit investierte ich darin, mich tagsüber Schreikranichen so zu nähern, dass ich von ihnen die sehr leisen Kontaktlaute aufnehmen konnte, die dann im übernächsten Jahr beim eigentlichen Auswilderungsprojekt eingesetzt werden sollten. Schon am ersten Tag hatte ich dazu einen Plan: Ich wollte beobachten, welche Wasserlöcher von ihnen besonders oft angeflogen wurden, und mich dann an das beliebteste begeben, mich dort verstecken und einfach warten.

Die Wasserlöcher lagen im höher gelegenen Teil des Schutzgebietes, nördlich des Wirtschaftsweges. Die Löcher selbst waren gezielt ausgegraben worden, vermutlich dienten sie in Zeiten vor der Errichtung des Refuge der Süßwasserversorgung für das Vieh. Sie sind bestimmt zwei Meter tief, in der Mitte vielleicht noch einen Meter mehr. Wenn also Kraniche hier Wasser aufnahmen, konnte man sie erst dann sehen, wenn man selbst so nah am Loch war, dass man hineinsehen konnte. Kam man erst nach den Kranichen an, würde man sie sofort verscheuchen. Es galt also, vor ihnen da zu sein.

Beim ersten Versuch hatte ich gleich Erfolg, aber anders als gedacht. Ich hatte angefangen, eine Tarnung zu bauen, aber vergessen, dass ich zuerst das Mikrofon ans Wasser bringen und das Kabel verlegen musste. Ich trat also aus den Büschen, die das Wasserloch umgaben, heraus, überblickte das gesamte Loch und erstarrte: Da lag nur fünf Meter vor mir gemütlich ein vier Meter langer Alligator. Wer weiß, was passiert wäre, wenn er mich zuerst entdeckt hätte. Ich zog mich so leise wie möglich zurück, aber erst nachdem ich ein Foto gemacht hatte.[60] Für diesen Tag war mein Mut, an einem Wasserloch auf Kraniche zu warten, aufgebraucht.

Doch am nächsten Tag versuchte ich es gleich wieder und nahm mir eine andere Stelle vor. Ich baute nun zuerst das Mikrofon auf, bastelte dann meine Tarnung und wartete. Nicht lange, und es kam ein Schreikranichpaar angeflogen. Anstatt aber direkt in das Loch einzufliegen, umkreisten sie es. Hatten sie ähnlich schlechte Erfahrungen gemacht wie ich am Vortag und mochten nicht gemeinsam mit einem Alligator am Wasser stehen? Sie flogen im Tiefflug über mich hinweg, erkannten mich als neues, ungewohntes Element, kommunizierten ihr Erschrecken und die Warnung vokal und drehten ab. Na, zumindest hatte ich damit einen leisen Flug-Warnruf der Schreikraniche auf meiner Minidisc, analog zu dem der Kanadakraniche. In den nächsten Stunden passierte nichts weiter: Dieses Wasserloch war für das Paar erst einmal tabu. Und ein anderes Paar kam nicht. Dafür besuchten zwei Kanadakraniche den Ort, und ich konnte ihre leisen Kontaktlaute aufnehmen. Ich war begeistert.

Am nächsten Tag suchte ich wieder ein anderes Loch auf, denn das erste war mir nach wie vor nicht geheuer. Als Amateur hatte ich kein Tarnzelt dabei und musste auf die Materialien zurückgreifen, die mir die Umgebung des Wasserlochs bot. Aber ich baute eine bessere Tarnung, legte mich hin und begann, in meinem Buch zu lesen. Einfaches Warten, bei dem man nicht einmal etwas beobachten kann (ich sah ja nichts außer einem schmalen Ausschnitt der Wasserfläche), ist auf die Dauer langweilig, und über mich selbst mochte ich jetzt nicht nachdenken.

Nach einer Weile begann ein Watvogel, ein Gelbschenkel, mit einem Warnruf-Stakkato. Am Anfang war das noch ganz interessant; ich fragte mich allerdings, vor wem oder was er wohl warnte. Ob wieder ein Alligator beim Wasser lag? Oder gefiel ihm mein Mikrofon nicht? Er hörte und hörte nicht auf. Es war zum Verrücktwerden.

Da flogen Kraniche ein, direkt ans Wasser. Der Gelbschenkel unterbrach sein Warnrufen, ich hörte in meinem Headset, wie ein Kranich durch das Wasser lief. Dann aber begann der Gelbschenkel erneut zu rufen und ruinierte damit die Aufnahme. Als er kurz pausierte, hörte ich über mein acht Meter entferntes Mikrofon, das unmittelbar am Wasserrand stand, die leisen Kontaktlaute der Kraniche untereinander. Die Aufnahme würde aber nicht zu gebrauchen sein. Zu viele Nebengeräusche waren zu hören. Inzwischen hatte der Wind aufgefrischt, die Blätter rauschten, der Gelbschenkel tobte sich aus. Die Kraniche erklommen langsam die steilere Wand des Wasserlochs und wurden für mich sichtbar. Durch die Äste, die mich wunderbar tarnten, machte ich ein paar Fotos, meine ersten Nahaufnahmen von Schreikranichen. Sie wurden nicht besonders gut mit meiner simplen Kamera, aber aufregend war es doch.

Erst auf Matagorda hatte ich wirklich Glück, und dies an einem Wasserloch, an dem ich nahezu keine Tarnung hatte. Ich hatte ohnehin nur ein Loch gesehen, das angeflogen wurde, und da ich nur drei Tage auf der Insel bleiben konnte, gab es keine Chance, verschiedene Stellen auszuprobieren. So saß ich mehr symbolisch getarnt neben einem Busch, es gab nichts, womit ich ein »Tarnzelt« hätte bauen können. Immerhin befand ich mich in einer kleinen Senke, sodass ich hinter Bodenbewuchs vom Wasserloch aus nicht zu sehen war. Mein Mikrofon stand wieder direkt am Wasser. Zuerst erschien plötzlich hinter mir im Augenwinkel ein Paar Schreikraniche mit einem Jungen; sie steuerten tief fliegend das Wasserloch an. Der vorausfliegende Erwachsene sah mich, machte einen Laut, den ich als »Achtung, Gefahr, wir landen nicht! Umkehren!« interpretierte – und ich hatte ihn auf meiner Minidisc.

Nur etwa eine Stunde später kam aus einer anderen Richtung, für mich von weitem sichtbar durch den dürren Busch hindurch, ein weiteres Paar mit einem Jungen. Sie sahen mich nicht, landeten im Wasserloch und fingen an zu trinken. Ich meinerseits war freudetrunken, denn durch mein Headset konnte ich die Trinkgeräusche hören. Ich hörte, wie sie durchs Wasser staksten, tranken, und ich hörte ihre Kontaktlaute. Nachdem sie getrunken hatten, stiegen sie zum Rand des Wasserlochs hoch, wo ich sie alle drei sehen konnte.[61] Dann wollten sie abfliegen, und ich konnte die Laute aufnehmen, die der Abflugkoordination dienten. Außerdem hört man auf der Aufnahme die Flügelschläge der abfliegenden Kraniche und die anschließende Kommunikation beim Flug – was für eine Sensation, traumhaft![62] Zusammen mit den Trinkgeräuschen war dies für mich einer der Höhepunkte.

Den letzten wilden Schreikranichen so nahe zu kommen, war eine Erfahrung, die mich mit tiefer Dankbarkeit erfüllte. Ich empfand es als ein großes Privileg. Ich sah Alligatoren, Schlangen und auf Matagorda einen Aplomodo-Falken; ich beobachtete einen Wanderfalken, der eine Beute schlug und dann gegen Krähen verteidigte – Sinfonien von Beobachtungen und Erlebnissen. Und auf dem Festland: Javelina rülpsten mich in der Dunkelheit an, Rotluchse erschreckten mich aus der Dunkelheit heraus, Alligatoren lagen nur wenige Meter von mir entfernt, theoretisch bereit, mich zu fressen. Schreikraniche schenkten mir ihre Rufe, ließen mich teilhaben an ihrem Leben.

Ich war dankbar, zu Tränen gerührt: ich empfand ein unheimlich tiefes Glück. In den Tagen im Refuge, in der

Einsamkeit, umgeben von dieser absoluten Ruhe, fühlte ich mich eins mit der Natur. Ich nahm sie mit allen Sinnen wahr und empfand mich damals besonders deutlich als Teil der Natur. Ich fühlte wie Humboldt. In Andrea Wulfs Buch »Alexander von Humboldt und die Erfindung der Natur«[63] heißt es : »Seiner (Humboldts) Ansicht nach konnte man Wissen nicht allein aus Büchern beziehen. Um die Welt zu verstehen, musste ein Wissenschaftler in der Natur sein – sie fühlen und erleben –, ein Gedanke, mit dem Goethe sich im *Faust* auseinandergesetzt hatte… Humboldt war… ein Wissenschaftler, der die Natur nicht nur verstandesmäßig begreifen, sondern auch mit allen Sinnen erleben wollte.« Das war mein Prinzip, auch in meiner chemischen Forschung, ich praktizierte es im Brook, in Japan, in der DMZ an der Grenze zu Nordkorea, besonders intensiv aber fühlte ich es hier.

An einem Nachmittag hatte ich eine recht weite Wanderung in die Marsch gemacht, an die Küste, um dort die Dämmerung abzuwarten und zu schauen, ob ich weitere Kranichpaare aus dem Südende des Refuge aufnehmen konnte. Bis es Abend wurde, wollte ich mich ausruhen. Ich legte mich gemütlich in die bewachsenen Dünen, die es hier gab. Auf der anderen Uferseite eines großen Gewässers, offenbar einer Lagune, erkannte ich ein Kranichpaar, kurz darauf bemerkte ich, dass es ein Junges hatte. Ich wollte abwarten, was passieren würde. Nach einer guten Stunde, die ich mit Lesen und Beobachten verbrachte, sah ich aus dem Augenwinkel über mir einen Truthahngeier – er hielt mich wohl für Aas und kam sehr nah an mich heran. Als er nur noch zwei Meter über mir war, fotografierte ich ihn.[64] Er drehte enttäuscht ab. Ein weiteres einmaliges Naturerlebnis.

Am Ende meiner Expedition hatte ich zehn sehr anstrengende 16- bis 18-Stunden-Tage hinter mir, an denen ich jeweils etwa 20 Kilometer gewandert war. Ich war sehr zufrieden. Meine anfänglichen Befürchtungen hatten sich als unbegründet erwiesen; vielmehr übertrafen meine Erlebnisse und Ergebnisse meine Erwartungen bei weitem. Ich hatte alle Herausforderungen der Natur bestanden und war dafür reich belohnt worden. Ich war einigen der wenigen 180 überlebenden wilden Schreikraniche bis auf nur acht Meter nahe gekommen, hatte ihre leisen Kontaktlaute hören können, ich hörte sie Trinkwasser schlürfen, sich über den gemeinsamen Abflug verständigen und erlebte die Geräusche der Flügelschläge beim Start. Diese ganz allein erfolgreich durchgeführte Expedition in einem riesigen, mir unbekannten Gebiet mit einer Aufgabenstellung, die sich niemand vor mir jemals vorgenommen hatte, machte mich glücklich. Als ich das Wildlife Refuge verließ, überkam mich Wehmut; schon am nächsten Tag vermisste ich den Sonnenaufgang[65] nach den ersten Kranichrufen und den Untergang der Sonne am Ende eines anstrengenden, aber auch erfüllten Tages.[66]

In den vier Wochen nach meiner Rückkehr wertete ich alle Aufnahmen aus, die ich im Refuge gemacht hatte: Über 150 Duettrufe konnte ich verarbeiten, zusätzlich einige Warnrufe, und die Auswertung ergab 28 verschiedene Revierpaare, also acht mehr, als ich mir in meinen kühnsten Träumen als Maximalziel gesetzt hatte. Und nicht zuletzt hatte ich Aufnahmen von Kanada- und Schreikranichrufen und andere Lautäußerungen, die ich für die geplanten Migrationsversuche mit Kanadakranichen und später mit den ersten auszuwildernden Schreikranichen verwenden konnte. Damit hatte ich die vielen Skeptiker in dem Dutzend an Organisationen und Institutionen, die in Kanada und den USA Schreikranichschutz und das Auswilderungsprojekt betrieben, überzeugt! Ich konnte Brian Jones, den Leiter des Schreikranichprojekts in Kanada, dazu gewinnen, bei meiner zweiten Expedition in Aransas dabei zu sein. Sie fand im Februar 2001 statt. Von den zehn Tagen, die ich erneut dort verbrachte, arbeitete Brian drei Tage mit mir zusammen. An den übrigen sieben Tagen (davon wieder drei auf Matagorda) arbeitete ich allein. Diesmal war ich routinierter und noch erfolgreicher, weil ich eine neue Technik einsetzte: Ich versteckte mich zum Beispiel hinter dem niedrigen Deich, wenn ich wusste, dass nicht allzu weit vor mir ein Paar in seinem Revier war. Auf den Deich steckte ich zwei Schreikranich-Attrappen, die auf meine Bitte hin angefertigt worden waren, in die Erde.[67] Dann ließ ich mein Megaphon erklingen – und viel häufiger und sicherer als bei meiner ersten Expedition bekam ich Duettruf-Antworten.

Insgesamt konnte ich 250 Duettrufe aufnehmen und auswerten, und ich lernte 32 Paare kennen. 21 davon kannte ich aus der vorigen Expedition. Vier Paare hatten ihr Revier verlegt. Sechs Paare vom Vorjahr konnte ich nicht wiederfinden. Zehn Paare waren neu für mich, davon waren mindestens drei in Revieren, die es Ende 1999 noch nicht gegeben hatte. In drei Fällen war ich ziemlich sicher, dass es eine Neuverpaarung gegeben hatte.

Während der zweiten Expedition konnte ich einen weiteren Beweis für die Nützlichkeit der Sonagraphie erbringen. Im Überwinterungs-Revier Nr. 17 hatte ich bei meiner ersten Expedition das Paar identifiziert, dessen Hahn beringt war. Deshalb wusste ich, dass es sich um das sogenannte »Lobstick«-Männchen handelte, benannt nach dem Revier, in dem es im Sommer im Wood Buffalo National Park in Nordkanada brütete. Als ich im Februar 2001 meine zweite Expedition begann, sagte mir Tom Stehn, dass dieser Kranich zwar bei einer ersten Zählung im Brutgebiet aus der Luft zu sehen gewesen war, bei der nächsten Zählung jedoch nicht. In dessen Revier war ein Paar zu finden, aber es konnte sein, dass der viele Jahre alte Ring abgefallen war oder dass das inzwischen 22 Jahre alte »Lobstick«-Männchen tot war und ein neues Paar oder das bisherige Weibchen und ein neues Männchen das Revier besetzten. Tom erhoffte sich Aufklärung von mir beziehungsweise meiner Sonagraphie. Ich nahm mir das entsprechende Revier als Erstes vor und hörte mir abends die neue Aufnahme und die von Ende 1999 an – sie klangen überzeugend gleich, und Tom war vom Ergebnis begeistert. Die spätere Analyse des akustischen Fingerabdrucks bestätigte meine Zuordnung. Das »Lobstick«-Männchen blieb auch weiterhin auffindbar, auch im Jahre 2004 bei den letzten Aufnahmen – da war es 26 Jahre alt, wahrhaft ein Kranich-Methusalem, und zudem das erfolgreichste Männchen mit den meisten Nachkommen.

Wie kam es zu diesen späteren Aufnahmen? Zuerst hatte sich Brian begeistern lassen, dann gelang es ihm, in Kanada zwei Biologen-Stellen finanziert zu bekommen.

Ich traf die beiden jungen Biologinnen auf einer Schreikranich-Konferenz 2002, auf der ich meine bisherigen Ergebnisse vortrug. In speziellen Seminaren schulte ich die beiden theoretisch und mit praktischen Übungen. Ich bot ihnen an, ihre Aufnahmen zu analysieren, wenn ich nach meinen Vorstellungen bearbeitete und dokumentierte Dateien erhalten würde. Das klappte ausgezeichnet.

Wir führten das Monitoring der Schreikraniche über insgesamt neun Sommer beziehungsweise Winter hinweg durch, beginnend mit meiner ersten Expedition Ende 1999, endend mit der Brutsaison 2004. Wir haben zusammen 918 Rufe von 236 Paaren aufgenommen (wenn man die Zahl der Paare pro Saison einfach aufaddiert). Selbstverständlich gab es nicht so viele Schreikranichpaare, sondern ich fand bei den Analysen viele Paare in den Folgejahren wieder, insgesamt konnte ich 80 verschiedene Paare identifizieren und überwiegend in Folge- oder Vorjahren wiederfinden, einige nicht, wahrscheinlich weil mindestens einer der Partner tot war.

Meine Analysen erlaubten einige interessante Schlussfolgerungen:

- Schreikraniche weisen eine hohe Sterblichkeitsrate auf, höher als bei anderen Kranicharten. Vermutlich ist dies auf den relativ hohen Grad an Inzucht zurückzuführen.
- Mindestens 14 Prozent der Paare wechselten den Partner, also weniger als bei Grauen Kranichen. Vermutlich liegt dies an der insgesamt geringeren Auswahl potenzieller Partner und daran, dass Schreikraniche wesentlich weniger sozial leben als Graukraniche. Hinzu kommt,

dass ich Neuverpaarungen übersehen haben mag wegen der Überlappung der akustischen Frequenzbereiche von Männchen und Weibchen[68], anders als bei den Grauen Kranichen, bei denen dies nicht der Fall ist[69].

- 20 Prozent der Paare sind irgendwann einmal in neuen Revieren zu finden, ebenfalls deutlich weniger als bei »unseren« Kranichen, aber die von mir erstellten Revier-Karten zeigen bereits eine bemerkenswerte Dynamik, mehr, als alle (Schrei-)Kranichexperten vorher vermutet hatten.
- Auf Matagorda sind die Paare dynamischer als auf dem Festland, sie wechseln sehr viel häufiger das Revier.
- Mithilfe des »akustischen Fingerabdrucks« konnte ich 2003/2004 auf dem Festland definitiv elf Paare mehr identifizieren, als durch die übliche Beobachtung aus der Luft mittels monatlicher Flüge gezählt wurden, und auf Matagorda hatte ich drei mehr Paare erkannt, als die Beobachtung aus der Luft ergeben hatte.
- Besonders interessant: auf der Insel Matagorda haben mehr als die Hälfte der Paare, die im Brutgebiet Nachbarn sind, ihre Reviere nicht weit voneinander, das Gleiche trifft auf die Insel Welders und auf einen Bereich des ANWR-Festlands zu, zum großen Teil liegen ihre Sommer- und Winterquartiere direkt nebeneinander!

Leider konnten die Aufnahmen nicht fortgesetzt werden, weil die betreffenden Stellen nicht weiter finanziert wurden. So kamen wir nicht mehr dazu, die genetischen Analysen des Verwandtschaftsgrads der Vögel durch Ähnlichkeitsanalysen der Rufe zu begleiten. Ich hatte den Eindruck gewonnen, dass miteinander verwandte Kraniche ähnliche Rufstrukturen hatten, ganz so wie bei Menschen die Stimmen der Söhne oft wie die der Väter und die der Töchter oft wie die der Mütter klingen.

Durch meine Analyse aller in diesen Jahren aufgenommenen Rufe konnten zuletzt 85 Prozent aller Brutpaare und 75 Prozent aller Revierpaare identifiziert werden. Am Ende der Studie gab es in der damals einzigen wild lebenden Schreikranichpopulation 60 Revierpaare, insgesamt ca. 190 Exemplare. Danach gab es ein beeindruckendes Wachstum der Population auf 505 Individuen.

KAPITEL 12

Wir fliegen los: der schwere Weg zur Migrations-Flugschule

Wenn manche Menschen heute lesen oder hören, dass junge, in Gefangenschaft aufgezogene Schreikraniche darauf trainiert wurden, hinter einem Ultraleichtflugzeug herzufliegen, um so die Migrationsroute in das Überwinterungsgebiet kennenzulernen, sagen sie oft: »Ach ja, das habe ich schon mal im Fernsehen gesehen. Andere Leute hatten das doch in Europa vorher mit irgendwelchen anderen Vögeln gemacht, oder?«

Ja, es gab andere in Europa ähnliche Versuche, aber nicht »vorher«, sondern viele Jahre nach dem erfolgreichen Beginn der Auswilderung von Schreikranichen mit einer ULF-geführten Migration. Das wohl seriöseste europäische Projekt (begonnen 2010) mit ähnlicher Vorgehensweise betrifft den Waldrapp.[70] Dass die Auswilderung per Ultraleichtflugzeug aber mit Schreikranichen nach jahrelangen Vorbereitungen erstmalig im Jahre 2001 begann, ist bei uns weitgehend unbekannt. Ich möchte daher im Folgenden schildern, auf welch verschlungenen Pfaden es schließlich zum derzeitigen bemerkenswerten (aber immer noch nicht nachhaltigen) Erfolg der Begründung einer neuen wild lebenden Schreikranichpopulation kam. Diese östliche Population zieht im Herbst nach Süden, im Frühjahr zurück nach Norden, und es brauchte dazu unzählige Versuche, Ideen und Beiträge zahlreicher Menschen.

Alles begann damit, dass Bill Lishman als Junge davon träumte, später einmal mit Wildgänsen zu fliegen. Zwar wurde er erst einmal Künstler und spezialisierte sich auf Metallskulpturen,[71] aber sein Traum ließ ihn nicht los. Er wurde einer der Pioniere der Ultraleichtflugzeugtechnologie, zog selbst Kanadagänse auf, prägte sie auf sich, gewöhnte sie an sein Ultraleichtflugzeug und wurde 1988 schließlich der erste Mensch, der mit den Gänsen flog. 1993 zeigte er erstmalig mit Kanadakranichen, dass man mit einem Ultraleichtflugzeug Vögel zur Überwinterung in den Süden geleiten kann. Seine Autobiographie *Vater der Gänse* (*Father Goose*)[72] wurde zur Grundlage des weltberühmten Films *Amy und die Wildgänse* (1996). Die phantastischen Aufnahmen, die man in diesem Film bewundern kann, sind nicht (wie manche Kinogänger heute im Nachhinein vermuten) gelungene Computeranimationen, sondern wurden direkt aus Bill Lishmans Ultraleichtflugzeug heraus gedreht. Seine Vorgehensweise war beispielgebend für die Vorarbeiten zu dem Film *Nomaden der Lüfte*[73] (2001).

Doch schon bevor Bill ein Star war, wurde George Archibald auf ihn aufmerksam. Er brachte ihn mit dem Whooping Crane Recovery Team (WCRT) zusammen. In Gefangenschaft aufgezogene Kraniche zeigen keinerlei »Zugunruhe«, die sie spontan dazu verleiten würde, im Herbst gen Süden zu ziehen und im Frühjahr wieder zurück. Sie bleiben einfach, wo sie sind, und verlassen sich darauf, Futter zu finden oder geliefert zu bekommen. Dies wirft die Frage auf, ob das Zugverhalten tatsächlich im Wesentlichen genetisch determiniert ist, wie man vielfach liest (mehr dazu in Kapitel 13). Das WCRT suchte nach einer Möglichkeit, wie eine auszuwildernde Population von jungen Schreikranichen lernen könnte zu ziehen. Bills Erfolge mit den Wildgänsen machten ihn zum idealen Kandidaten für diesen Job. Die Population sollte in Wisconsin angesiedelt werden, wo es vor langer Zeit eine Schreikranichpopulation gegeben hatte, und sie sollte wie diese ausgestorbene Population nach Florida migrieren.

Natürlich gab es zahlreiche andere Versuche, Kranichen das Ziehen beizubringen. So brachte man beispielsweise Jungkraniche mit wilden Kranichgruppen zusammen, die sie dann zum Mitfliegen animieren sollten. Bei einem Versuch mit Kanadakranichen als »Pflegeeltern« hatte das gut funktioniert; allerdings wollten sich die unter Kanadakranichen aufgewachsenen Schreikraniche nicht mit anderen Schreikranichen paaren, sondern nur mit Kanadakranichen, sodass dieser Versuch abgebrochen wurde. Außerdem war unklar, ob sich in Isolation (also nicht von Kanadakranichen) aufgezogene Schreikraniche Kanadakranichgruppen zur Migration anschließen würden.

Parallel dazu führte David Ellis, ein Wissenschaftler aus Patuxent, ein originelles Experiment durch. Er wollte seine (Kanada-)Kraniche an einen Lkw gewöhnen und sie damit führen. Hierzu gab es eine Reihe älterer Erkenntnisse, die diese Möglichkeit realistisch erscheinen ließ. Nach relativ kurzem Flugtraining entschloss man sich zum Versuch. Am 2. Oktober 1995 fuhr Ellis in Nord-Arizona los, mit einer Gruppe von Kranichen im Schlepptau, die in niedriger Höhe hinter seinem Lkw herflogen. Trotz einiger wetterbedingter Schwierigkeiten erreichten sie das Zielgebiet, das Buenos Aires National Wildlife Refuge an der Grenze zwischen Arizona und Mexiko, immerhin ein gut 600 Kilometer weiter Weg, wobei allerdings nicht alle Jungkraniche die ganze Strecke selbst geflogen waren.

Das größte Problem bildeten Hochspannungs-Überlandleitungen. Dreimal kollidierten Kraniche mit solchen Leitungen, einer der Unfälle endete tödlich. Die Gruppe flog einfach zu tief. Außerdem war die Strecke für die Vögel ein verwirrender Zickzack-Kurs, zumal dichter besiedelte Gegenden gemieden werden mussten – man konnte ja schlecht durch die Hauptstraße einer Kleinstadt fliegen! Zu allem Überfluss gab es Angriffe von Steinadlern, die zwar keine Verluste verursachten, aber man brauchte danach drei Tage, um die versprengten Kraniche wieder einzusammeln.

Unbeantwortet blieben die Fragen, ob diese Vögel den Winter allein auf sich gestellt überlebt hätten – die Gruppe dieses Versuchs wurde in Gehegen überwintert – und ob sie im Frühjahr selbstständig den Rückflug ins Sommerquartier antreten würden. Die Vögel flogen jedenfalls nicht von sich aus los. Sie waren zu zahm und fühlten sich im Gehege und beim Lastwagen wohler als in der freien Natur auf einer so verwirrenden Zickzack-Rückflugroute.

1996 wiederholte Ellis das Experiment mit zwölf Jungvögeln, von denen zehn im Schutzgebiet ankamen. Diesmal entließ man sie nicht gemeinsam in ein Gehege, sondern einzeln in jeweils andere Gruppen von wilden Kanadakranichen. Sie wurden dort rasch integriert und lernten die Verhaltensweisen, die für das Überleben ohne Pflegepersonal nötig sind, von ihren wilden Verwandten. Sie ließen danach keine Nähe von Menschen mehr zu. Zumindest einige dieser Kraniche machten den Rückflug mit, aber ihr weiteres Schicksal war unbekannt.

Was die Schreikraniche betraf, so wollte man sie nicht mit wilden Kranichen einfach irgendwohin fliegen lassen wie beim Ellis-Projekt, sondern gezielt in das Ursprungsgebiet in Wisconsin, um dort eine neue Population aufzubauen. Dies schien nur mit der Technik von Bill Lishman möglich zu sein: »Fly with the birds.«

Auf George Archibalds Vorschlag hin empfahl das WCRT, die ersten Versuche mit Kanadakranichen zu machen. 1995 ging es los: Man entnahm sechs Kanadakranich-Eier aus wilden Nestern in Ontario, die Küken wurden künstlich ausgebrütet und isoliert aufgezogen. Schon früh gewöhnte man die Jungkraniche an Motorgeräusche. Das vorläufige Ergebnis: Sie flogen nach langen Mühen tatsächlich hinter dem Ultraleichtflugzeug her. Aber zum Flug ins Winterquartier kam es nicht, da Bill Lishman vom kanadischen Staat keine Genehmigung bekam, die Grenze mit Flugzeug und Zugvögeln zu überfliegen. Ein typisches Beispiel für die vielen bürokratischen Probleme in diesem Projekt. Die erste Hürde ist es, sich intern einig zu werden, welche Wege man gehen will – keine leichte Aufgabe. Anschließend muss das WCRT noch alle zuständigen Behörden überzeugen, und derer gibt es viele.

Nach dem ersten Experiment 1995 gab es in den Folgejahren weiterführende Versuche mit Kanadakranichen und endlich wirklich eine »Operation Migration«. Nachdem die Kraniche an das Alleinsein gewöhnt worden waren, also die Nähe von Menschen vermieden, aber dennoch hinter dem Flugzeug herzufliegen gelernt hatten, gab es endlich eine Genehmigung für den Überflug der Grenze – wie gut, dass sich der Vogelzug entwickelt hat, bevor die Behörden mit der Evolution beginnen konnten. Am 24. Oktober 1997 konnte Bill mit acht Kranichen losfliegen. Sechs Vögel hatten nicht mitgespielt: Sie drehten jeweils nach maximal fünf Kilometern um, mussten wieder eingefangen werden und wurden mit einem Lkw zur nächsten Etappe gebracht.

Bei jedem Etappenstopp wurden diese sechs mit den anderen zusammengebracht in der Hoffnung, dass sie sich der Gruppe vielleicht doch noch anschließen würden – leider zumeist vergeblich. Schließlich wurden sie mit dem Lkw direkt nach Virginia gebracht. Insgesamt benötigte man für 1000 Kilometer 22 Tage – aus Sicht von Zugvögeln eine miserable Leistung, für einen ersten Versuch Flugzeug-geleiteter Migration aber gar nicht so schlecht.

Im Überwinterungsgebiet wurden die Kraniche langsam an die Umgebung gewöhnt. Nachts blieben sie in einem großen Gehege, tagsüber konnten sie sich frei bewegen.

Im Frühjahr gab es neue Probleme: Anstatt nach Norden abzureisen, flogen die sechs Vögel, die schon im Herbst dem Flugzeug überwiegend nicht gefolgt waren, lieber auf Schulhöfe und zu einem Krankenhaus. Damit sie die anderen Kraniche, die sich gut entwickelten, nicht weiter stören konnten, wurden sie eingefangen und nach Patuxent gebracht.

Die anderen flogen am 29. März los und wurden tags darauf 650 Kilometer weiter nördlich, unmittelbar südlich des Lake Ontario, beobachtet, waren also deutlich schneller als auf dem Hinflug. Sie waren in direkter Linie geflogen, allerdings über 150 Kilometer westlich der Hinflugroute. Der See schien ihren Flug vorläufig gestoppt zu haben, sie überflogen die unbekannte Wasserfläche nicht, sondern orientierten sich zunächst Richtung Westen, umrundeten den See und erreichten das Gebiet, in dem sie neun Monate zuvor flügge geworden waren, mit einer Genauigkeit von etwa 50 Kilometern.

Und sie gaben nicht auf: Bei starkem Gegenwind versuchten sie, näher an das Zielgebiet heranzukommen, bis Bill und ein Freund am 11. April 1998 mit zwei Ultraleichtflugzeugen kamen und sie »nach Hause« führten.

Im Sommer wurden diese Kraniche reichlich lästig, flogen auf der Suche nach Futter in menschliche Ansiedlungen, landeten in Kindergärten, auf Marktplätzen und sogar in einem Gefängnishof. Sie wurden daher eingesammelt und im Herbst wieder an der gleichen Stelle freigelassen. Sie begannen einen Flug entlang der Route wie im Jahr zuvor, dieses Mal unbegleitet, brachen diesen aber nach einer gewissen Strecke ab.

Dies waren die Erfahrungen[74], von denen man mir berichtete, als ich 1998 auf der Schreikranich-Konferenz erstmalig mit diesem Projekt in Berührung kam. Durch Bills Arbeiten war klar geworden, dass es im Prinzip funktionieren könnte: junge, in Isolation aufgezogene Kraniche konnten in den Süden geführt werden und kamen aus eigenem Antrieb zurück. Es musste jedoch mehr Sorgfalt darauf verwendet werden, sie nicht an Menschen zu gewöhnen. Dazu wollte ich mit meiner Kranich-Vokalisationsforschung und mit meinen Aufnahmen von Rufen und Lautäußerungen wilder Schreikraniche einen entscheidenden Beitrag leisten, damit menschliche Lautäußerungen vermieden würden.

Bevor wir die für Spätsommer/Herbst 2000 geplante Generalprobe mit Kanadakranichen planen konnten, musste ich einerseits ihre im Winter 1999 aufgenommenen Rufe verarbeiten und nutzbar machen, andererseits eine geeignete Hardware dazu bereitstellen. Ich hatte im Vorfeld bereits meinen ehemaligen Mitarbeiter Frank kontaktiert, der bei mir zum Chemielaboranten ausgebildet worden war, nach ein paar Jahren Arbeit in meiner Firma aber sein Hobby, die Bereitstellung von Akustik-Infrastruktur und den Betrieb der Anlagen für Veranstaltungen aller Art, zu einem selbstständigen Geschäft ausgebaut hatte. Ich sorgte für die notwendigen Informationen (Konstruktion, Abmessungen der Flugzeuge, Ablauf des isolierten Aufziehens der Küken und Jungkraniche, das Training usw.) und entschied, wann, wo, wie und welche Kranichlaute eingesetzt werden sollten (beginnend mit der Zeit der Eier im Brutkasten). Danach entwarfen wir gemeinsam das Konzept für die Hardware. Frank besorgte die notwendigen Einzelteile und bastelte sie zusammen: ein Megaphon mit einer Verankerungsmöglichkeit an einer der hinteren Gerüststangen des Flugzeugs; Kabel; die Steuerungseinheit, mit der der Pilot einen der sechs von mir ausgesuchten Rufe auswählen konnte. Die Rufe waren auf einen Chip gebrannt, Chip und Steuerung wurden auf einer Leiterplatte verlötet. Darüber hinaus benötigten wir einen Minilautsprecher mit Verbindungen zu einem weiteren Chip. Dieser Lautsprecher sollte in der zum Füttern verwendeten Kranichattrappe verwendet werden, aus deren Schnabel mit einem mechanischen Zug Mehlwürmer vor den Küken platziert werden konnten, wenn die Küken dem Lautsprecher-Lockruf »Kommt her, hier ist Futter« gefolgt waren. Die Pfleger nannten dieses Gerät »Robo-Crane«.

Das Megaphon und die Ruf-Steuerung montierte ich zusammen mit Bill Lishman und Joe Duff im April 2000 an ein Ultraleichtflugzeug. Anschließend unternahm ich meinen ersten Flug als Passagier und testete die Anlage im Flug.[75] Bis auf die Rufwahl-Steuerung, die noch nicht einfach genug zu bedienen war, stimmte alles. Frank und ich vereinfachten die Rufsteuerung anschließend, sodass rechtzeitig zum Beginn des Trainings alles verfügbar war. Bei der Vorphase in Patuxent sollten nicht flügge Küken in einem »Laufstall« dem außen fahrenden (noch flügellosen) Ultraleichtflugzeug folgen lernen. In der nächsten Phase waren dann flügge werdende Jungvögel an der Reihe. Die Generalprobe sollte wieder mit Kanadakranichen stattfinden, für die ich ja gezielt Aufnahmen gemacht hatte. Ich hatte insgesamt sechs Rufe ausgewählt: »Aufpassen!« – »Achtung, Gefahr!« – Kontakt, Locktöne – Flugruf »Alles okay, weiterfliegen« – Warnruf – Duettruf (Revierverteidigung).

Für den Beginn des echten Flugtrainings wurde ich nach Wisconsin eingeladen, damit ich die Pfleger, Trainer und Piloten selbst in die Bedienung einweisen konnte. Als ich im Necedah National Wildlife Refuge ankam, dem Ort, der künftig einer neu etablierten Schreikranichpopulation als Brutgebiet dienen sollte, erwartete mich eine Überraschung. In allen früheren Vorversuchen hatte es etliche Wochen gedauert, bis die Kraniche hinter dem Ultraleichtflugzeug herfliegen wollten, und noch länger, bis es die ganze Gruppe gemeinsam tat. Nun aber: »Alles funktioniert tadellos, viel besser als erwartet! Wir konnten selbst nicht glauben, was wir gesehen haben: Alle Kraniche sind schon am ersten Tag in einer Gruppe hinter dem Flugzeug hergelaufen und -geflogen[76], sie können gar nicht schnell genug aus dem Gehege herauskommen, so aufgeregt sind sie und wollen mitfliegen!« Ich erinnere mich noch sehr lebhaft daran, wie ich selbst, als ich für das Öffnen der Gehegetür zuständig war, von einem herausstürzenden Kranich mit den Flügelspitzen am Gesicht gestreift wurde, kurz bevor ich ein Foto machte.[77]

Als ich am nächsten Tag wieder im Trainingscamp eintraf, herrschte großes Gejammer: »Zwei unserer Jungkraniche sind entführt worden!« Ich war verwirrt: »Wer entführt denn hier in der Wildnis Kraniche, und warum?« – »Na, ein Kanadakranichpaar, das offenbar keine Jungen hat, hat sich ständig hier herumgetrieben, die ganzen letzten Tage schon, und heute früh hat es während des Ausgangs der Jungen zwei davon zu sich gelockt, dann sind sie abgeflogen. Weg sind sie!« Ich fragte verständnislos: »Schon seit Tagen habt ihr das andere Kranichpaar hier in der Nähe zugelassen? Wieso habt ihr denn nicht den Duettruf zur Revierverteidigung eingesetzt? Ruf Nummer sechs ist das, hatte ich euch doch gezeigt! Ihr seid doch die Revierbesitzer, ihr müsst euch durchsetzen!« In ihrer Aufregung hatten die Pfleger und Piloten nicht daran gedacht, dass sie den von mir aufgenommenen Duettruf zur Revierverteidigung hätten einsetzen können, um das kinderlose Kranichpaar zu vertreiben. »Und jetzt, was sollen wir machen?«, fragten sie mich. Ich lachte: »Das ist doch ganz einfach – ihr fliegt los, kreist über dem Revier des Entführerpaars und lasst dabei den Lockruf hören.«

Gesagt, getan. Nach einer Viertelstunde waren die beiden entführten Kraniche wieder bei uns.

Es war ein voller Erfolg und für mich enorm beeindruckend, denn ich war so oft so nah an noch nicht, aber bald wilden Kanadakranichen, ich konnte im ULF über Necedah hinwegfliegen, beobachtete die Kraniche beim Flug hinter dem ULF – es war wie in einem Traum. Meine Technik funktionierte gleich beim ersten Mal wie von mir erhofft!

Die spätere Generalprobe der Migration nach Florida verlief einigermaßen problemlos; die Kraniche kamen im Frühjahr zurück. Sie verhielten sich ganz anders als diejenigen in den bisherigen Versuchen. Der Unterschied in den Abläufen bestand fast ausschließlich in der Verwendung meiner Rufaufnahmen.

2001 sollte der erste Versuch mit bei der ICF und in Patuxent erbrüteten und dann dort in Isolation von Menschen aufgezogenen Schreikranichen beginnen, die schon im Brutkasten in Kontakt mit meinen Aufnahmen kamen. Diesmal waren es natürlich die Laute der Schreikraniche, die ich bei zwei Expeditionen in Aransas aufgenommen hatte. Ich hatte für dieses Projekt folgende Vokalcodes ausgesucht und auf Chips gebrannt: Kontakt- und Locklaute – Flugruf »Folge mir« – Abfluglaut – aggressiver Abwehrlaut – Warnruf – Duettruf. Die Elektronik hatte ich ebenfalls stark verbessert, unter anderem mit einem Joystick, mit dem die einzelnen Rufe einfach angesteuert werden konnten, alles rüttelsicher unter dem Pilotensitz installiert.

Zwei Monate zuvor nahm ich sogar am Vortraining der Küken in Patuxent teil. Wie alle im Projekt tätigen Mitarbeiter hüllte ich mich in weiße Tarngewänder, die die menschliche Statur wenigstens teilweise maskieren sollten. Entscheidend war aber, nie auch nur einen einzigen menschlichen Laut von sich zu geben. Es waren bewegende Tage, denn zu erleben, wie eine von mir mehr als zwei Jahre zuvor theoretisch ersonnene und dann in der Wildnis praktisch vorbereitete Methode wie geplant funktionierte, beeindruckte mich tief. Es kribbelte mir vor Aufregung unter der Haut und im Magen bei der Beobachtung der kleinen Küken, die hinter dem »Robo-Crane« mit meinen Aufnahmen wilder Schreikranicheltern-Lockrufe hertrippelten und die von ihm fallen gelassenen Würmer suchten und fanden.[78]

Im September wurden sie flügge. Wieder war ich gebeten worden, in Wisconsin im Necedah National Wildlife Refuge die Trainer in der Verwendung der Rufe mit dem Joystick zu trainieren. Ich traf am 8. September 2001 in Wisconsin ein. Am 9. und 10. nahm ich am Training teil. Diesmal waren die Regeln deutlich strenger als im Vorjahr, aber ich konnte dennoch nah an die Kraniche heran und mithilfe meiner Technik mit ihnen »kommunizieren«.[79]

Am 11. September musste ich ein defektes Megaphon nach Tomah, die nächste Kleinstadt, bringen, um es von dort zur Reparatur nach Deutschland zu schicken. Ich war vielleicht gerade zehn der geplanten 30 Meilen gefahren, als eine Sondermeldung die schöne klassische Musik im »National Public Radio« unterbrach: Soeben war ein Flugzeug in einen der Türme des World Trade Centers in New York geflogen, der Turm stand in Flammen. Ich war geschockt, erfasste unmittelbar die Konsequenzen. Ein terroristischer Hintergrund wurde sofort vermutet, es würde viele Tote gegeben haben, aber mehr war zunächst nicht klar. Im nächsten Dorf hielt ich an und stellte mich an einen öffentlichen Fernsprecher an der Straße (Mobiltelefone waren damals noch sehr unhandlich und praktisch nicht verfügbar; es gab aber viele offene Telefonkästen mit einem kleinen Dach in den USA). Ich rief einen Geschäftspartner in Deutschland an.

Während wir darüber sprachen, was wohl die Folgen dieses entsetzlichen Ereignisses sein würden, unterbrach er und beschrieb mir die soeben im Fernsehen übertragenen Bilder, denn in Deutschland liefen Sondersendungen: »Jetzt gerade fliegt ein zweites Flugzeug in den zweiten Turm, alles brennt!« Nun war es klar: Es handelte sich um einen Terroranschlag. Noch während wir telefonierten, war nichts so, wie es nur wenige Minuten zuvor noch gewesen war. Wie ein Roboter fuhr ich weiter, verschickte das Megaphon nach Deutschland und fuhr zurück.

Als ich später wie betäubt wieder im Wildlife Refuge ankam, wusste man dort noch von nichts. Die Kraniche waren an diesem Tag einer medizinischen Untersuchung unterzogen worden. »Unser bester Kranich ist dabei an einem Schock gestorben!«, berichteten mir die Mitarbeiter.

Das war für unser Projekt natürlich ein schwerer Rückschlag, aber im Vergleich zu den Anschlägen mit tausenden Todesopfern praktisch gar nichts.

Wenig später wurde bekanntgemacht, dass bis auf Weiteres alle Flüge innerhalb der Vereinigten Staaten untersagt waren – also auch die mit Ultraleichtflugzeugen. Die Projektleiter entschieden: »Wir fliegen trotzdem, sollen sie uns in unserer geringen Flughöhe doch erstmal entdecken.«[80] Tatsächlich wurde das Training wie geplant fortgesetzt. Ich half wie vereinbart weiter mit, aber voller Sorgen und Ängste. Telefonate mit meiner Familie und meiner Firma wurden oft unterbrochen, Internet- und somit E-Mail-Verbindungen waren damals noch sehr langsam und nun besonders unzuverlässig, auch weil wir im Wildlife Refuge ohnehin kaum Infrastruktur hatten. Später als geplant kam ich zurück nach Deutschland, und das nur auf komplizierten und teuren Umwegen.

Mitte Oktober 2001 begann der erste Ultraleichtflugzeug-geführte Herbstzug mit drei Flugzeugen von Wisconsin nach Florida ins Chassahowitzka National Wildlife Refuge. Er umfasste eine Flugstrecke von 1218 Meilen und konnte Anfang Dezember erfolgreich abgeschlossen werden. Acht Jungkraniche folgten den Flugzeugen. Trotz einiger wetterbedingter Unterbrechungen erwies sich diese Migration im Rückblick mit 48 Tagen als die kürzeste, verglichen mit denen in den 15 folgenden Jahren. Natürlich gab es allerlei Probleme: Einer der Kraniche bevorzugte, nicht der Gruppe zu folgen, sondern allein zu fliegen; Chefpilot Joe Duff schrieb im Logbuch: »Nr. 4 entschied sich wieder, einen eigenen Flugplan aufzustellen, allerdings ohne ihn mit dem Piloten abzustimmen.« Meist flogen sechs der sieben verbleibenden Kraniche zusammen und folgten dabei dem ersten Ultraleichtflugzeug. Sobald sich abzeichnete, dass der eine oder andere Kranich langsamer flog, übernahm das zweite Ultraleichtflugzeug und flog langsamer hinterher. Bill Lishman flog ganz am Ende und überwachte die Truppe. Er meldete dem »ground team« auch die GPS-Daten des Ortes, an dem Kranich Nr. 4 sich entschied zu landen, sodass dieser Vogel eingesammelt werden konnte. In der Trainingsphase waren die Vögel höchstens 27 Minuten miteinander in der Luft gewesen; an das längere Fliegen mussten sie sich erst gewöhnen. Nach gut zwei Wochen klappte auch der Formationsflug besser.

Auf dem Weg in den Süden gab es eines Nachts einen starken Sturm. Das überdachte Gehege, das jeden Abend für die Kraniche aufgestellt wurde, wurde weggeblasen, und die Kraniche flogen in Panik mitten in der Nacht in alle Richtungen auf und davon. Noch während der Nacht wurden sie vom Bodenteam wieder eingesammelt: Mithilfe der von mir bereitgestellten tragbaren Megaphone wurden die Kraniche aus den verschiedenen dunklen Waldstücken herausgelockt, in denen sie Zuflucht gesucht hatten. Ein Kranich aber war in seiner Panik im Dunkeln gegen eine Hochspannungsleitung geprallt und hatte dies nicht überlebt.

Nach ihrer Ankunft im Chassahowitzka National Wildlife Refuge in Florida wurden die sieben Kraniche zunächst in einem geschlossenen Gehege untergebracht, sodass sie sich an die neue Umgebung gewöhnen konnten. Danach wurden sie auf eine kleine Insel in ein größeres Gehege verlegt und dann langsam ausgewildert.

Mitte Dezember wurde ein Kranich von einem Luchs getötet; dieser wurde später lebend gefangen und auf dem Festland wieder ausgesetzt; er stellte so keine weitere Gefahr mehr dar. Raubkatzen waren während der Überwinterung bei weitem nicht das einzige Problem. Es bedarf eines ungeheuer großen Aufwands, eine neue Schreikranichpopulation zu etablieren. Alle Kraniche waren mit Radiosendern versehen worden, so konnten sie geortet werden, solange die Sender funktionierten.

Am 12. April 2002 begannen die fünf Kraniche, die die Winterzeit überlebt hatten, von allein den Rückflug nach Wisconsin. Vier davon kamen am 19. April im Necedah Refuge an. Kranich Nr. 7 (ein Weibchen) hatte sich schon nach kurzer Zeit von der Gruppe getrennt und war allein weitergeflogen. Es verbrachte dann den ganzen Sommer etwa 75 Meilen entfernt von Necedah mit einer Gruppe von Kanadakranichen. Gelegentlich wurde es mit dem einen oder anderen Kranich aus der ersten Migrationsgruppe beobachtet, verbrachte aber viel Zeit allein oder in Gruppen von Kanadakranichen. Meines Wissens brütete keiner dieser Kraniche der »ersten Klasse« (wie sie von den Auswilderungs-Teams genannt werden). Sie wurden im Laufe der Jahre überwiegend Opfer von Raubkatzen.

Zwei Jahre später, im Frühling 2003, kamen insgesamt 21 Jungkraniche aus der Überwinterung zurück, fünf aus der »ersten Klasse«, 16 aus der »zweiten Klasse«. Zwei davon hielten sich nicht in Wisconsin, sondern in Tennessee beziehungsweise Illinois auf. Es war also alles andere

Bild 17: Eine Schreikranichfamilie mit einem Jungvogel auf dem Flug von Nordkanada nach Texas ins Winterquartier.

Bild 18: Im Winterquartier in Texas: Ein Schreikranich und zwei Kanadakraniche bei einer Meinungsverschiedenheit.

Bild 19: Auszuwildernde Schreikraniche bei der Migration, begleitet vom Ultraleichtflugzeug. Über dem linken Hinterrad ist das Megaphon zu erkennen, über das die von wilden Schreikranichen aufgenommenen Rufe ertönen, sodass die Jungvögel folgen.

Bild 20: Schwarzhalskraniche und Graue Kraniche in China jeweils beim Duettruf. Beide Paare beanspruchen das Revier.

Karte 1
Zum besseren Verständnis der Geographie hier die Karte der Zugwege (Anfang der 90er Jahre): Hauptzugweg (rot) und »Umweg« (grün), der über Hamburg führt.

Karte 2

Skizze aus den 1990er Jahren mit den seinerzeit wesentlichen Zugwegen, angedeutet der damals noch wenig verwendete Umweg über Hamburg; interessant das Brutgebiet (grüne Fläche): Hamburg als westlichste Ausbuchtung, Dänemark, Norwegen, Niedersachsen noch nicht besiedelt, was aber heute der Fall ist.

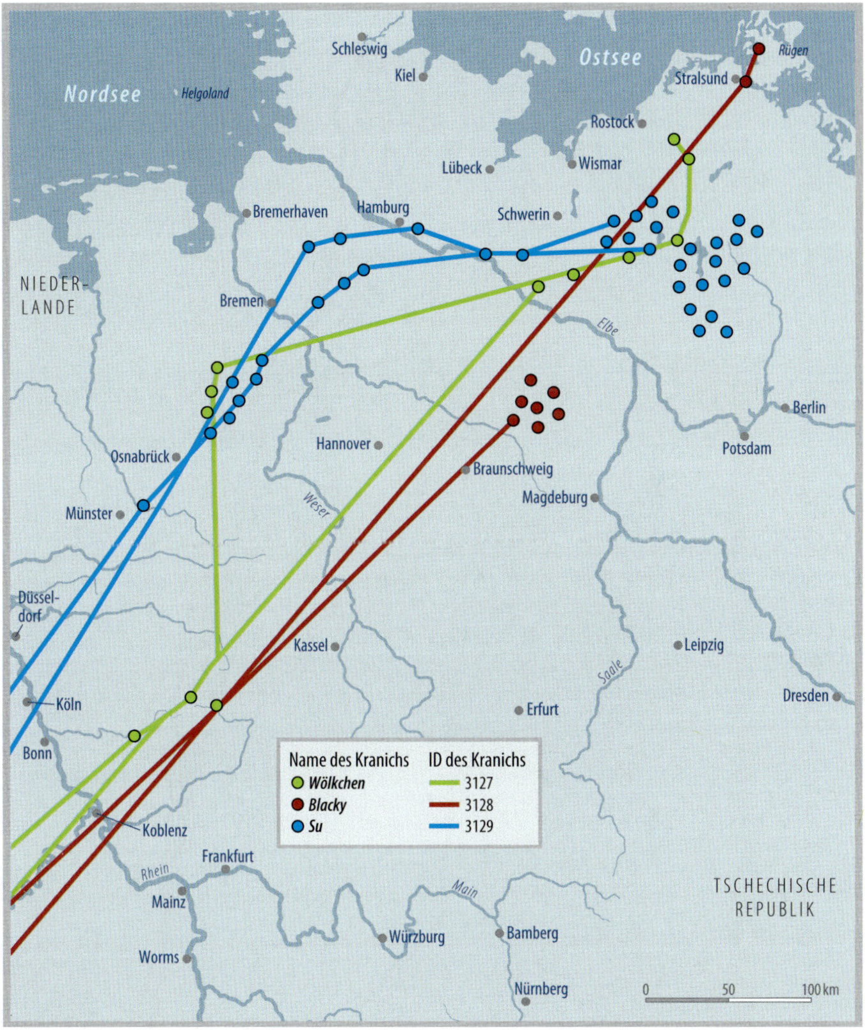

Karte 3

Dieser Ausschnitt zeigt die Zugwege der ersten drei in Groß Moordorf besenderten Kraniche in 2013/14: Hierbei sind folgende Aspekte interessant: Die blaue Strecke (Hin- und Rückweg) verläuft fast genauso wie die Gruppenreisen fast 20 Jahre zuvor, die ich in Kapitel 4 beschrieb – man vergleiche meine frühere Karte mit dieser hier. Auch auf der jüngeren Karte kam der Kranich aus südwestlicher Richtung und bog nach Osten ab, nur geschah die Richtungsänderung schon west-südwestlich von Hamburg und die weitere Strecke führte südlich an Hamburg vorbei. Der grüne Flugweg führt noch etwas südlicher aus Osten zur Diepholzer Moorniederung (nördlich von Bielefeld, wo sich die Punkte knubbeln), dann wieder zurück auf die etwas »konventionellere« Strecke, wo der rote Flugweg verläuft. Auf dem Frühjahrszug führt der grüne Flugweg direkt nach Nordosten, ohne Rast in Diepholz zu machen.

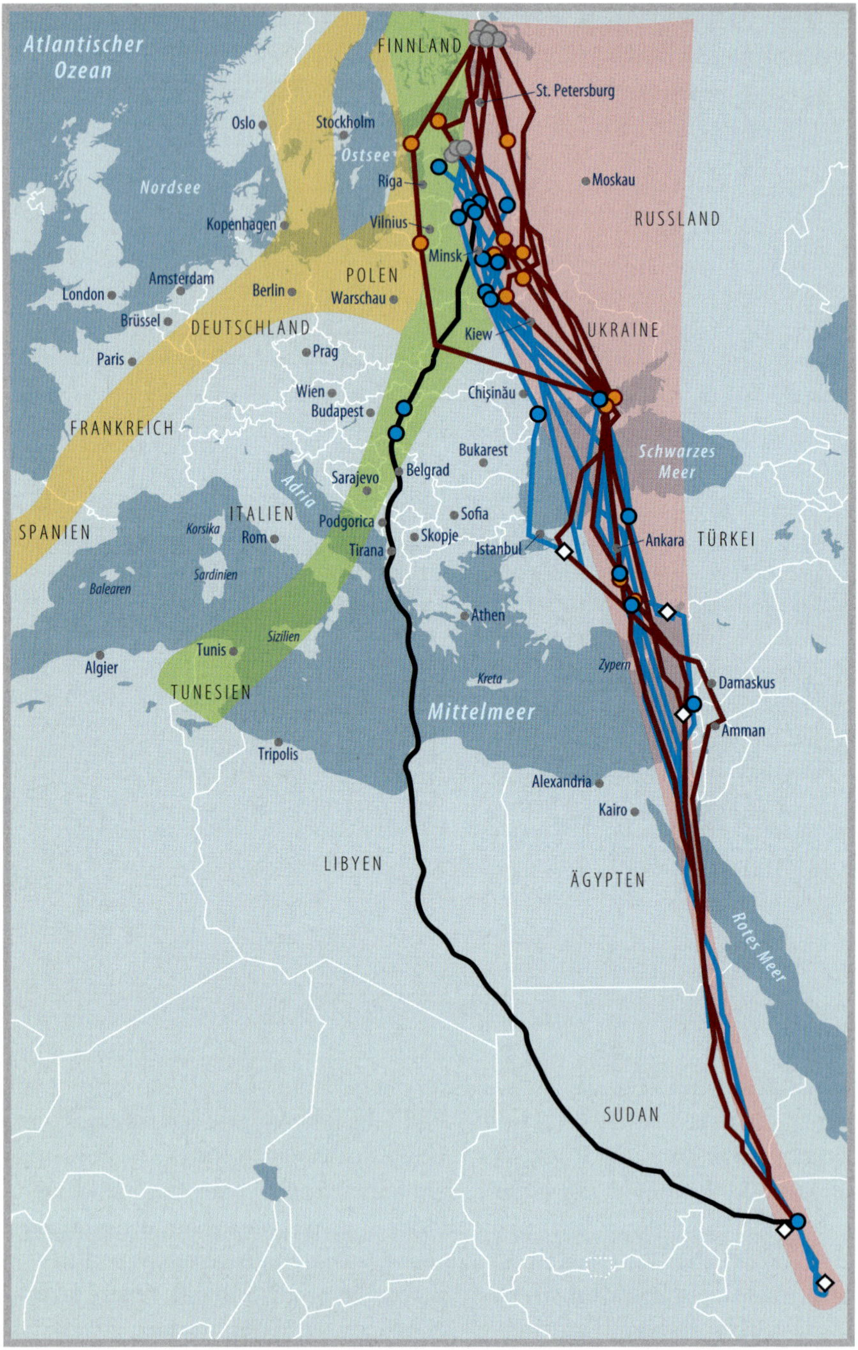

Atlantischer Ozean
FINNLAND
St. Petersburg
Oslo
Stockholm
Ostsee
Nordsee
Riga
Moskau
Kopenhagen
Vilnius
RUSSLAND
Minsk
Amsterdam
POLEN
London
Berlin
Warschau
Brüssel
DEUTSCHLAND
Kiew
UKRAINE
Paris
Prag
Wien
Chișinău
Budapest
FRANKREICH
Bukarest
Schwarzes Meer
Adria
Belgrad
Sarajevo
ITALIEN
Sofia
Korsika
Podgorica
SPANIEN
Rom
Skopje
Ankara
TÜRKEI
Tirana
Istanbul
Sardinien
Balearen
Athen
Tunis
Sizilien
Zypern
Algier
Damaskus
Kreta
TUNESIEN
Mittelmeer
Amman
Tripolis
Alexandria
Kairo
LIBYEN
ÄGYPTEN
Rotes Meer
SUDAN

Karte 4
Diese Karte der Hauptzugstrecken zeigt im Unterschied zu Karte 2 aus den 90er Jahren eine deutliche Verbreiterung vor allem auf der Westroute (gelb) und eine ausgeprägte zentrale Migrationsstrecke (grün); der östliche Zugweg ist hier rot gezeigt. Der Übersichtlichkeit halber sind erst in jüngerer Zeit entstandene Querverbindungen und Nebenstrecken wie der »Umweg über Hamburg«, den ich im Brook Anfang der 90er beobachtet habe, hier nicht gezeigt. Auch er wird nach wie vor seltener beflogen, vgl. aber den Kartenausschnitt in Karte 3, die eine etwas südlichere Variante des »Umwegs« über Hamburg zeigt. Besonders interessant ist eine relativ neue und erst 2019 veröffentlichte Beobachtung von Ende 2016: Der besenderte Kranich »Ahja 5« aus Estland flog die zentrale Strecke (grün) über Ungarn, bog dann aber von der Hauptzugstrecke ab (schwarz) und überquerte von Albanien aus das Mittelmeer nach Libyen, wo er in der Nähe von Bengasi die Küste erreichte. Von dort flog er weiter nach Süden, um dann über die Sahara und den Sudan hinweg nach Äthiopien ins Winterquartier zu gelangen. Bemerkenswert ist, dass dieser Kranich nicht, wie früher immer vermutet wurde, die Ostroute (rot) benutzte, sondern die zentrale Route (grün), dann aber auch von dieser abbog und eine bisher nicht beobachtete Strecke flog. Dies ist im Einklang mit anderen bereits erwähnten Beobachtungen, wonach die estnischen Kraniche alle drei Zugrouten benutzen, diese auch wechseln und beispielsweise im Winter auf der zentralen Strecke in den Süden, im Frühjahr auf der Westroute nach Norden zurück nach Estland fliegen.

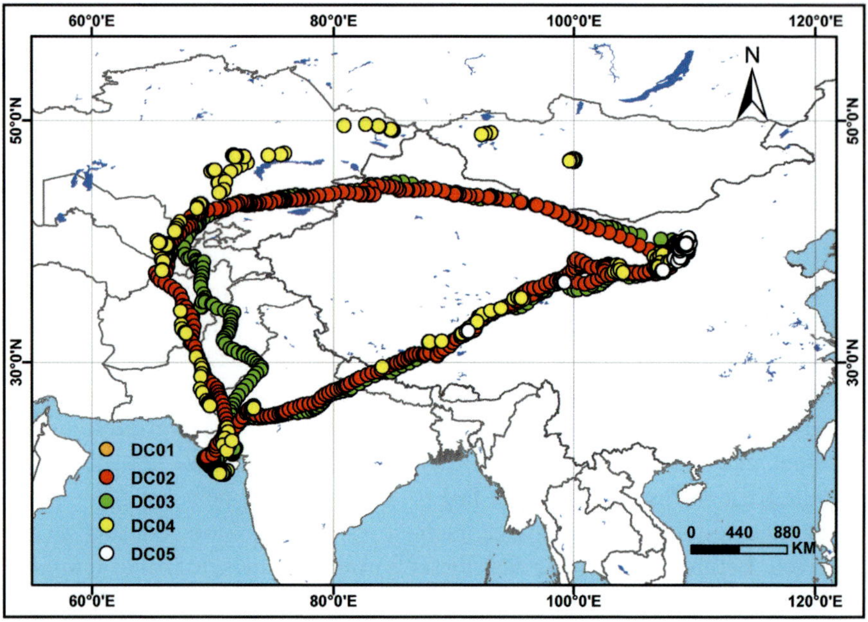

Karte 5
Hier sieht man die Zugstrecke mehrerer Jungfernkraniche (DC01 bis 05) in China, die von Professor Guos Team besendert wurden. Die GPS-Daten zeigen die Überquerung des Himalaya im Herbstzug, während die Kraniche im Frühjahr westlich um den Himalaya herumflogen. Sie benutzten also nicht die gleiche Strecke wie auf dem Hinflug.

als vorhersehbar, was diese Jungkraniche nach der Auswilderung so anstellten.

In den Folgejahren wurden jährlich ein bis zwei Dutzend Jungkraniche auf diese Weise nach Florida geleitet. Die meisten zogen erfolgreich jeweils wieder zurück nach Wisconsin, und im nächsten Herbst machten sie sich selbstständig in kleinen Gruppen oder allein auf den Weg ins Winterquartier nach Florida. Die neue östliche Population bestand 2013 aus über 120 Individuen, 2018 aber aus nur 101 Exemplaren. Die Mortalität ist sehr hoch. In den Jahren 2001 bis 2017 wurden 195 der in den Süden geführten Kraniche tot aufgefunden oder – weil sie mehrere Jahre lang nicht mehr gesichtet wurden – als tot von der Liste gestrichen. Das schlimmste Jahr war 2007, in dem allein 36 Verluste zu vermelden waren, 17 davon aufgrund eines starken Unwetters im Überwinterungsgebiet in Florida. Allein etwa 40 Prozent der Todesfälle gehen auf Raubkatzen und Alligatoren zurück. Leider konnte ich das WCRT-Team nicht davon überzeugen zu erforschen, wie wild lebende Schreikraniche ihren Jungen beibringen, dass sie sich vor Raubtieren hüten müssen. Zumindest in Aransas gibt es davon genug – wenn wir gelernt hätten, welche Lautäußerungen der Kraniche auf Gefahr durch zum Beispiel Rotluchse hindeuten, hätten wir diese für ein Training der auszuwildernden Jungkraniche nutzen können. Nach Ansicht einiger Wissenschaftler werden so viele Kraniche Opfer dieser Raubkatzen, weil es davon in Florida und Texas zu viele gibt: Ihre natürlichen Feinde, wie Panther und Wolf, sind nahezu verschwunden. Mindestens zehn, wenn nicht sogar 20 Prozent der Todesfälle waren jedoch illegale Abschüsse. Was sich Menschen dabei denken, wenn sie einen so seltenen Vogel abschießen, entzieht sich meiner Vorstellungskraft. Einige der Wilderer konnten immerhin gefasst und bestraft werden.

2006, am 22. Juni, schlüpften die ersten beiden Kranichküken der neuen Population, die Altvögel waren zwei Kraniche aus der zweiten Migration. Insgesamt schlüpften bisher viele Dutzend Küken, von denen allerdings über 90 Prozent nicht überlebten. Eine Ursache dafür sind »schwarze Fliegen«, die die jungen Küken offenbar mit Keimen infizieren, vor allem aber die Altvögel so sehr quälen, dass sie entweder schon das Gelege oder die geschlüpften Küken verlassen. In einem aufwändigen Programm hat man daraufhin viele der brütenden Kranichpaare dazu gezwungen, ein zweites Mal Eier zu legen: Sobald die höchste Dichte der »schwarzen Fliege« festgestellt wurde, wurden die Kranicheier den Nestern entnommen und in Patuxent,[81] bei der ICF und in anderen Institutionen künstlich ausgebrütet für die spätere Auswilderung. Man hat berechnet, dass die Mortalitätsrate der geschlüpften Kraniche maximal 85 Prozent betragen darf, damit die Population sich selbst erhalten kann. Bei einer geringeren Mortalitätsrate würde die Population sogar ein natürliches Wachstum verzeichnen.

Im Jahre 2018 bestand die neue Population aus 47 Weibchen, 51 Männchen und nur drei subadulten (also jungen) Kranichen. 81 dieser 101 Individuen waren im Sommer in Wisconsin, je drei in Michigan und Iowa, zwei in Illinois und einer in Minnesota. Die Kraniche bauten 23 Nester, bis Juli 2018 (als ich dieses Kapitel schrieb) waren mehrere Küken geschlüpft, sechs davon lebten noch. Dass ich zu diesem Auswilderungs-Projekt einen Beitrag leisten konnte, ist sicherlich das wertvollste Ergebnis meiner bioakustischen und sonagraphischen Forschung über die vokale Kommunikation der Kraniche. Zugleich ist dies wohl mein wertvollstes Forschungsprojekt überhaupt. Die hier notwendigerweise unvollständige Darstellung der Probleme und Teilerfolge macht hoffentlich deutlich, dass mein Beitrag nur eines von unglaublich vielen Elementen ist, die zum Gelingen dieses historischen Projektes zusammenkommen, das bei weitem noch nicht beendet ist. Viele Menschen – Angestellte von staatlichen Organisationen und privaten Stiftungen sowie zahllose Freiwillige – haben sehr viel mehr Ideen, Zeit und Geld investiert als ich.

Insgesamt kann die Auswilderung von Schreikranichen nennenswerte Fortschritte verzeichnen:

- Die wilde Wood-Buffalo-/Aransas-Population hatte im Winter 2018 einen Umfang von 505 Individuen, verglichen mit 1999 und 2001, als ich dort aktiv war, mehr als eine Verdoppelung.
- Die neu aufgebaute ziehende Population, die noch nicht selbst-erhaltend ist, umfasst über 100 Kraniche; im Jahre 2015 wurden zum letzten Mal junge Schreikraniche mithilfe von Ultraleichtflugzeugen ausgewildert und nach Florida geführt; seither wildert man sie in der Nähe der neuen Schreikranichpopulation in Wisconsin aus und lässt sie dort mit schon migrationserfahrenen jugendlichen Kranichen zusammenkommen, von denen sie die Migration erlernen.

- Eine weitere nicht ziehende Population wird seit 2011 in Louisiana etabliert. Dort gab es bis etwa in die 1940er Jahre eine allerdings ständig schrumpfende nicht ziehende Population, deren letzte Vertreter nach einem Unwetter eingefangen wurden. Die Louisiana-Population besteht derzeit aus 66 Individuen.
- Zusammen mit einigen versprengt lebenden Schreikranichen, Überlebenden früherer abgebrochener Auswilderungsversuche, gab es damit 2018 in den USA und Kanada über 600 frei und wild lebende Schreikraniche.[82] Das ist bei weitem nicht ausreichend für ein nachhaltiges Überleben dieser Art. Doch dieser Wiederanstieg von nur noch 15 Schreikranichen Mitte der 1940er Jahre auf nun über 600 ist ein leuchtendes Beispiel dafür, was Natur- und Artenschutz gemeinsam erreichen können, wenn staatliche Institutionen und private Initiativen zusammenarbeiten, ihre Kräfte koordinieren und ihre Arbeit wissenschaftlich begleiten. Denn sowohl die Bemühungen zum Schutz und der Wiederansiedlung von Schreikranichen wie auch der Kranichschutz im Duvenstedter Brook, in Mecklenburg oder Brandenburg sind stets integriert in den Schutz und die Regeneration von Naturräumen. Dasselbe gilt für den Schutz auch der Seeadler, der Wanderfalken und Steinadler oder auch für die Wiederansiedlung von Luchsen in Deutschland.

KAPITEL 13

Was können wir über Intelligenz, Zugverhalten, Kulturbildung, Werkzeuggebrauch und Selbstbewusstsein bei Kranichen lernen?

Sind Kraniche eher dumm oder eher intelligent? Mit anderen Worten: Leben sie im Wesentlichen instinktgesteuert oder können sie sich flexibel und kreativ auf neue Situationen einstellen? Die bis hierher geschilderten Erfahrungen deuten auf eine gewisse Intelligenz, Flexibilität und Problemlösungsfähigkeit. Lässt sich noch mehr herausfinden? Wie bisher möchte ich diese Frage nicht theoretisch angehen oder indem ich auf Laborexperimente verweise, sondern ich möchte sie mit Blick auf das Leben der Kraniche draußen in der freien Natur zu beantworten versuchen.

Dabei möchte ich mit folgender Ausgangsfrage beginnen: Wie kommt es, dass sich in Biologenkreisen die Meinung gebildet hat, dass das Zugverhalten von Vögeln generell, also auch von Kranichen, angeboren sei? In der Fachliteratur liest sich das so: »Vogelzug setzt eine ererbte Zugdisposition voraus, wahrscheinlich ist eine allgemeine Zugrichtung in südliche Richtungen genetisch fixiert. [...]

Überdies dürfte ein ›ererbtes Artgedächtnis‹ die Zugbereitschaft … vorgeben.«[83] Aber woher weiß man das?

Man müsste dazu erforschen, wie eine Landkarte beziehungsweise eine bestimmte Strecke oder Richtung und ein Zeitpunkt (wann losgeflogen werden soll) in Desoxyribonukleinsäure-(DNA-)Strängen, der materiellen Grundlage der Vererbung, niedergelegt wird.

Die Gene steuern die Entwicklung und das Leben, indem sie Bau- und Konstruktionspläne für Enzyme bereitstellen. Hat man jemals Enzyme identifizieren können, die für das Zugverhalten zuständig sind? Gibt es Enzyme, die Hormone bilden, die dann den Flugtrieb in Gang setzen, und welche Enzyme bilden die Gehirnzellen aus, die auf dem Zugweg für die Orientierung zum Winterquartier und zurück zuständig sind?

Ich habe auf diese Fragen bislang keine Antworten finden können, was ja vielleicht noch nicht viel heißt. Es gibt viele Indizien, die auf genetische Grundlagen des Zugverhaltens hinweisen, zum Beispiel bei Mönchsgrasmücken[84], bei denen bestimmte Populationen eine »Südwest-Zugrichtung«, andere eine »Südost-Zugrichtung« haben, Kreuzungen dieser Populationen weisen eine nahezu saubere Südrichtung auf. Auch, dass bei einigen Arten (zum Beispiel dem Kuckuck) die Jungvögel im ersten Jahr in der Lage sind, allein und ohne Begleitung erfahrener Elternvögel zielgerichtet zu ziehen, deutet auf erbliches Zugverhalten. Aber die entsprechende genetische Grundlage konnte noch nicht identifiziert werden. Im Gegenteil: Eine Forschergruppe des Max-Planck-Instituts für Evolutionsbiologie in Plön veröffentlichte 2017 eine breite Auswertung von 70 Genom-Studien über alle Vogelfamilien hinweg, die zeigten, dass die Gruppen von Genen, die als Kandidaten für »Migrations-Gene« angesehen wurden, keine Unterschiede zwischen ziehenden und nicht ziehenden Arten aufweisen.[85] Deshalb frage ich mich, wieso die Aussage, der Vogelzug sei genetisch bedingt, ohne jede Beweisführung immer noch so uneingeschränkt unkommentiert in Schul- und ornithologischen Fachbüchern wiederholt wird. Denn zumindest bis zum endgültigen Beweis einer Aussage und bis zur Widerlegung einer gegenteiligen Auffassung müsste man doch auch alternative Erklärungsmöglichkeiten benennen.

Ich möchte im Folgenden zwei andersartige Hypothesen in den Raum stellen:

Ein alternativer Grund für das Zugverhalten – zumindest das der Kraniche und anderer Arten, die ähnlich flexible Zugmuster aufweisen wie diese – könnte eine über Hunderte und Tausende von Generationen hinweg entwickelte »Kultur« sein. Diese »Kultur« wäre parallel zu den viel langsameren Klimaveränderungen in den Millionen von Jahren entstanden, seit Vögel existieren und Teil der Evolution sind. Eine solche Hypothese erfordert von uns die Bereitschaft, Vögeln, hier den Kranichen, zuzubilligen, dass sie eine »Kultur«, also eine gemeinsame Gewohnheit entwickeln können, die sie ständig ändern, den Gegebenheiten anpassen und ihren Nachkommen vermitteln können.

Eine zweite Alternative könnte in der »Epigenetik« zu finden sein. Als Epigenetik bezeichnet man vererbbare Veränderungen des Genoms, die durch Umwelteinflüsse hervorgerufen wurden, ohne eine Veränderung in der DNA-Sequenz auszulösen. Letztlich betrifft dies die Frage, wie und ob eine vorhandene Zusammensetzung der Gene aktiv in Erscheinung tritt (also ob Gene und wenn ja in welcher Kombination aktiv werden).[86] So ist inzwischen nachgewiesen, dass Traumata vererbt werden können,[87] ebenso auch die Furcht vor bestimmten Gerüchen[88] und somit ganz allgemein »Erfahrungen«. All dies ist Gegenstand neuester Forschung.

Die mögliche Entwicklung einer »Zugkultur« und eine eventuelle epigenetische Weitergabe von Zugerfahrungen könnten miteinander kombiniert sein, und beide Wege könnten darüber hinaus auch eine regelrechte Grundlage in der DNA, also in den Genen selbst haben.

Die Entwicklung einer Zug*kultur* kann man sich vergleichsweise einfach vorstellen, wenn man bereit ist, den Vögeln Lern- und Problemlösungsfähigkeit zuzugestehen: Nach dem Ende der Eiszeit wurden im Norden sehr langsam nach und nach gute Brutgebiete frei. Im Sommer ließ sich dort gut leben und brüten, Junge großziehen und Futter finden. Im Winter hingegen lag zu viel Schnee, es wurde kalt und unwirtlich. Also war es notwendig, in Gebiete zu fliegen, in denen es warm war und sich ausreichend Nahrung finden ließ. Im Verlauf einer kulturellen Evolution könnte sich dann für bestimmte Populationen herausgebildet haben, dass manche dorthin, andere anderswohin fliegen – würden alle Vögel im gleichen Gebiet überwintern wollen, wären es ja dort zu viele. Ein ganz simpler Hintergrund also, aber sicher ein schwieriger individueller und noch schwierigerer sozialer und kultureller Lernprozess. Doch in den langen Zeiträumen, die das Eis benötigt, sich zurückzuziehen, und mehr noch: die die Pflanzen und somit auch Insekten benötigen, um nachzurücken, wäre dieser Prozess nach meiner Einschätzung durchaus möglich, denn er hätte über viele Generationen hinweg sehr langsam ablaufen können. Soweit meine Vermutung, die mit den Beobachtungen der letzten Jahrzehnte im Einklang steht: Kraniche breiten sich dorthin aus, wo sie seit 100 oder 200 Jahren nicht mehr brüteten, nun aber wieder geeignete Brutreviere finden.

Lässt sich über meine Hypothese etwas mehr herausfinden? Unsere Kranichkonferenzen boten Gelegenheiten zum fruchtbaren Informationsaustausch. Die Komplexität des Themas wird beim Blick auf die Karte der europäischen Zugwege deutlich und noch deutlicher, wenn man sich Karten von vor 20, 30 Jahren anschaut und diese mit heutigen Karten vergleicht. Vergleichen Sie hierzu Karte 2 im Bildinnenteil.

Gut zu erkennen waren die bedeutendsten Rast- und Sammelplätze und die Hauptzugwege: eine Westroute über Deutschland und Frankreich nach Spanien und eine Ostroute (»baltisch-ungarischer« Zugweg) nach Nordafrika beziehungsweise Israel und Äthiopien. Zusätzlich gab und gibt es eine noch weiter östlich verlaufende Zugstraße. Wären die Zugwege genetisch festgelegt, müssten diejenigen Kraniche, die »Ost-Gene« in ihren Zellen haben, über Ungarn nach Afrika fliegen, die anderen über die Westroute nach Spanien. Wenn dies tatsächlich genetisch festgelegt wäre, handelte es sich bei den verschiedenen Kranichen je nach Route sogar um unterschiedliche Rassen.

Viele Leiter von Beringungsprogrammen in Schweden und Finnland sowie Beobachter von beringten Kranichen entlang der europäischen Zugwege berichten aber von merkwürdigen »Unregelmäßigkeiten«, wenn sie die Beobachtungen zusammentragen, die an deutschen, ungarischen, französischen und spanischen Sammel-, Rast- und Überwinterungsplätzen gemacht wurden:

- Im Allgemeinen benutzten die schwedischen Kraniche die »Westroute« nach Süden, also einen Weg über Rügen oder die Mecklenburgische Boddenküste, die deutschen Mittelgebirge und dann quer durch Frankreich nach Spanien. Das würde bedeuten, die schwedischen Kraniche hätten »Westrouten-Gene«. Beim Ablesen der Ringe aber fanden sich zehn Prozent der schwedischen Kraniche auf der Ostroute (beringt werden immer die nicht flüggen Jungen, die also schwedische Eltern haben).
- Von den finnischen Kranichen findet man 90 Prozent auf der Ostroute, aber zehn Prozent werden auf der Westroute abgelesen, obwohl sie doch die »Ostrouten-Gene« haben müssten.
- Die Dokumente der Europäischen Kranichkonferenz 1996 zeigen, dass immerhin ein paar Prozent der beringten Kraniche auf der West- *und* auf der Ostroute gesichtet worden sind. Die erste dieser Beobachtungen wurde 1993 gemacht, als ein Kranich in Ungarn auftauchte, der 1991 noch die Westroute benutzt hatte. Die Kraniche wechseln also zumindest gelegentlich den Zugweg. Es gibt zum Beispiel den Beweis dafür, dass der Kranich

mit der Nummer »M 23998« 1992 die Westroute flog, 1995 und 1997 jedoch die Ostroute.

- Ein anderer Kranich, in Finnland beringt, tauchte einen Sommer danach in Schweden auf – ein Auswanderer. Wiederum ein anderer Kranich hatte über die Westroute 1990, 1991 und 1995 nachweislich in Spanien überwintert, flog aber 1998 über Ungarn auf der Ostroute in Richtung Nordafrika.
- Inzwischen sind einige Dutzend solcher Beobachtungen dokumentiert, wie die von »M 26215«, der im Herbst 1994 über Ungarn in den Süden flog und im März 1995 über Deutschland wieder gen Norden zog.

Die neuesten Beobachtungen mittels GPS-Datenerfassung von besenderten Kranichen bestätigen dieses Bild und erweitern es: Kraniche sind sehr flexibel! Das kann man sehr gut in Karte 3 erkennen.

Das ziemlich rasche Entstehen und Vergehen von Rast- und Sammelplätzen innerhalb eines oder weniger Jahre lässt sich ebenso wenig mit genetischer Programmierung erklären, sondern vielmehr mit aktivem Beobachten und Erfahrungsaustausch seitens der Kraniche, die sich frei entscheiden, wo sie sich sammeln und wo sie eine Rast einlegen möchten. In Polen sind die kleineren Sammelplätze nach und nach aufgegeben worden, stattdessen haben sich andere Orte zu großen Sammelplätzen entwickelt.

Einige Beispiele aus Deutschland: Früher waren in Luckau (Sachsen) im Herbst ca. 200 Kraniche zu finden, dann stieg ihre Zahl an, um das Jahr 2000 herum auf 3500. In Grünhaus in der Niederlausitz rasteten 1985 nur

700 Kraniche, 15 Jahre später waren es etwa 2000. Es gab zwei Maxima, an denen kurzzeitig 4000 Kraniche auf dem Durchzug dort Rast machten. Insgesamt sind in Mecklenburg-Vorpommern/Brandenburg die Rastplätze von der Küste ins Inland verlagert worden. An der Müritz trafen sich in den 1950er/60er Jahren im Herbst um die 15 000 Kraniche, in den 80er Jahren wurde kein einziger gesichtet, um 2000 herum waren es wieder 3000 bis 4000.

In Linum (Kremmen) und Nauen nordwestlich von Berlin hat sich erst in den letzten 45 Jahren ein Rastplatz entwickelt, auf dem Ende der 90er im Herbst mehr als 25 000 Kraniche zu finden waren. Zwischen Linum (Fischteiche) und Nauen (Rieselfelder) schienen die Kranichtrupps von Jahr zu Jahr hin und her zu wechseln, mal fand man am einen Ort wesentlich mehr, mal am anderen.

Die Diepholzer Moorniederung liegt im Städtedreieck Bremen-Osnabrück-Hannover. Mitte der 80er Jahre begannen dort Renaturierungsmaßnahmen, in deren Folge Anfang/Mitte der 90er Kraniche während des Zuges dort rasteten. Vorher wurden dort keine oder kaum Kraniche gesichtet. Im Laufe weniger Jahre entwickelte sich dieses Gebiet zu einem bedeutenden Rastplatz: Zwischen den Jahren 2000 und 2005 hielten sich dort im Mittel ca. 21 000 Kraniche auf, 2006 bis 2010 ca. 50 000; 2011 bis 2015 ca. 75 000 Kraniche. Im Herbst 2018 wurden als Höchstzahl fast 43 000 Kraniche festgestellt. Wir sehen, es ist ungeheuer dynamisch, ein Auf und Ab, aber insgesamt ein Auf.

Wie haben die Kraniche diese Moorniederung entdeckt? Vermutlich gehörten die Kranichgruppen, die ich Anfang der 90er bei den »Gruppenreisen« über den Brook (dort mit Schwenk nach Osten) beobachtet hatte, zu den ersten, die diese neue Rastmöglichkeit erkundeten, denn der »Umweg« über Hamburg führt mehr oder weniger genau über Diepholz. Gut, das lässt sich noch verstehen – sie fliegen zufällig dort her und finden den Rastplatz interessant. Aber wie kommt es dann, dass es innerhalb weniger Jahre Zehntausende werden? Und mal sind es 76 000, in einem anderen Jahr wieder »nur« 43 000? Ich kann mir dies ohne eine Art »Schnabel-zu-Schnabel-Propaganda«, ohne eine relativ differenzierte Kommunikation zwischen den Kranichen nicht vorstellen, genauso wenig wie die in Kapitel 4 beschriebenen »Gruppenreisen«.

In den 80er Jahren und Anfang der 90er haben wir so gut wie nie Kranichzugbewegungen über Hamburg hinweg beobachtet, weder aus Norden oder in Richtung Norden, noch aus/in Richtung Osten. Seit den 2000er Jahren wurde deutlich, dass immer mehr Kranichgruppen über Stormarn/Hamburg hinwegziehen, und in letzter Zeit (etwa um 2015 herum) sind ziehende Kranichgruppen bei uns im Herbst und Frühjahr ein vertrauter Anblick geworden. Im Herbst 2018 und ebenso im Frühjahr und Herbst 2019 gab es kaum einen Tag, an dem wir nicht Gruppen von 20 oder 70 oder sogar auch mehrfach 200 Kranichen auf dem Weg ins Winterquartier oder zurück in die Brutgebiete über den Brook hinwegziehen sehen und hören konnten. Manchmal geht eine Gruppe im Duvenstedter/Hansdorfer Brook oder auf dem großen Grünland direkt südlich des Nienwohlder Moors nieder und rastet.

Hier im Brook und im benachbarten Nienwohlder

Moor (wie übrigens auch am Schaalsee oder an anderen Stellen in Mecklenburg) beobachtete ich seit über 30 Jahren immer mal wieder Überwinterungen von Kranichen. Ich höre und lese, dass Vögel von der »Zugunruhe« erfasst seien, sich wegen ihrer Gene gar nicht gegen den Zug wehren könnten. Wie kommt es dann, dass in milden Wintern Dutzende, manchmal Hunderte, in der Mitte der 80er Jahre sogar um die 1000 Kraniche in Linum/Nauen zur Überwinterung blieben, 1987/88 aber nicht ein einziger? Auch im Brook beobachteten wir gelegentlich das eine oder andere überwinternde Paar, das – wenn dann doch starker Frost einsetzte – für die wenigen Frosttage oder -wochen verschwand. Im Winter 2017/18 überwinterten nach meiner Schätzung mindestens ein Drittel der Kranichpaare und -familien im Brook und im nahen Nienwohlder Moor. Im Winter 2018/19 waren nur zwei Paare im Brook, keines in Nienwohle. Diese Paare verschwanden während einer kurzen Frostperiode im Januar, stattdessen sahen und hörten wir im Januar (ja, im Winter!) über dem Brook fast täglich Gruppen von um ca. 40 bis 100 nach Südwesten ziehenden Kranichen. Vereinzelt machten sie hier sogar Rast. Wie kann so etwas möglich sein, wenn das gesamte Zugverhalten genetisch festgelegt ist?

Die Zugwege haben sich im Verlauf der Jahrzehnte stark verändert: Während die Zahl der Kraniche auf der Westroute sich von ca. 30 000 um 1980 herum auf über 300 000 Mitte der Jahre 2011 bis 2015 glatt verzehnfacht hat, nahm die Zahl auf der zentralen Route von ca. 18 000 auf 120 000 zu. Die viel stärkere Zunahme auf der Westroute im Vergleich zur baltisch-ungarischen Strecke kann man zu je einem Drittel grob drei Effekten zuordnen:

a) einer verbesserten Erfassung der Kraniche auf allen Routen,
b) der Zunahme der Kranichpopulation in den Gebieten, von denen aus die Vögel die Westroute bevorzugen,
c) einem Trend zur Verlagerung der Zugwege von Osten nach Westen (aus Sibirien/Kasachstan auf die europäische Ostroute, von dort gewisse Anteile auf die Westroute).[89]

Diese Luftstraßen sind alles andere als starr oder alternativlos. Dies lässt sich deutlich an den GPS-Daten von in Estland besenderten Kranichen erkennen. Eine Karte[90] von Aivar Leito und Kollegen, estnischen Kranichforschern, zeigt die Zugwege von Kranichen, die alle nicht weit voneinander besendert wurden: Sie benutzten drei verschiedene Zugwege! Während die ersten wenigen besenderten Kraniche noch nur die Ostroute benutzten, flog in späteren Jahren nur ein Teil der Kraniche auf der östlichen, etwa 40 Prozent auf der baltisch-ungarischen (zentralen) und ebenso viele auf der westlichen Luftstraße. Es kam sogar vor, dass Kraniche, die die zentrale Route nutzten, danach weiter nach Äthiopien flogen – ein Ziel, das gewöhnlich über die östliche Strecke angeflogen wird! Viele der Kraniche wechseln den Flugweg, nehmen mal die zentrale, mal die westliche oder auch mal die östliche Luftstraße; sie wechseln von Jahr zu Jahr oder auch zwischen dem Herbst- und dem Frühjahrszug. Insgesamt nehmen die estnischen Kraniche seltener den östlichen Migrationsweg, was die Autoren sehr überraschte.

Ein bezeichnendes Beispiel ist auch das in Finnland besenderte Kranichweibchen »Aino«.[91] Es flog am 28.9.2008 in Nordfinnland los, hielt sich drei Wochen im mittleren Finnland auf, verließ das südliche Mittelfinnland am 18.9. und kam schon 20 Tage später, am 28.9., in Ungarn im Hortobágy-Nationalpark an, einem großen Rastgebiet von bis zu 150 000 Kranichen. Dort blieb es etwa zwei Monate, flog dann Mitte November nach Serbien, weiter nach Kroatien, überquerte die Adria und erreichte Italien. Drei Tage später war es in Tunesien, hatte also das Mittelmeer überquert. Dort blieb es etwa einen Monat, flog dann Mitte Dezember über Algerien (wo es drei Wochen bis zum Januar 2009 blieb) nach Marokko. Von dort flog Aino an der nördlichen Küste entlang des Mittelmeers zur Meerenge bei Gibraltar, erreichte Spanien am 21.1.2009, blieb etwa sechs Wochen im südlichen Spanien, erreichte am 10.3. die Pyrenäen, am 24.3. Lothringen, am 27.3. die Diepholzer Moorniederung in Deutschland und am 29.3. Mecklenburg. Am 8. und 10.4. war sie in Polen an der Ostseeküste, flog dann hinüber nach Finnland und war am 2.5.2009 wieder am Startpunkt der Flugreise. Dieser Kranich flog also auf der einen Flugroute in den Süden, besuchte nordafrikanische und spanische Winterquartiere und flog auf der Westroute über Diepholz, westlicher als auf dem westlichen Hauptzugweg, zurück nach Finnland. Den Winter 2009/10 verbrachte Aino in Israel und Ägypten …

»Matti« war nicht weniger reise- beziehungsweise flug- und entdeckerfreudig: Er flog im Norden Finnlands am 16.8.2008 los, hielt sich noch etwas in südlicheren Landesteilen auf, erreichte Polen am 9.10., Ungarn am 13.10., wo er bis Ende Dezember blieb. Im Januar bis Ende Februar 2009 hielt er sich in Serbien auf, flog am 8.3. zurück nach Ungarn und kam am 23.4. in Südfinnland an. 2011 jedoch zog Matti über Thüringen (5.12.2011) nach Frankreich, wo er in Zentralfrankreich überwinterte (ähnlich wie schon 2010). Am 28.4.2012 kam er wieder in Nordfinnland an.[92]

Nicht ganz so raumgreifend, aber ebenfalls sehr interessiert an anderen Ländern sind einige in Tschechien besenderte Kraniche, wo es seit wenigen Jahren erste Bruterfolge gibt.[93] Einer von ihnen überwinterte mal in Südwestfrankreich (Arjuzanx), mal in Spanien (Gallocanta). Ein anderer flog im Winter 2017 zunächst nach Polen, dann zurück ins Brutgebiet in Tschechien, wieder nach Polen, dann nach Brandenburg und von dort nach Frankreich. Ein anderer in Tschechien geschlüpfter und dann beringter Kranich flog im März 2018 aus dem Brutgebiet nach Nordwesten und hielt sich in der Diepholzer Moorniederung auf. Woher kannte er diesen Ort? Wenn er mit den Eltern geflogen ist – warum flogen sie aus Tschechien dorthin? Woher kannten die Elternkraniche diesen Ort?

In Südwest-Frankreich in der Nähe der Atlantikküste bei Arjuzanx entstand gegen Ende der 80er Jahre in einem ehemaligen Phosphatabbaugebiet nach Renaturierung ein ganz neuer Überwinterungsplatz. Innerhalb von nur zehn Jahren entwickelte er sich von einem Rastplatz für eine Handvoll Kraniche zu einem bedeutenden Überwinterungsgebiet für um die 20 000 Kraniche; 2001 waren es einmal sogar über 30 000. Weitere kleinere Überwinterungsplätze entwickelten sich in Lothringen (500 Kraniche) und in Champagne-Ardenne (etwa 6000 Kraniche).

So flexibel wie die Nutzung der Rastplätze ist die der Zugwege. Zwar gibt es bevorzugte Korridore, aber diese haben sich im Vergleich in den letzten zwei bis drei Jahrzehnten deutlich differenziert, wie Karte 4 im Bildteil zeigt.

Diese Beispiele zeigen, dass mein Vorschlag, das Zug- und Rastverhalten der Kraniche zumindest hypothetisch als »Kultur«, also durch Erfahrung erlernte, sozial kommunizierte und innerhalb einer Generation (und dann über Generationen hinweg) weitergegebene gemeinschaftliche Gewohnheit anzusehen, anstatt genetische Grundlagen zu vermuten, nicht so leicht von der Hand zu weisen ist.[94] Nur um Ihnen zu zeigen, dass dies nicht eine einmalige Leistung besonders flexibler europäischer Kraniche ist: In Indien gibt es sechs Kranicharten, eine davon ist unser Grauer Kranich, der dort – aus Sibirien kommend – überwintert. Vor 20 Jahren wurde in Indien der Indira-Gandhi-Kanal fertiggestellt. Unmittelbar danach tauchten einige wenige Kraniche auf, um in den neu entstandenen Feuchtgebieten zu überwintern. Zuvor hatten sie rund 500 Kilometer weiter südlich überwintert.

Nur wenige Jahre später überwinterten 5000 Kraniche in den künstlich bewässerten Gebieten. Sie sparen sich dadurch 1000 Kilometer kraftraubenden Flug. Interessant ist, dass zuerst einige wenige Kraniche den neuen Überwinterungs-Ort sozusagen »ausprobieren« und dann im Laufe der folgenden Jahre immer mehr Tiere hinzukommen. Erfahren die anderen Kraniche von den ersten, risikofreudigeren, wie die Überwinterung am neuen Ort war?

Jedenfalls bilden sich neue gemeinschaftliche Gewohnheiten – das könnte man »Kultur« nennen.

Im Dezember 2018 lernte ich auf der Europäischen Kranichkonferenz den Chinesen Guo YuMin kennen, einen Hochschulprofessor aus Peking. Er konzentriert sich seit 2014 auf das Beringen und Besendern von Vögeln und erforscht hierbei besonders die Kraniche.[95] Bisher kann er mit seiner Forschergruppe 199 Kraniche aus sieben verschiedenen Arten verfolgen (in China kann man – wenn man die durchziehenden und überwinternden Arten mitzählt – neun verschiedene Arten antreffen). Bis Ende 2018 hatten sich 1,25 Millionen GPS-Daten angesammelt. Professor Guo entdeckte unter anderem vollkommen neue, bisher unbekannte Zugwege der Jungfernkraniche: Im Herbst ziehen sie auf dem Weg aus der Mongolei auf einer östlichen Route über den Himalaya nach Indien, während sie im Frühjahr das Gebirge meiden und westlich am Himalaya vorbei erst nach Norden, dann nach Osten in die jeweiligen Brutgebiete in der Mongolei ziehen – ein kulturell tradiertes Verhalten! Man vergleiche hierzu Karte 5 im Bildteil.

Ganz neu entwickelt sich ein Überwinterungsgebiet in der südfranzösischen Camargue. Von 1999 bis 2005 waren dort nur vereinzelt Kraniche zu sehen, in den Wintern 2001 und 2002 gar keine. Ab 2008 stiegen die Zahlen an, 2009 waren es über 2000 Tiere, danach explodierten die Zahlen, und im Winter 2017/18 hielten sich dort etwa 16 000 Kraniche auf. Woher kamen sie so plötzlich, wie konnte sich so schnell diese neue Gewohnheit (»Kultur«) entwickeln? Wo überwinterten sie zuvor? Im Laufe der Jahre wurden 24 beringte Kraniche identifiziert, davon kamen 19 aus Finnland, vier aus Estland und einer aus Deutschland.[96]

Wie flexibel Kraniche hinsichtlich Zugrouten, Brutplatzwahl und schließlich bei der Partnerwahl sind, zeigt sich auch in der DNA: Kraniche aus Ost-, West- und Nordeuropa weisen praktisch keine genetischen Unterschiede auf, die genetische Struktur zeugt von einer regelmäßigen starken Durchmischung[97]: Kraniche aus Russland ziehen nach Finnland und finden dort Partner, Kraniche von dort brüten in Deutschland, und in Deutschland flügge gewordene Kraniche finden in Schweden Partner und Brutreviere. Das alles zeugt von weiten Erkundungsflügen und viel Kommunikation, sicherlich besonders auf den Rastplätzen und in den Überwinterungsgebieten. Und es ist ein schwerwiegendes Argument für meine Hypothese, wonach das Zugverhalten eine über Generationen hinweg erworbene und weitergegebene Kultur sein könnte.

Biologen haben einen bekannten Test dafür, ob Tiere über ein Bewusstsein ihrer selbst verfügen: Sie halten ihnen einen Spiegel vor. Menschenaffen wie zum Beispiel Schimpansen können ihr eigenes Spiegelbild erkennen: Wenn die Wissenschaftler einem Schimpansen einen Farbfleck auf die Stirn gemalt hatten und ihm dann den Spiegel vorhielten, wischte der Affe sich den Fleck ab. Dieses Experiment lässt aber meines Erachtens nicht den Umkehrschluss zu, dass Tiere, die sich nicht im Spiegel erkennen (sondern, wie zum Beispiel Wellensittiche, immer dagegen hacken, weil sie wohl in ihrem Spiegelbild einen Konkurrenten zu erkennen glauben), grundsätzlich kein Bewusstsein ihrer selbst hätten.

»Bewusstsein« ist ein sehr kompliziertes und bislang überwiegend nicht verstandenes Phänomen. Wir können es hier nur oberflächlich betrachten. Zunächst einmal sollten wir uns vergegenwärtigen, dass »Bewusstsein« unterschiedliche Qualitäten haben kann. Es ist eine Art von Bewusstsein, wenn ein Lebewesen unterscheiden kann, ob es entweder etwas von sich selbst wahrnimmt oder ob es sich um eine Wahrnehmung über ein anderes Lebewesen (zum Beispiel der gleichen Art) handelt. Das zu unterscheiden, zeugt bereits von einer gewissen Stufe von »Selbst-Bewusstsein«.

Diese Unterscheidung zwischen »ich« und »ein anderer« ist in vielen Situationen überlebenswichtig. So muss jedes Lebewesen unterschiedlich darauf reagieren, ob es selbst gejagt wird oder ein anderes Mitglied seiner Herde oder Gruppe. Ein Wolf wird sich nicht ängstlich in Erwartung des nahenden Revierbesitzers umsehen, wenn er auf einmal seine eigene Reviermarkierung riecht. Er erkennt seine Markierung und weiß, dass es sein eigener Geruch ist. Dies ist eine Art von Bewusstsein, aber ein Bewusstsein anderer Qualität, als wenn ein Lebewesen sich selbst als »Ich« erkennt und über sich nachdenkt. Wir haben keinerlei Informationen darüber, ob und in welchem Grade andere Lebewesen als Menschen dazu in der Lage sind.

Ich möchte einen weiteren Aspekt erwähnen: »Bewusstsein« erfordert als eines von vielen Kriterien ein gewisses »Bild« von sich selbst. Ein solches Bild mag bei optisch orientierten Lebewesen überwiegend visuell geprägt sein; aber bei Tieren, die sich hauptsächlich über die Nase orientieren, mag es vom Geruchssinn geprägt sein. Zum Beispiel würde ich einen Biologen, der einem Hund oder Wolf kein Bewusstsein seiner selbst zubilligt, gerne fragen, ob dieser Hund sich selbst wirklich nicht erkennt, wenn er mit seinem Urin sein Revier markiert.

Ist er gegenüber seiner eigenen Geruchsmarkierung aggressiv und verteidigt sein Revier gegen sich selbst? Nein, natürlich nicht, er erkennt sich! Er weiß also etwas von sich selbst, nämlich zumindest, wie er selbst riecht im Unterschied zu anderen. Und vielleicht hat er sogar ein optisches Bild von sich, nur stimmt das nicht mit dem Bild überein, das ihm ein Spiegel liefert (vielleicht weil sein Spiegelbild nicht »nach Hund«, vor allem nicht wie er selbst riecht?).

Spechte haben die Gewohnheit, sich vor einem Spaziergänger hinter dem Baum zu verstecken, und zwar so, dass sie ihn gerade noch sehen können, er sie aber kaum (beziehungsweise nur den Kopf). Schon seit Jahren mache ich gerne das folgende Experiment, wenn ich beim Spazierengehen einem Buntspecht begegne: Ich verändere meine Position so, dass ich den Specht von der anderen Seite des Baumes würde sehen können. Er aber ändert seine Position in Relation zu mir immer so, dass sein Körper hinter dem Baum versteckt ist, und seine Augen bleiben auf mich gerichtet. Der Specht muss also ein Bild von sich selbst haben, das ihm zeigt, wie er durch den Baum verdeckt wird. Jedenfalls wüsste ich keine andere Interpretation.

Das »Bild« der Kraniche von sich selbst wurde mir klarer durch eine Beobachtung, die mit der Sonagraphie zu tun hat. Für seine Aufnahmen von Kranichrufen spielte Eberhard Henne einen Duettruf mit einem Tonbandgerät ganz nah am Kranichrevier ab, woraufhin das Revierpaar antwortete. Um diesen Antwortruf aufzunehmen, musste er schnell reagieren, denn das Revierpaar fiel oft schon in den Ruf des »Tonbandpaares« ein. Oft kam dabei keine schöne Aufnahme heraus, weil Eberhard sein altes mechanisches Tonbandgerät nicht schnell genug stoppen und das andere Tonbandgerät zur Aufnahme nicht schnell genug starten konnte.

Es gab jedoch einen einzigen Fall, in dem er den Tonband-Ruf wieder und wieder abspielen musste, bis die Kraniche reagierten, und zwar bei dem Kranichpaar, dessen Duettruf-Aufnahme er gerade abgespielt hatte. Eberhard fragte sich, ob die Kraniche sich selbst erkannt hatten. Vielleicht, so meinte ich, antworteten sie nicht, weil sie sich fragten: »Wie können wir da draußen rufen, wo wir selbst doch hier drinnen stehen?« Ich selbst habe diesen Versuch einige Male wiederholt und einem Kranichpaar, das ich kannte und dessen Ruf ich auf CD hatte, seinen eigenen Ruf vorgespielt – das Paar antwortete nicht, ich war aber sicher, dass sie sich im Revier aufhielten, weil ich sie kurz zuvor entweder gehört oder gesehen hatte.

In diesem Fall wäre das »Bild« der Kraniche von sich selbst akustischer Art. Vielleicht erkennen Kraniche ihre eigenen Stimmen sogar besser als wir Menschen die unseren. Wer seine eigene Stimme zum ersten Mal vom Tonband oder im Radio hört, erkennt sie kaum wieder. Das liegt daran, dass unser Kopf ein Resonanzkörper ist, der einen anderen Klang der eigenen Stimme an das Ohr transportiert, als die Schallwellen in der Luft übertragen. Bei Kranichen ist dies nicht der Fall.

Unser eigenes akustisches Bild von uns selbst ist also unvollkommen, unser geruchliches bestimmt noch unvollkommener. Wenn Wölfe mit uns Bewusstseinsexperimente vornehmen würden, würden sie uns keinen Spiegel vorhalten, sondern eine Geruchsprobe aus unserer eigenen Achselhöhle. Ich fürchte, wir würden den Test nicht bestehen und als Tierart ohne Bewusstsein ihrer selbst gelten. Kraniche würden uns vielleicht unsere eigene Stimme vom Tonband vorspielen, und wenn wir uns noch nie selbst aus einem Lautsprecher heraus gehört haben, versagen wir auch in diesem Test. Vielleicht sind unsere Vorstellungen davon, was Bewusstsein ist, einfach verschieden von denen, die andere Lebewesen entwickelt haben?

Kraniche scheinen aber nicht nur eine akustische Vorstellung von sich selbst zu haben, sondern zusätzlich eine bildliche. Unter Kranichbeobachtern ist bekannt, dass manche unserer Grauen Kraniche (nicht alle!) während der Brutzeit nach und nach merklich bräunlichere Rückenfedern bekommen. Man dachte zunächst, dass dies auf eine Veränderung von Farbpigmenten in den Federn zurückzuführen sei, vielleicht aufgrund von Sonneneinstrahlung.

Mittlerweile weiß man, dass die Kraniche sich Stellen am Boden suchen, an denen sie mit dem Schnabel braunen Schlamm mit Eisenoxid-Pigmenten aufnehmen. Sie reiben damit aktiv ihr Rückengefieder ein. Dadurch wird es mit der Zeit immer brauner. Ich hatte dies einmal selbst beobachtet, konnte mir aber keinen Reim darauf machen, bis ich mit Bert Brüshaber sprach, einem der Entdecker dieses Phänomens, und er mich auf seine Beobachtungen und deren Veröffentlichung hinwies.[98]

In Schweden konnte Brüshaber beobachten, dass Kraniche sich auf die oben beschriebene Weise aktiv rost- bis dunkelbraun einfärbten, und zwar immer in der Zeit, in der die Natur ihre Farben änderte, Mitte April bis Anfang Mai. Die Kranichpaare verhielten sich dabei individuell unterschiedlich: Bei einem Paar färbte sich vor allem das Weibchen zielstrebig rostbraun ein, bei einem anderen Paar waren es beide Partner. Brüshaber schreibt: »Das Kranichweibchen ging vom Brutplatz zielstrebig auf einen Punkt an der Moorkante am Fuße eines Berges zu. Dort holte es aus ca. 13 bis 15 Zentimetern Tiefe eine rostbraune, schleimige Masse, legte sie mit dem Schnabel auf die Schulterpartie und strich sie mit Schnabel, Kopf und Hals von der Schulter über den Rücken aus. Das dauerte acht bis zehn Minuten. Nun postierte sich der Kranich zum Trocknen aufgerichtet mit den Flügeln zur Sonne.«[99]

Nach fünf Minuten ging das Weibchen zum Nest zurück, tauschte mit dem Männchen den Platz. Nun ging dieses, allerdings nicht ganz so zielstrebig, an den gleichen Platz und färbte sich ebenfalls, aber »langsamer und nicht so gründlich« ein. Hatte das Männchen keine rechte Lust dazu? Bei einem anderen Paar beobachtete Brüshaber, dass die beiden die Einfärbung gleichzeitig vornahmen. Ein drittes Paar, das keine geeigneten Moorerden in seinem Revier hatte, flog zum Einfärben in die nähere Umgebung.

Der Hintergrund dieses Verhaltens ist wohl, dass Kraniche oft in Gebieten brüten, in denen die Umgebung bräunlich gefärbt ist (Moore mit alten Moorgräsern noch in Winterfarben). Wenn sie mit ihrem relativ hellen Rücken auf dem Nest sitzen, sind sie leichter erkennbar, als wenn sie eine dunklere und bräunlichere Färbung haben. Das aktive Verändern der Gefiederfarbe setzt nach meinem Verständnis voraus, dass Kraniche einen Begriff davon haben, wie sie in den Augen äußerer Betrachter aussehen.

Auch wenn ein Kranichmännchen sich, wie eingangs dieses Buches beschrieben, dem Weibchen nach der Kopulation in voller Pracht als »Bundesadler« präsentiert, scheint es ein Bild davon zu haben, wie es aus der Sicht des Weibchens aussieht. Dasselbe gilt, wenn ein Kranich in seinem Revier plötzlich andere Flugwege wählt, um für Beobachter weniger gut sichtbar zu sein. Auch das habe ich in einem früheren Kapitel beschrieben.

Wenn wir uns dies vor Augen führen, könnten Vögel vielleicht doch ganz hoffnungsvolle Kandidaten für den Spiegeltest sein. Ich möchte in diesem Zusammenhang auf Versuche zu sprechen kommen, die an der Universität Bochum durchgeführt wurden. Elstern, die als Rabenvögel zu den intelligentesten Vogelarten gehören, wurden von den Forschern mit einem Spiegel konfrontiert. In die Nähe des Spiegels legten die Wissenschaftler schön glänzende und glitzernde Gegenstände, jedoch so, dass sie nicht im Spiegel sichtbar waren. Die Elstern holten sich diese Objekte gezielt zum Spiegel[100] und betrachteten sich dort mit den Glitzerdingen im Schnabel – ein Verhalten, das Verhaltensforscher »gezielte Selbstpräsentation mit Objekten« nennen und zuvor ausschließlich bei Schimpansen beobachtet hatten. Die Forschergruppe beobachtete sogar, dass ihre Elstern einen heimlich an der Kehle angebrachten gelben Fleck im Spiegel entdeckten und versuchten, diesen zu entfernen.[101]

In Japan hat man mir eine Geschichte erzählt, bei der Kraniche mit einem Spiegel in Kontakt kamen. Im Frühling des Jahres 1987 hatte ein Kranichpaar sein Revier nahe beim Bauernhof des Bauern Otami. Dieses Paar hielt sich zwar von Menschen fern, spazierte aber auf der Suche nach Nahrhaftem gerne in der Nähe der Häuser herum. Es führte ein Junges. Der Sohn des Bauern fuhr ein pechschwarzes Auto, das er liebend gern spiegelblank putzte. Eines Tages kam die Kranichfamilie mit dem neugierigen Jungen in der Nähe dieses Autos vorbei. Das vorwitzige Jungtier schaute sich das Auto näher an – und entdeckte einen Kranich, sein Spiegelbild, an der glänzend schwarzen Karosserie. Der junge Kranich ging am Auto entlang, hin und her, und schaute immerzu zur Seite, zu seinem Spiegelbild. Nach diesem Erlebnis kam der Jungkranich fast jeden Tag, um sich sein Spiegelbild (oder »den Kranich im Auto«) anzusehen – und entdeckte eines Tages den Außenspiegel. Von nun an sah er gezielt, so oft es ging, in ebendiesen Spiegel, hackte nie hinein, machte nichts Auffälliges, außer interessiert hineinzusehen und den Kopf hin und her zu wenden. Was hat er da gesehen, was dabei empfunden?

Vielleicht sollte man mit Kranichen doch einmal den Spiegeltest machen?

Schon lange befasse ich mich intensiv mit Fragen des Denkens und des Bewusstseins. Das heißt, ich lese so ziemlich alles, was ich über Gehirn- und Verhaltensforschung in die Finger bekomme. Immer wieder versuche ich auch, mir selbst beim Denken zuzusehen. Ich achte darauf, wie »es« (mein Gehirn) »für mich« beziehungsweise »mit mir«

denkt. Irgendwann stellte ich fest, dass ich nur selten in Form von Wörtern, sondern meist in Bildern denke. Ich nehme an, das geht den meisten Menschen so, nur werden die Gedanken von uns so schnell verbalisiert, dass wir meinen, wir dächten in Worten.

August Kekulé soll seine Eingebung von der Struktur des Benzols als ein Bild von zum Sechseck ineinander verschlungener Schlangen im Traum gesehen haben, mich würde es nicht wundern, wenn es so gewesen wäre. Meine Theorien, Erfindungen, Problemlösungen im Zusammenhang mit meinen wissenschaftlichen und technologischen Arbeiten habe ich immer zuerst in bildhafter Form. Das heißt, ich versetze mich an die Stelle der Dinge, deren Dynamik ich verstehen möchte, und versuche, die Prozesse sozusagen aus einem Mini-U-Boot heraus, als Beobachter scheinbar auf der gleichen Ebene mit den aktiven Molekülen und Nanoteilchen, nachzuvollziehen. Auf diese Weise will ich mein Verständnis der komplizierten Vorgänge verbessern.

Ich halte es durchaus für möglich, dass optische Eindrücke nutzende Lebewesen wie Kraniche ebenfalls in Bildern denken und damit künftige Ereignisse (zum Beispiel das Wachstum der Jungen, das Fallen oder Ansteigen des Wasserstandes, das Wachstum des Grases oder aber die Flugstrecke zu einem Ziel) als »bewegte Bilder« vor ihrem »inneren Auge« sehen können. Das würde bedeuten, dass sie Probleme und ihre Lösungen oder den Flug bildlich durchspielen können. Das Gleiche gilt für den Winter- und den Frühjahrszug. Kraniche könnten sich damit ebenso wie wir Menschen einen Weg vom Anfang bis zum Ende

»ohne Worte« vorstellen (erinnern Sie sich an mein Beispiel Ihres Besuches in Tokio?).

Sprache und Schrift werden bei uns Menschen in anderen Gehirnregionen verarbeitet als das Sehen und Erkennen. Das »Bewusstsein« hat mit keinem dieser Zentren zu tun. Wie aus klinischen Fällen bekannt ist, hat jeder Mensch zwei verschiedene »Bewusstseins«, je eines in der linken und in der rechten Hirnhemisphäre. Schwerkranken Epileptikern wurde in den 1950er und 60er Jahren manchmal die Verbindung zwischen den beiden Gehirnhälften operativ durchtrennt. Die epileptischen Anfälle blieben danach aus. Jedoch fanden sich diese Menschen anschließend in der unangenehmen Situation wieder, zwei verschiedene Persönlichkeiten in demselben Körper zu sein, von denen unangenehmerweise jede die Kontrolle über eine andere Hälfte dieses Körpers hatte, und die miteinander stritten.

Das, was wir »Bewusstsein« nennen, ist Teil der menschlichen Überzeugung, anderen Lebewesen überlegen zu sein. Aber wie viele unserer Leistungen finden tatsächlich »bewusst« statt? Und wie »bewusst« arbeiten die beiden Hälften unseres Gehirnes überhaupt zusammen an den Aufgaben, die wir Tag für Tag bewältigen? Wie bewusst ist mein Vortrag auf einer Konferenz eigentlich, wenn ich währenddessen Bilder in meinem Kopf sehe, die Reaktionen meiner Zuhörer beobachte und mich spontan, ohne mich beim Sprechen zu unterbrechen, entscheide, eine Passage anders zu formulieren, weil ich sie plötzlich als unpassend empfinde?

Jeder von uns hat schon einmal erlebt, dass einem gute Ideen genau dann nicht kommen, wenn man sie gerade braucht und gezielt hinter ihnen her ist, sondern in entspannten Situationen, wenn man an etwas ganz anderes oder an gar nichts denkt. Ich habe meine besten Ideen auf dem Fahrrad oder im Duvenstedter Brook, oft in der ersten Woche meines Jahresurlaubs.

Ein anderes Beispiel für unbewusste Leistungen ist die Tatsache, dass man sich beim Autofahren hervorragend mit seinem Mitfahrer unterhalten kann. Erst in einer plötzlichen Gefahrensituation wird mir wieder das Fahren selbst bewusst. Ansonsten laufen Entscheidungen zu bestimmten Bewegungen wie Lenken, Gas geben, Bremsen meist unbewusst ab, also ohne »mich«.

Hochleistungssportler trainieren oft mental, simulieren also zum Beispiel den Hochsprung oder die Schrittfolge mit Absprung und Landung beim 400-Meter-Hürdenlauf in ihrer Vorstellung. Von Pianisten las ich, dass sie ebenfalls mental Klavier spielen. Warum machen sie das? Weil sie dann, wenn es darauf ankommt, ihre Tätigkeiten zu großen Teilen unbewusst, quasi »automatisch« ablaufen lassen können.

Es gibt also Aspekte des Lebens, in denen wir ohne Bewusstsein ganz gut auskommen, ja sogar ohne die bewusste Steuerung leistungsfähiger sind oder die gestellten Aufgaben besser erfüllen als mit ihr. Das gilt selbstverständlich für alle Funktionen des Körpers, die vom vegetativen Nervensystem gesteuert werden, das ohnehin »unbewusst« funktioniert. Wir können Herzschlag und Magen-Darm-Tätigkeit nicht bewusst steuern (und nur teilweise beobachten) und wären bei all den Tätigkeiten und Belastungen des Alltags ganz schön überfordert, zusätzlich noch an das Umpumpen des Blutes und die Verdauung denken zu müssen. Ähnlich ist es mit der Atmung, die normalerweise unbewusst abläuft; wir können zwar bewusst ein- und ausatmen, aber es schleichen sich durch Stress oft (unbewusst) schlechte Atemgewohnheiten ein, die man wiederum durch (bewusstes) Atemtraining beheben kann.

Für interessant halte ich das Phänomen, dass viele Menschen (so auch ich) morgens zu einer ungewöhnlichen Zeit wach werden können, wenn man beispielsweise einen wichtigen frühen Termin hat. Ohne Zweifel sind wir beim Schlaf ohne Bewusstsein, und das Aufwachen geschieht ohne unsere bewusste Kontrolle. Man muss es sich nicht einmal vorgenommen haben, von selbst aufzuwachen, sondern hat den Wecker gestellt, aber schon die (unbewusste) Einstellung auf eine vielleicht entscheidende Angelegenheit am frühen Morgen reicht aus. Andererseits gibt es viele Fälle, in denen es uns hilft, unser Bewusstsein »einzuschalten«. Es geht mir nicht darum, dem Bewusstsein ausschließlich einen störenden Einfluss zuzuschreiben – ganz im Gegenteil. Ich bin der Ansicht, dass wir unser Bewusstsein sehr viel häufiger einsetzen sollten, vor allem in der Beobachtung und kritischen Beurteilung unserer selbst.

Jedem ist sicher schon bei sich oder anderen aufgefallen, dass man in einer Diskussion etwas gesagt hat, was man lieber nicht oder sogar ganz anders sagen wollte, was einem »so herausgerutscht« ist. Da war die Zunge schneller als das Gehirn, jedenfalls als der bewusste Teil des Gehirns.

Interessant und wohl verwirrend sind sicherlich neueste Untersuchungen, nach denen die Entscheidung, etwas zu tun, im Gehirn eher zu fallen scheint, als sie uns bewusst wird.[102] Mich überraschten diese Ergebnisse nicht, denn ich habe es schon oft so empfunden, dass mein Gehirn mit mir (oder für mich) denkt, dass also »mein Gehirn« und »Ich« durchaus zwei verschiedene Subjekte sein können. Beobachtet man sich selbst und andere Menschen, kann man feststellen, dass »Bewusstsein« sowohl graduell von Mensch zu Mensch variiert als auch innerhalb eines Menschen. Insgesamt ist »Bewusstsein« ein zu komplexes Phänomen, als dass es bisher von Psychologen, Biologen oder Biochemikern hätte entschlüsselt werden können[103]. Ich bin überzeugt, dass das Bewusstsein sich evolutionär entwickelt hat und nicht einfach »da« war, als der erste Homo sapiens auftauchte, also der erste »vernunftbegabte« Mensch.[104] Das bedeutet aber auch, dass es im Laufe der Evolution aller Tiere verschiedene Stufen der Bewusstseinsentwicklung gegeben haben muss. So würde es mich nicht überraschen, wenn verschiedene Lebewesen – zum Beispiel Affen, Wölfe, Elefanten, Lachse, Ameisen oder Kraniche – sich nicht einfach dadurch unterscheiden, ob sie ein Bewusstsein ihrer selbst haben oder nicht, sondern vielmehr dadurch, in welchem Grade sie es haben und welche Art von Bewusstsein sie aufweisen.

Ich habe keinen präzisen Plan, wie man mehr darüber herausbekommen könnte, aber eine Methode wäre sicherlich, die Lebewesen in ihrer natürlichen Umwelt daraufhin zu beobachten, wie sie mit unbekannten Problemen umgehen. Davon habe ich im Verlauf dieses Buches viel erzählt. Aber nicht nur mit Kranichen, sondern auch mit anderen Vögeln wurden erstaunliche Beobachtungen gemacht.

So lebt beispielsweise in Neukaledonien eine Krähenart, die Werkzeuge herstellt und benutzt. Die Vögel knicken Zweige ab und bearbeiten sie so, dass feine Stiele mit Haken entstehen, mit denen sie in Höhlen und Löchern nach Beute angeln können. Die ersten Werkzeuge der Menschen waren primitiver.

Ich denke, dass alle Problemlösungen, die eine Vorausschau erfordern, nur mit einem gewissen Grad an Bewusstsein möglich sind. Nur so kann das betreffende Lebewesen sich eine künftige Situation vorstellen (zum Beispiel bildhaft) und Alternativen durchspielen.

Mich fasziniert besonders die Fähigkeit von Tieren, sich aktiv zu verstecken. Ich erwähnte den Buntspecht, der sich hinter dem Baum versteckt. Ich berichtete vom Kranich, der vor oder hinter einer Buschreihe herfliegt, und davon, wie ein Kranich mir einen Duettruf vortäuschte.

Die Fähigkeit dazu scheint mir verwandt zu sein mit einer, die man die »Theorie des Geistes« nennt (englisch: »theory of mind«). Das ist das Wissen darüber, dass andere Wesen eine Sicht der Welt haben, die sich von der eigenen unterscheidet – eine Fähigkeit, die gemeinhin nur Menschen, allenfalls noch Schimpansen zugetraut wird. Indische Biologen haben Anzeichen für diese Fähigkeit nun bei einer tropischen Art von Bienenfressern entdeckt. Sie beobachteten die Nester dieser Vögel. Die Vögel scheuen sich davor, die Lage ihrer Nester preiszugeben, also versuchten sie stets zu vermeiden, zum Nest zu fliegen, wenn ein Forscher in Sichtweite war. In einer Variante des Experiments war die Sicht des Biologen auf das Nest (aber nicht auf den Vogel) verdeckt. Verblüffenderweise flogen die Vögel dann viel öfter zu ihren Nestern: Sie konnten den Menschen zwar sehen, sich aber auch vorstellen, dass der Mensch von seinem Standpunkt aus das Nest nicht sah. Die Welt aus der Sicht eines Anderen sehen zu können, geht weit über das hinaus, was Verhaltensforscher Vögeln bisher zugetraut hatten.

Mir kommt in diesem Zusammenhang auch das sogenannte »Verleiten« in den Sinn: dabei lenken bodenbrütende Vögel (wie Kiebitze oder Goldregenpfeifer) einen potenziellen Nest- oder Kükenräuber ab, indem sie ihm entgegenfliegen und den verletzten Vogel spielen, indem sie humpeln und scheinbar verzweifelt mit hängendem Flügel zu fliehen versuchen. Auf diese Weise wird die Aufmerksamkeit des Eindringlings abgelenkt, und der Vogel leitet ihn ziemlich sicher vom Nest oder von den Küken weg. Ist dies wirklich eine angeborene Verhaltensweise oder wissen die Altvögel, was sie tun, haben sie es sich in frühesten Kükentagen von ihren Eltern abgeschaut?

Immer wieder komme ich bei diesen Überlegungen auf die Frage zurück, was das Gehirn eigentlich ist, und ich habe bislang keine befriedigende Antwort darauf gefunden. Interessant ist jedenfalls, dass die Gehirne aller höheren Lebewesen untereinander viel ähnlicher sind als zum Beispiel Verdauungs- oder Geschlechtsorgane.

Eines allerdings scheint mir klar zu sein: Gehirne sind einmalig. Und so sehr die Entwicklung von »künstlicher Intelligenz« voranschreitet – bei genauer Betrachtung zeigt sich doch, dass ein Gehirn viel mehr leistet, als wir unter »Intelligenz« verstehen, und dabei wesentlich komplexere Aufgaben bewältigt als jeder Supercomputer.

Roger Penrose ist einer der führenden Physiker unserer Zeit und argumentiert konstant gegen die Auffassung, dass Computer eine »künstliche Intelligenz« seien. Natürlich bezweifelt er nicht, dass Computer gewisse Dinge sehr viel schneller können als wir mit unserem Gehirn. Dabei handelt es sich um Fragestellungen, bei denen der Lösungsweg in sogenannten »Algorithmen« mathematisch formuliert und standardisiert werden kann.

Penrose hat gezeigt, dass Menschen hingegen auch Fragen beantworten können, die eindeutig nicht mithilfe von Algorithmen berechenbar sind. Er verweist etwa auf bestimmte mathematische Sätze, die nachweislich mithilfe von Algorithmen nicht bewiesen werden können, aber dennoch korrekt sind. Penrose nennt diese Fragen »nicht berechenbare Probleme«. Ein Computer wäre mit ihnen prinzipiell überfordert. Im Wesentlichen hat dies mit »Verstehen (Begreifen)« zu tun.[105]

Daraus, dass das menschliche Gehirn auch »nicht berechenbare Probleme« lösen kann, folgert Penrose, dass es anders strukturiert sein und anders funktionieren muss, als wir derzeit meinen. Es könne nicht nur aus einer – an und für sich schon beeindruckenden – Zahl von Verknüpfungen der Gehirnzellen untereinander bestehen, sondern müsse auf Prozessen beruhen, die als solche ebenfalls nicht berechenbar sind. Hinzu kommt, dass wir ziemlich sicher sein können, dass das Gehirn nicht nach Art der Computer mit Verknüpfungen arbeitet, die »Null« oder »Eins«, »Ja« oder »Nein« geschaltet sind. Vielmehr scheinen sich Zustände im Gehirn dreidimensional aufzubauen, durcheinander zu fließen und dadurch sehr viele Prozesse parallel und ineinander verwoben zu ermöglichen. Wie das genau vor sich geht, muss auch bei Penrose im Bereich der Spekulation verbleiben; er hat aber schlüssig bewiesen, dass ein Gehirn auf jeden Fall qualitativ mehr ist und mehr kann als jeder Computer.

Das gilt aus meiner Sicht bereits für ein »Spatzenhirn«. Einmal trat ich um eine Wegbiegung herum und hielt an, weil ich eine Gruppe Spatzen beobachten wollte, die auf dem Weg saß. Einer der Vögel sah mich, stieß einen Warnruf aus, und die gesamte Truppe flog in die Büsche – der Warner aber blieb seelenruhig sitzen, schnappte sich das größte Krümelchen und hüpfte in den Graben. Ein gelungenes Täuschungsmanöver, organisiert von einem nur wenige Gramm wiegenden Gehirn – mit einer Flexibilität, die jede künstliche Intelligenz um Längen schlägt.

Zugegeben: Von meinen Gedanken über Bewusstsein und Intelligenz des Menschen ist es ein weiter Weg zurück zu den Kranichen. Ich möchte aber im Folgenden versuchen, die Beobachtungen, die ich an Kranichen machen konnte, mit meinen Gedanken über »Bewusstsein« in Einklang zu bringen.

Da auch wir Menschen, wie dargelegt, nicht immer »bewusst« handeln, dürfen wir auch nicht davon ausgehen, dass »Bewusstsein« etwas ist, das man quasi an- und ausschalten kann, das entweder ganz oder gar nicht vorhanden ist.

Insofern kann selbst der höchste Grad an Bewusstheit, den wir Menschen uns selbst zubilligen, eigentlich nicht mit »100 Prozent Bewusstsein« bewertet werden. Die Wahrheit liegt irgendwo zwischen 0 und 100 – nehmen wir als Beispiel einen wachen Menschen, der vielleicht gerade Auto fährt, und schätzen: Er ist zu 65 Prozent »bewusst bei der Sache«.

Wenn wir diesen gedanklichen Schritt einmal gemacht haben, wird uns die Annahme leichter fallen, dass das »Bewusstsein seiner selbst« bei verschiedenen Tierarten (und somit bei verschiedenen Individuen einer Art) graduell verschieden sein kann. Vermutlich sind wir uns einig darin, dass keine Tierart »65 Prozent Bewusstsein« erreicht. Aber vielleicht die eine oder andere Art 40 Prozent, wieder andere zwanzig?

Biologen und Verhaltensforscher, die sich mit diesem Thema befassen, haben eine Kategorisierung geschaffen, der zufolge es zwei Ebenen des »Selbst« gibt: Eine, die als »maschinenähnliches« (oder »mechanisches«) Selbst bezeichnet wird, und eine andere, die mit einer »Vorstellung vom Ich« (beziehungsweise Selbst) verknüpft ist. Die Wissenschaftler gehen davon aus, dass nur diejenigen Tierarten eine »Vorstellung vom Ich« besitzen, die sich im Spiegel erkennen.

Ich halte diese Einschränkung für reichlich anthropozentrisch. Sie setzt darüber hinaus das Bewusstsein von sich selbst mit der Fähigkeit gleich, sich selbst in einem Spiegel zu erkennen (verlangt also ausschließlich eine visuelle Wahrnehmung und zusätzlich, dass das innere Bild von sich selbst mit dem im Spiegel übereinstimmt). Dabei wird die Möglichkeit ausgeschlossen, sich selbst akustisch oder am Geruch zu erkennen.

Einige Wissenschaftler gehen sogar noch weiter und verlangen als Voraussetzung für das Vorhandensein einer

Vorstellung vom Ich »Sprache«. Denn nur dann könne dieses Wesen vom »Ich« sprechen und mitteilen, ob es eine Vorstellung von seinem Ich und dem Unterschied zum Anderen habe. Mit dieser Definition sind alle Lebewesen ohne die Fähigkeit zur Sprache gleichermaßen disqualifiziert – ein Hund ebenso wie eine Nacktschnecke.

Unbestreitbar ermöglicht die menschliche Sprache eine komplexe Form der Kommunikation. Aber was wissen wir beispielsweise von der Sprache der Wale und Delfine oder der Papageien? Was wissen wir über die nicht-verbalen Kommunikationsmöglichkeiten der Tiere, wenn wir selbst nicht einmal genau wissen, wie viel von unserer Kommunikation aus nicht-verbalen Zeichen unserer Körpersprache besteht? Viele Studien zeigen, dass uns die Körpersprache, die wir verwenden, überwiegend nicht selbst bewusst ist. Psychologen sind sogar der Ansicht, dass der größere Teil der Kommunikation bei uns Menschen nicht verbal, sondern durch Mimik und Gestik weitgehend unbewusst (!) erfolgt. Mehr noch: Erst kürzlich haben US-Wissenschaftler Tausende von non-verbalen Lautäußerungen und die damit verbundenen insgesamt 24 verschiedenen emotionalen Mitteilungen in einer interaktiven Karte zusammengestellt.[106] Nun ist es wissenschaftlich untermauert: Wir können ohne Sprache Emotionen mitteilen. Warum dann nicht auch Tiere, warum nicht Vögel? Das ist eine wichtige Frage, denn als Vorstufe für die Entwicklung von Bewusstsein wird die Fähigkeit zu sogenannten »primären Emotionen« bezeichnet.

Es ist nicht das Ziel meiner Betrachtungen nachzuweisen, Kraniche seien ebenso mit Bewusstsein begabt wie

Menschen und quasi als über ihr Leben nachsinnende Philosophen einzustufen. Aber vielleicht gibt es ja bei Kranichen oder anderen Vögeln und auch bei Säugetieren einen gewissen Grad von (Selbst-)Bewusstsein – und seien es »nur« zehn oder 20 Prozent.

Der Evolutionsbiologe Marc Bekoff und die Bioethikerin Jessica Pierce haben zusammen das Buch *Sind Tiere die besseren Menschen?* geschrieben.[107] Sie vertreten dort die These, dass Tiere uns Menschen ähnlicher sind, als wir denken. Der Neurowissenschaftler Antonio Damasio ist der Auffassung, dass nicht Verstand und Intellekt, sondern die Gefühle entscheidend dafür waren, dass der Mensch zum Menschen wurde.[108] Es gibt keinen Grund anzunehmen, dass – während unsere Gliedmaßen, unser Körperbau und Gehirn, unsere Organe, unsere Sinne sich eindeutig im Verlauf der Evolution entwickelt haben – Gefühle, Emotionen und Bewusstsein plötzlich und nur beim Menschen aufgetreten sind. Meine langjährige Beobachtung von Kranichen in allen möglichen Weltgegenden hat mich zu der Überzeugung gebracht, dass Kraniche über ein vielfältiges Gefühlsleben verfügen. Im Anhang finden Sie den Abgleich einer Reihe von Emotionen mit meinen diversen Beobachtungen an Kranichen. Viele Wissenschaftler sind jedoch der Meinung, dass Tiere nicht über ein Bewusstsein verfügen, weil ihnen ein Gedächtnis abgehe, das Ereignisse nach Raum und Zeit geordnet abspeichert und für Erfahrungen und Entscheidungen verfügbar hält (man nennt dies »episodisches Gedächtnis«). Dieser Frage möchte ich mich im nächsten Kapitel zuwenden.

Ich schließe dieses Kapitel mit einer Behauptung, die

ich als Anregung zum weiteren Beobachten und Forschen verstanden sehen möchte: Kraniche besitzen einen hohen Grad an Intelligenz. Sie sind in der Lage, auftretende Probleme flexibel, also der Situation angepasst zu lösen. Sie verfügen über eine komplexe Kommunikationsfähigkeit und ein gewisses Bewusstsein ihrer selbst. Inwieweit sie eine differenzierte Vorstellung ihres Ich entwickeln können, muss offenbleiben. Ich würde das Bewusstsein ihrer selbst nicht bei null Prozent, auch nicht bei 40 oder 50 Prozent ansiedeln. Es wird irgendwo dazwischen liegen, vielleicht vergleichbar mit dem von Hunden, Wölfen oder Bären, allerdings basierend auf einer anderen Gehirnstruktur, nämlich dem Vogelhirn.

Die Vorstellung vom Ich (oder Selbst) entwickelt sich im sozialen Leben mit Artgenossen. Bei den Kranichen als sozial lebenden Tieren muss sich eine Vorstellung davon entwickelt haben, dass der Andere ein Jemand, aber eben ein anderer Jemand ist. Ich vermute, dass das Selbstbild und das Bild der Anderen bei Kranichen bildhaft und wohl gleichzeitig »tonhaft« ist.

KAPITEL 14

Können Kraniche strategisch denken? Weitere erstaunliche Beobachtungen

Bewusstsein bei Kranichen – nicht jeder wird sich mit den Gedanken des vorigen Kapitels anfreunden können. Das kann ich gut verstehen, denn ich brauchte selbst einige Jahre, bis ich den Kranichen wenigstens einige Prozent an Bewusstsein ihrer selbst zugestand, doch mit zunehmender Beobachtung wurde der Prozentsatz immer höher.

Gern möchte ich mich jetzt einem anderen Thema zuwenden, das ich gegen Ende des vorigen Kapitels kurz angesprochen habe: dem sogenannten »episodischen Gedächtnis«. Darunter versteht man die Fähigkeit, Erfahrungen zu erinnern, die zu einer bestimmten Zeit in einem bestimmten Zusammenhang gemacht wurden. Dazu gehört auch, dass das Wesen, das über ein episodisches Gedächtnis verfügt, »weiß«, das es selbst bei dem Ereignis, das der erinnerten Erfahrung zugrundeliegt, zugegen war, es selbst diese Erfahrung gemacht hat (oder jemanden beobachtet hat, der eine lehrreiche Erfahrung machte – das wäre aber eine noch höhere Stufe der episodischen Gedächtnisfähigkeit).

Die überwiegende Mehrheit der Verhaltensforscher ist der Meinung, dass Vögel nicht über ein episodisches Gedächtnis verfügen. Diese Ansicht ist schon seit Langem in Frage gestellt, wenn nicht widerlegt durch Forschungen an dem amerikanischen Buschhäher *Aphelocoma coerulescens*. Diese Vögel verstecken gern ihr Lieblingsfutter, im Falle eines kontrollierten Versuchs Maden und Erdnüsse. Die Maden schmecken aber nur frisch gut, die Erdnüsse halten sich in den Verstecken länger. Wie gut das episodische Gedächtnis dieser Häher funktioniert, haben sie damit bewiesen, dass sie ganz genau wussten, wie lange es sich lohnt, ein Madenversteck noch aufzusuchen. Wenn sie nicht die Möglichkeit hatten, frische Madenverstecke aufzusuchen, ließen sie sie liegen und fraßen die Erdnüsse. Hatten sie aber die Chance, die Maden bald nach dem Verstecken auszugraben, bevorzugten sie diese.[109] Kein Zweifel besteht darüber, dass die Buschhäher über lange Zeit mehr als 1000 verschiedene Verstecke gezielt aufsuchen können und sich dabei ausschließlich auf ihre Erinnerung an deren Lage und Alter verlassen. Dies reicht aber noch nicht an das heran, was ich bei Kranichen beobachten konnte, nämlich strategische Planung. Hierzu bedarf es neben dem Gedächtnis (was ist wann wo in welchem Zusammenhang geschehen) auch noch der Fähigkeit zu erkennen, dass ein aktuelles Problem der damaligen Situation ähnelt, und der Fähigkeit, daraus die Schlussfolgerung zu ziehen, was man anstelle der damaligen Handlung (oder Unterlassung einer Handlung) tun sollte.

Im Verlauf meiner jahrelangen Beobachtungen fand ich zahlreiche Belege dafür, dass Kraniche über solche Fähigkeiten verfügen, also früher gemachte Erfahrungen verarbeiten und gedanklich eine Lösung für später auftretende

Probleme vorbereiten können. Zumindest wüsste ich keine andere Erklärung für einige meiner Beobachtungen.

Im Frühjahr 1996 beispielsweise bezog das Kranichpaar, das in einem besonders feuchten Teil des »Alten Moors« brütete, wieder sein Revier und fühlte sich dort wie zuvor ganz zu Hause. Es suchte Nahrung, balzte und bereitete sich auf die Brut vor – mal auf den Wiesen neben dem Nestbereich, mal weit entfernt am Rande des Brooks.

Drei Jahre zuvor hatten die beiden dieses Revier erobert, das dicht an dasjenige eines bereits dort etablierten Paares grenzte. Die »Verhandlungen« um die genauen Grenzen zwischen den Revieren dauerten wochenlang an. Hierzu schritten beide Männchen sehr gemessen mit hoch erhobenem Kopf und gestrecktem Hals (»Prahlmarsch«) die Grenzen ab. Unter anderem einigten sie sich auf einen Graben und eine schüttere Buschreihe als Grenze (nahmen sich also offenbar optische Kennzeichen, um sich das eigene und das fremde Revier merken zu können). Diese Grenzen waren dann für beide Seiten akzeptiert und wurden nicht mehr angefochten, und nie wieder beobachteten wir Revierauseinandersetzungen zwischen den beiden Paaren.

Anstatt aber im Frühling 1997 diese Ruhe zu genießen und die Brut wie im Vorjahr gemächlich vorzubereiten, verhielten sich die Kraniche diesmal merkwürdig anders. Immer, wenn das Paar sich relativ nah (bis ca. 200 Meter) an der künftigen Futterwiese für die Jungen aufhielt, verscheuchte das Männchen alle Gänse, die sich dort befanden. Im Verlauf der ersten Wochen stellte sich heraus, dass er sie nur jenseits eines älteren Grabens duldete, also einer für Kraniche und Gänse sichtbaren Linie. Das war merkwürdig, weil dieses Paar in den zwei Jahren, die es hier schon brütete, immer in friedlicher Nachbarschaft mit den ebenfalls dort brütenden Gänsen gelebt hatte.

Früher hatte man die Gänse und die Kranichfamilie dicht nebeneinander im Gras sehen können – die einen fraßen, die anderen ruhten oder putzten ihr Gefieder. Was war nun anders, warum wollte der Kranich die Gänse nicht mehr dulden?

Die Brut verlief problemlos. Der Wasserstand war von Anfang an relativ niedrig, es blieb recht trocken, und der wenige Regen änderte den Wasserspiegel kaum. Die Kraniche hatten für ihr Nest eine günstige Stelle gewählt, es war und blieb also sicher.

Nach der Schlupf erschien das Kranichelternpaar eines Tages zum ersten Mal mit seinen zwei winzigen Jungen auf der Wiese. Ein paar Gänse hatten sich wieder über die Grenze gewagt. Das hätten sie lieber nicht tun sollen; sie wurden sofort verjagt. Dabei reichte die bisher gültige Grenze offenbar nicht mehr. Der Kranich vertrieb die armen Gänse bis auf die übernächste Wiese. Dazu ließ er merkwürdigerweise die noch sehr kleinen Jungen mit der Mutter allein (normalerweise kümmert sich je ein Elternteil um je ein Junges, wenn zwei geschlüpft sind). Also musste es den Kranichen wohl sehr wichtig sein, sich die Gänse vom Leib zu halten. Aber warum?

Wochenlang ging es so weiter. Der Radius um die Kraniche, in dem die Gänse sich nicht aufhalten durften, wurde ständig größer. Bald durften sie sich nicht mehr näher als 300 Meter heranwagen. Längst war klar, dass die Gänse eine katastrophale Brutsaison hatten: Nicht eine einzige

Brut war in diesem Gebiet erfolgreich, wir sahen kein einziges Gössel. Die jungen Kraniche hingegen wuchsen schnell und würden bald flügge werden. Der Grund der ständigen Gänsevertreibung aber blieb mir nach wie vor unklar.

Eines Tages wurde mir die entscheidende Frage bewusst: Hatte ich eigentlich ein einziges Mal in jenem Jahr den sonst häufig hier jagenden Fuchs gesehen? Nein. Ich fragte alle Kranichbewacher-Kollegen, die ich erreichen konnte. Nein, keiner hatte den Fuchs beobachtet. War das der Grund? Der Fuchs war früher sicherlich nicht wegen der maximal ein oder zwei potenziell zu erbeutenden Kranichküken dort vorbeigekommen, sondern wegen der etwa 35 Gänsepaare und ihrer 20 bis 40 Jungen. Da hatte sich die Jagd oft gelohnt. Doch nebenbei hatte er in den letzten drei Jahren in jeder Saison sicherlich ein oder zwei Kranichjunge von diesem Paar erbeutet; einmal konnten wir es sogar beobachten.

War das den Kranichen aufgefallen? War ihnen dieser Zusammenhang aufgegangen? Hatten sie vielleicht erkannt, dass der Fuchs eigentlich Gänse jagte? Wir wissen es nicht, aber: Der Effekt war, wie beschrieben, dass der Fuchs sich im Revier der Kraniche wegen Gänsemangels kaum oder gar nicht mehr blicken ließ. Und es waren in diesem Sommer zwei prächtige Kranichjunge flügge geworden. Das war einmalig. Die Begebenheit ist, so denke ich, ein starker Hinweis für episodisches Gedächtnis und die Fähigkeit zu strategischer Planung. Dieses Kranichpaar nannte ich wegen dieser Begebenheit »die Füchse«.

Im darauffolgenden Jahr betrieb der Kranich zwar die

Gänsejagd nicht so intensiv, aber immer noch in ausreichendem Umfang. Wieder konnten die Gänse an diesem Platz nicht brüten (jedenfalls beobachteten wir keine Jungen). Zwar grasten und übernachteten immer wieder mal ein paar Gänse in der Nähe des Nestes oder der Reviergrenzen, aber zum Brüten verzogen sie sich in andere Gebiete im Brook. Noch heute ist es so, dass die Gänse nicht mehr an nur einer Stelle, sondern an mehreren verteilt brüten, inzwischen immerhin wieder auf den besagten Wiesen, denn inzwischen leben hier längst neue Generationen von Kranichen und Gänsen.

Ein weiteres überzeugendes Beispiel lieferte mir das an früherer Stelle beschriebene Schreikranichpaar, das ich in Texas zu meiner Überraschung einmal morgens nicht an seinem Schlafplatz im Wasser stehend fand, sondern nahe einer am Vortag glimmenden Brandstelle. Sie hatten ganz entgegen Kranich-Gewohnheiten und allen kranichüblichen Sicherheitsvorschriften zum Trotz auf trockenem Boden übernachtet. So konnten sie morgens die frisch gegrillten Leckereien aufsammeln. Dahinter steckte offenbar eine klare Planung. Man bedenke: Die Beobachtung »Da ist Rauch« wurde verknüpft mit »Wo Rauch ist, ist auch Feuer« und weiter: »Wo Feuer ist, gibt es wenig später gegrillte Leckereien zu finden.« Dies ist schon eine ordentliche Menge und Qualität an kognitiven Leistungen! Und gewissermaßen als Sahnehäubchen dann noch die Schlussfolgerung: »Wir müssen heute dort übernachten und nicht an der Küste im Wasser, damit wir als Erste dort sind, falls noch andere Kraniche kommen.«

Jede Beobachtung von Kranichen, die bestimmte Äcker

zunächst erstmalig, dann wiederholt aufsuchen, wenn dort gerade etwas Nahrhaftes zu finden ist, zeugt von episodischem Gedächtnis, ebenso die Verlagerung von Brut-, Rast-, Sammel- und Überwinterungsplätzen.

Strategische Planung ist eng verknüpft mit der Fähigkeit, sich zu etwas zu entscheiden, wozu es eine Alternative gibt. Das nennt man »freier Wille«. Marc Bekoff und Jessica Pierce diskutieren diesen Aspekt ebenfalls[110]: Zunächst stellen sie klar, dass Tiere durchaus einen freien Willen haben (können), und in für viele von uns erstaunlicher Weise würden freiwillige Entscheidungen auch im Tierreich oft unter moralischen Gesichtspunkten (»richtig«/»falsch«) getroffen. Andererseits könne moralisches Verhalten durchaus konditioniert beziehungsweise instinktgeleitet sein, das sei beim Menschen ebenfalls oft der Fall. Meiner Meinung nach hat das Konzept »freier Wille« keineswegs unbedingt gleich moralische Komponenten; vielmehr ist ja zum Beispiel die Entscheidung, heute Vormittag nicht auf diese Wiese, sondern auf jenen Acker zu fliegen, »amoralisch«, das heißt, moralisch betrachtet neutral. Kraniche scheinen also tatsächlich einen freien Willen zu haben. Nicht zuletzt sehen wir dies auch an der Tatsache, dass sie sich für unterschiedliche Zugwege entscheiden können (und diese tatsächlich wechseln) und sogar spontan entscheiden, ob sie den Winter nicht doch in Norddeutschland verbringen wollen, solange es nicht allzu heftig und allzu lange friert.

Aber finden wir bei Kranichen denn auch Hinweise darauf, dass sie zumindest über Ansätze eines Moralkodex' verfügen? Bekoff/Pierce haben der Frage von »moral codes«

im Tierreich einen Teil ihrer Forschung gewidmet.[111] Sie stellten fest, dass es bei sozial lebenden Tieren sehr wohl klare Kodizes gibt, nach denen »falsch« und »richtig« beurteilt wird, eine Handlung also nicht akzeptiert/bestraft oder akzeptiert/belohnt wird. Sie schreiben, dass dies »vielleicht sogar bei Vögeln« der Fall sein könnte. Können wir dies bei Kranichen erkennen? Ich denke, ja, zum Beispiel im Revierverhalten: Wenn erst einmal klar ist, wer wo der Revierbesitzer ist, reicht bereits der Duettruf oder, wenn nötig, der deutlich aufwändigere minutenlange »Prahlmarsch« (immer noch eine wenig aufregende Handlung), um die Dinge wieder klarzustellen. Paare, die bereits mehr als ein Jahr ihr Revier nebeneinanderliegen haben, benötigen im nächsten Frühjahr keine Revierauseinandersetzungen mehr, es ist beiden Seiten klar, dass ein Übertritt über die Grenze auf die andere Seite »falsch« ist, »sich nicht gehört«; man respektiert das Revier des anderen. Neue Paare, besonders junge, müssen dies erst lernen. Dies würde ich durchaus als einen moralischen Kodex betrachten.

Normalerweise sind Revierkämpfe unblutig. Unter »normal« verstehe ich »in mehr als 99,9 Prozent der Fälle«. Nur in sehr seltenen Fällen, über die dann in der Fachwelt gleich aufgeregt und oft mit Fotomaterial belegt berichtet wird, endet ein Revierkampf blutig (ich selbst habe es nie beobachtet). Daraus schließe ich: Einerseits haben Kraniche durchaus die Möglichkeit, sich bis aufs Blut zu bekämpfen, andererseits tun sie es jedoch so gut wie nie. Hier sehen wir meiner Meinung nach das Ergebnis einer Art von freiem Willen, die freie Entscheidung, einen Moralkodex anzuerkennen, der etwa so lauten könnte:

»Revierkampf ja, aber wir hacken nur zum Schein; wir demonstrieren Stärke, wenden sie aber nur in allerseltensten Fällen wirklich an!«

Zugegeben: Ich interpretiere in meine Beobachtungen viel hinein. Die Beobachtungen sind Fakten, die Interpretation überlasse ich gern jedem selbst. Ich selbst gehe dabei so weit, weil mir keine andere, ebenso logische Interpretation einfällt.

Ich möchte nicht behaupten, dass Kraniche intelligenter sind als Rabenvögel oder Papageien oder Tauben. Die Zielsetzung des vorliegenden Buches ist nicht, die einmaligen Arbeiten einer Irene Pepperberg mit ihrem Papagei Alex zu übertrumpfen. Dieser konnte sprechen, verstand die Fragen seiner menschlichen Betreuer und war in der Lage, »vernünftig« zu antworten. Diese Forschungsergebnisse sind sensationell.

Ich weiß nicht, ob »unsere« Kraniche wie die Versuchs-Tauben mancher Verhaltensforscher bunte Dreiecke, Quadrate oder abstrakt gemalte Bäume und Häuser auseinanderhalten und sortieren können, um bei richtiger Zuordnung ihr Futter zu bekommen. Sie haben es nie geübt, und ich werde sie ganz bestimmt nicht darin trainieren, denn im Brook, in Sibirien, in Schweden, im Norden Kanadas oder auf dem Zug in den Süden müssen sie nicht Bauklötze sortieren, um Futter zu finden, sondern Schnecken und Würmer von Ästen und Wurzeln, Maiskörner von bunten Kieseln, trockene Flächen, auf denen nichts wächst und auf denen man nicht übernachten kann, von lohnenswerten Äckern und Wiesen zum Futtern unterscheiden können; sie müssen zum Brüten geeignete

Feuchtgebiete und flache Gewässer für die Nacht erkennen können. Und sie müssen gefährliche Füchse von Dachsen unterscheiden können, da Letztere keine Jungvögel jagen, aber sehr gern Eier ausschlürfen, sie sollten also nicht ans Nest gelangen.

Mir ist nicht bekannt, ob Kraniche wie Rabenvögel Informationen über Futter und Umfeld austauschen[112], aber sie können sich gegenseitig herbeirufen. Ich bezweifle, dass sie wie Eichelhäher Tausende von Verstecken wiederfinden würden, in denen sie Eicheln für den Winter gehortet haben. Kraniche sammeln keine Eicheln oder Maiskörner und verstecken diese nicht für den Winter. Sie suchen die Nahrung dann, wenn sie Hunger haben, da, wo sie zu finden ist, und sei es, dass sie dafür nach Spanien oder Äthiopien fliegen. Umgekehrt würden Eichelhäher den Weg nach Spanien nicht finden; ich selbst übrigens ohne Landkarte beziehungsweise Wegweiser ebenso wenig.

Wir Menschen haben für »Intelligenz« recht enge Kriterien definiert: Wenn Tiere dasselbe können wie wir, betrachten wir sie als in dieser Hinsicht »intelligent«. Wenn sie etwas können, das wir nicht können, gilt es als »angeboren«. Vielleicht wäre es besser, wenn wir alle Verhaltensweisen, die nicht nachweislich angeboren sind, zunächst einmal vorsichtigerweise als »erlernt« betrachten würden, denn allzu oft hat sich ein vermeintlich angeborenes Verhalten als erstaunlich flexibel und wohl doch erlernt erwiesen. Verhaltensweisen, die Tiere dazu befähigen zu überleben, sich täglich in unterschiedlichsten Situationen Nahrung zu beschaffen und schwierige Wetterlagen zu überstehen, sind in hohem Maße intelligent. Solche flexiblen Verhaltensweisen sind artspezifisch, weil die Arten in unterschiedlichen ökologischen Nischen leben und unterschiedliche Evolutionsgeschichten hinter sich haben, also körperlich und geistig verschiedene Voraussetzungen mitbringen. Darüber hinaus haben sie unterschiedliche (teils individuelle, teils kulturelle) Erfahrungen gesammelt.

Kraniche haben 60 Millionen Jahre der Erdgeschichte miterlebt und mitgestaltet, haben sich in unterschiedlichsten Landschaften und Klimata zurechtgefunden und mit Tierarten, die es zum großen Teil heute gar nicht mehr gibt, erfolgreich auseinandergesetzt. Die Verhaltensweisen, die wir heute beobachten, und die Gehirnstrukturen, die sie dazu befähigt haben, sind im Verlauf ihrer Evolution entstanden – einerseits die körperlichen und geistigen Grundlagen, andererseits kulturelle Traditionen und persönliche Erfahrungen beziehungsweise Lernergebnisse oder einzigartige Gehirnleistungen (»Entscheidungen«, »Erfindungen«).

Als intelligentes Verhalten sollten wir deshalb all das ansehen, was aufgrund einer Gehirnleistung als flexible Antwort auf wechselnde Umstände und Herausforderungen geleistet wird, um zu überleben und sich fortzupflanzen. Das ist viel mehr, als man in Intelligenztests und Laborversuchen erfasst.

Die oben geschilderten Beispiele für Planung oder langfristige Strategie sind besonders beeindruckend, und Kraniche wie »die Füchse« sind kein Einzelfall. Kraniche sind aber sogar zu taktischem Verhalten fähig, das einem Seifenopern-Drehbuch alle Ehre machen würde.

In einem gut beobachtbaren Revier auf Hokkaido lebte viele Jahre lang ein erfolgreich brütendes und, wie man anhand der Beringung sehen konnte, schon recht altes Kranichpaar. Ende März 1995 tauchte auf einmal das beringte Weibchen »F15« auf, eine erst eineinhalb Jahre alte Henne. Sie vertrieb das alte Weibchen des Revierpaares und bandelte mit dem Grundbesitzer-Männchen an. Der ließ sich drauf ein, und die beiden verbrachten ein paar aufregende Wochen miteinander, natürlich ohne dass es zu einer Eiablage kam, denn die junge Henne war ja noch gar nicht geschlechtsreif und konnte noch keine Eier legen (das hatte der Alte wohl nicht erkannt).

Im Juni beobachteten die Kranichexperten, wie »F15« plötzlich das alte Männchen vertrieb. Natürlich kam er immer wieder zurück, wollte sein Revier wiederhaben, sicherlich das attraktive junge Weibchen behalten, aber sie verscheuchte ihn erbarmungslos, wollte scheinbar alleine sein. Schließlich gab er auf. Kurze Zeit später sah man die junge Henne mit einem neuen, ebenfalls noch jungen Hahn im Revier einträchtig nebeneinander futtern. Die Protokolle der Beobachtungen auf den Fütterungsflächen in den vorangegangenen Wintermonaten zeigten, dass »F15« schon ein halbes Jahr zuvor mit einem gleichaltrigen Kranich zusammen war.

Erst 1998 hatten die beiden ihre erste Brut. Die Eroberung des Reviers erfolgte offensichtlich nach einer sehr geschickten, langfristig angelegten Planung; wenn Menschen sich ähnlich verhalten hätten, würden wir es »eine perfide Strategie« nennen. Wenn sich die beiden unerfahrenen Jungkraniche auf einen Revierkampf mit dem erfahrenen Paar eingelassen hätten, hätten ihre Chancen, dessen Revier zu übernehmen, wohl wesentlich schlechter gestanden.

Episodisches Gedächtnis, Planungsfähigkeit und zusätzlich eine weitere, noch höher entwickelte kognitive Fähigkeit offenbart die folgende Beobachtung ukrainischer Kranichforscher: Sergej Winter hat mit seinen Kollegen über mehrere Jahre hinweg in zwei Gebieten insgesamt 70 Kranichreviere beobachtet und untersucht, wie viele Nester die Brutpaare bauten. Er stellte dabei fest, dass rund 40 Prozent der Paare zwei oder mehr Nester in ihrem Revier bauten, und dass etwa ein Viertel der Kraniche zwar Nester bauten, aber kein Gelege ablegten und sich nicht fortpflanzten. Gerade diese Paare bauten zwei und mehr Nester, bis zu fünf. Dieses Phänomen hatte auch ich schon bei manch einer Nestsuche im Brook bemerkt. Ich hatte aber nicht erkannt, dass es sich offenbar nicht um Ausnahmen oder eine Marotte, sondern um eine Gewohnheit mit unbekanntem Hintergrund handelt. Vielleicht dient der Bau mehrerer Nester der Erprobung von Niststandorten oder der Irreführung von potenziellen Nesträubern. Interesse an einem Spiel (»Wir spielen brüten!«) beziehungsweise Langeweile könnten ebenfalls eine Rolle spielen. Sergej Winter und seine Kollegen vermuten eher einen triebgesteuerten Hintergrund und sprechen von einer »verschleppten Motivation des Nestbaus«.

Ich lernte Sergej Winter kennen, als ich auf der Internationalen Kranichkonferenz 1996 meine damals ersten Beobachtungen zum Verhalten der Kraniche vortrug. Er sprach mich nach meinem Vortrag an und erzählte mir etwas, das er zuvor in seinem eigenen Vortrag nicht erwähnt hatte:

Ihm und seinen Kollegen war ein Kranichpaar besonders aufgefallen. Es handelte sich um ein Paar, das in einem weiten Feuchtgebiet brütete, das überwiegend mit Schilfgras und Uferseggen, dazu mit Schwarzerlen und niedrigen Weiden bewachsen war. Eine Wiese oder Lichtung zum Ausführen der Jungen gab es in der Umgebung des Nestes nirgends. Das Paar hatte seinen Jungen daraufhin einen »Spielplatz« gebaut: Es hatte die zähen Schilfgrashalme, die für die Kranichjungen ein undurchdringliches Dickicht gebildet hätten, umgeknickt beziehungsweise ausgerissen, die Halme flach auf das Wasser gelegt und so eine ebene, freie Fläche geschaffen, auf der die Jungen problemlos umherlaufen konnten.

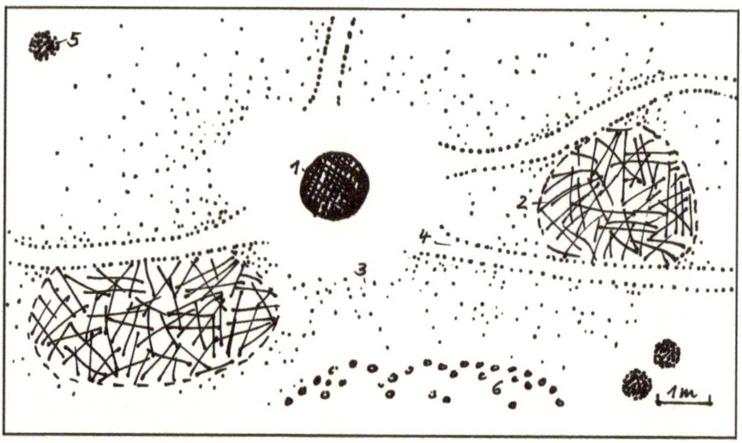

Schema von Nestumgebung und Standorten der »Spielplätze« des Grauen Kranichs

1. Nest
2. »Spielplatz« mit auf das Wasser gelegtem Gras
3. Grasbewuchs
4. Pfade der Kraniche
5. Einzelne Schwarzerlen
6. Dichtes Weidengebüsch

Schema eines Spielplatzes
1. Auf die Wasseroberfläche gelegte Pflanzen
2. Schlammiger Grund des überfluteten Schwarzerlengehölzes
3. Wasser
4. Wasseroberfläche
5. Grasbewuchs, überwiegend Uferseggen

Nachdem Winter und seine Mitarbeiter dies entdeckt hatten, fanden sie überall dort, wo ähnliche Voraussetzungen vorlagen, solche Spielplätze. Je nach den Bedingungen, die das jeweilige Kranichpaar an seinem Brutplatz hatte, sahen diese Spielplätze sehr unterschiedlich aus. Eines der Paare, an dessen Nest die Ufersegenhalme nicht sehr dicht standen (vier bis acht Halme pro Quadratmeter Wasser), legte alle Halme flach auf das Wasser, und das auf einer Gesamtfläche von 20 mal 40 Metern. Ein anderes baute auf einem

Abschnitt mit hoher Bewuchsdichte (30 bis 50 Halme/m^2) einen Spielplatz von 20 mal 30 Metern. Der früheste Zeitpunkt zum Bau des Spielplatzes lag übrigens schon zwei Tage vor der Schlupf, als das Junge im Ei bereits piepste.

1990 hatten in dem ukrainischen Feuchtgebiet mindestens fünf Kranichpaare je zwischen einem und vier Spielplätzen angelegt. 1991 waren es acht Paare, 1993 wieder fünf, soweit die Wissenschaftler feststellen konnten.

Hatte sich hier eine regelrechte Kultur entwickelt, die als Tradition der Kraniche dieses Gebietes weitergegeben wird und die wir aus anderen Gegenden nicht kennen? Ich wüsste gerne, wann die Spielplätze von ukrainischen Kranichen erfunden wurden. Werden wir sie eines Tages in Schweden finden? Sehr bemerkenswert finde ich, dass die Spielplätze kurz vor der Schlupf fertig sind – was für eine Planungsleistung, die voraussetzt, dass die Kraniche den Zeitpunkt der Schlupf kennen!

Wie die französische Verhaltensforscherin Emmanuelle Pouydebat darlegt[113], ist die Anlage von »Bauten« (wie zum Beispiel die Dämme der Biber oder die individuell sehr kreativ erstellten ungeheuer kunstfertigen Nester der Laubenvögel) gleichzusetzen mit dem intelligenten Gebrauch von Werkzeugen. Vor nicht allzu langer Zeit stellte dies noch eines der Kriterien dar, die den Menschen von den übrigen Tieren abheben. Inzwischen sind Hunderte von Tierarten (bei weitem nicht nur Primaten!) beobachtet worden, die Werkzeuge benutzen oder sogar herstellen – Kraniche wurden bisher nicht dazugezählt, da ihre Bauten, die Spielplätze, nicht bekannt waren. Hier beobachten wir neben der Herstellung einer speziellen künstlichen Anlage (gleichbedeutend mit Werkzeugherstellung und -gebrauch) einerseits episodisches Gedächtnis und strategische Planung, andererseits eine Kulturleistung, denn das Anlegen solcher Spielplätze ist eindeutig nicht vererbt, sondern ausgehend von einem einzigen ersten Paar in dieser Gegend recht oft erfolgt.

Ein weiteres Beispiel, das uns nachdenklich machen sollte: Zsolt Végváry, ein Mitarbeiter der ungarischen Naturschutzbehörden im Hortobágy Nationalpark, führt in jedem Herbst Zählungen der ziehenden Kraniche durch. Das geht am besten, wenn die Kraniche abends zum Schlafen in die Flachwasser-Fischteiche am Rande des Nationalparks einfallen.

Immer wieder haben Végváry und seine Mitarbeiter beobachtet, dass große Kranichgruppen aus der Ferne angeflogen kommen, dann aber nicht direkt zum Fischteich fliegen. Stattdessen legen sie noch eine Zwischenlandung auf Äckern oder Wiesen etwa einen Kilometer vor den Gewässern ein.

Einzelne Kraniche aber fliegen weiter. Sie überfliegen die Gewässer, die als Übernachtungsplätze in Frage kommen, kreisen, scheinen diese auszukundschaften. Dann kehren sie zur Gruppe zurück. Bald darauf startet die gesamte Gruppe und lässt sich zur Nacht im Wasser nieder.

Mir stellen sich angesichts dieser Beobachtung folgende Fragen: Sind die vorausfliegenden Kraniche als »Späher« zur Sicherheit vorgeschickt worden? Was sollen sie prüfen? Wie teilen sie den anderen mit, dass alles in Ordnung ist? Was würden sie tun, wenn das nicht der Fall wäre, wenn also Fischer auf dem Teich zu sehen wären?

Schon bei meinen eigenen Beobachtungen der Kraniche wurde mir deutlich: Jede neue Erkenntnis führt ihrerseits zu neuen Fragen, beispielsweise:

Wäre es nicht logischer anzunehmen, dass sich im Laufe der Evolution – anstelle starrer, instinktgesteuerter Verhaltensweisen – die Entwicklung von Lebewesen mit lernfähigen und zu flexiblen Entscheidungen fähigen Gehirnen mit einem gewissen Grad von Bewusstsein als erfolgreicher für die Erhaltung der Art erwiesen? Falls im Verlauf der Evolution beide Wege – Verhaltenssteuerung durch vererbbare Instinkte *und* durch Lernen aus Erfahrung und kulturelles Lernen – entwickelt wurden, dürfte sich der Letztere aufgrund seiner höheren Anpassungsfähigkeit überwiegend durchgesetzt haben.

Mich haben die Geschichten, die ich mit den Kranichen erlebte, sehr nachdenklich gestimmt und immer mehr staunen lassen. Je mehr wir über die Zellen, die Gene, das Gehirn und die Evolution erfahren, umso geheimnisvoller und wunderbarer scheint die Natur zu werden. In den Naturgesetzen, im Universum, im Leben auf der Erde, in der Evolution steckt eine Kraft und Vielfalt, die wir immer noch nicht ermessen können.

KAPITEL 15

Kraniche sind Subjekte. Plädoyer für mehr Bescheidenheit und Respekt vor der Natur.

Je länger ich mit meiner Aufnahmetechnik arbeitete, je mehr Überraschendes ich beobachtete und je mehr Erkenntnisse ich gewann, umso tiefer empfand ich: was für ein Privileg, wilde Kraniche zu belauschen und immer besser verstehen zu lernen. Was für ein Geschenk der Natur. Meiner Beschäftigung mit den Kranichen verdanke ich zahlreiche Glücksmomente und die Möglichkeit, mich tief zu entspannen und gleichzeitig so viel über die Natur, über die Welt, in der wir leben, zu lernen.

Ich erlebte im Brook einen Generationswechsel. Meine alten Bekannten verschwanden nach und nach, nur die »Füchse« waren im Jahr 2007 noch da. Schon 1998, im allerersten Jahr meiner Aufnahmen, hatte ich sie persönlich kennengelernt; vermutlich waren sie da schon seit einigen Jahren im Brook. Dasselbe galt für das Weibchen der »Planer«, das Männchen der »Rauen« und die »Sucher«. Die »Pioniere«, erstmals auf einem Video von 1996 identifiziert, waren zuletzt 2005 (allerdings jeweils mit neuem Partner) zu finden. Neue Kranichpaare kamen und hatten ein ebenso bewegtes Leben wie die altvertrauten; der Kreislauf der Natur, das Kommen, Werden, Leben und Vergehen spielte sich vor meinen Augen und Ohren in einer dynamischen Kranichgesellschaft ab. Nach zehn Jahren, in denen ich alle Kraniche persönlich kennengelernt hatte, war die Zusammensetzung der Brooker Kranichgesellschaft bis auf ein Paar gänzlich neu.

Sicher verstand ich vom Leben der Kraniche im Brook nach wie vor nur einen Bruchteil, aber das war so viel mehr als das, was wir früher wussten beziehungsweise verstanden hatten. Wann immer ich erlebte, wie ein Paar dem Ruf aus meinem Megaphon antwortete, wann immer ich einen Kranich spontan an seinem Ruf erkannte, empfand ich tiefes Glück und Dankbarkeit. Das ist sogar jetzt, im Nachhinein, noch so. Letztlich sind es diese Empfindungen, die mich angetrieben haben, aktuell wieder mit dem Aufnehmen und Analysieren von Kranichrufen anzufangen. Ich war und bin dankbar für die Erlaubnis, zuhören und etwas verstehen zu dürfen.

Seit Jahrmillionen gibt es Kraniche, 60 Millionen Jahre sollen es sein. Wissenschaftler haben herausgefunden, dass Kraniche wie alle anderen Vögel gewissermaßen moderne, weiter entwickelte Dinosaurier sind. Erst seit ein paar Millionen Jahren gibt es menschenähnliche Wesen und schließlich den modernen Menschen. Seit einigen tausend Jahren scheinen sich Menschen Gedanken darüber zu machen, wie Kraniche leben. Sie erscheinen in der Mythologie, und in der asiatischen Kultur sind sie Symbole für Treue, ewiges Leben und Glück.

Über Tausende von Jahren hat die Natur ihr Geheimnis bewahrt und Menschen nicht hinter die Kulissen schauen lassen; wenn man dabei keine Absicht unterstellen will, muss man jedenfalls sagen: Die Zusammenhänge sind so kompliziert und die Einzelheiten des Lebens der Kraniche so wenig transparent, dass zuvor jedenfalls kein Mensch in der Lage war, wenigstens einige Zipfel der Geheimnisse zu lüften.

Es sei denn, die Menschen haben die Subjekte des Kranichlebens zu passiven Objekten ihrer Forschung gemacht und sie beringt oder besendert. Man kann es drehen und wenden, wie man will: Ab diesem Moment ist der Mensch nicht mehr staunender, demütiger und bescheidener Zuschauer oder Zuhörer der Natur, sondern greift massiv ein und beraubt die Kranichsubjekte ihrer Unabhängigkeit. Ich lehne die Beringung und Besenderung bekanntlich nicht grundsätzlich ab. Sie ist wichtig, um zusätzliche Daten für ein vertieftes Verständnis zu erlangen. Doch das ändert nichts daran, dass beiden Vorgehensweisen eine andere Philosophie zugrunde liegt, als ich sie praktiziere: Beringung und Besenderung machen aus Subjekten Objekte, und sie bestärken uns Menschen in unserer fälschlichen Annahme, über der Natur zu stehen, die Natur manipulieren und bändigen zu können ganz nach unserem Willen und zu unserem Nutzen.

Ich lasse den Kranichen ihre Unabhängigkeit, störe ihre Pläne und Aktivitäten nicht, ich möchte sie als Subjekte kennenlernen und achten. Und so geben sie mir von ihrem Leben nur so viel preis, wie sie wollen. Sie müssen nicht rufen, aber ich weiß: Wenn sie rufen, wollen sie anderen Kranichen etwas mitteilen, und ich weiß, dass sie »wissen«, dass andere Lebewesen ihre Rufe hören können. Anders lässt sich nicht verstehen, warum sie Menschen oft mit einem Warnruf »ansprechen«, wenn diese zu nahe kommen, und erst recht nicht, warum ein Kranichmännchen, das den Ort des Nestes vor mir verbergen wollte, am falschen Ort ein »Solo-Duett« erklingen ließ.

Die Kraniche müssen mir nicht antworten, wenn ich mit meinem Megaphon rufe und ein freches revierbeanspruchendes Kranichpaar simuliere. Im Brook tat ich dies nie, außerhalb des Brooks sowie in meinen anderen Projektgebieten aber war es eine Methode, mit der ich viele Antworten in kurzer Zeit bekommen konnte. Manche Kraniche antworteten jedoch nicht – das respektierte ich und ärgerte mich nicht. Doch jedes Mal, wenn es mir gelungen war, meinen Megaphon-Ruf in Bezug auf Zeitpunkt, Lautstärke, Richtung so gut zu platzieren, dass ein Paar antwortete, war ich freudig erregt. Wenn sie ihr Duett rufen, teilen sie allen anderen Zuhörern, also auch mir, mit: »Hier sind wir, dies ist unser Revier, und wir beide gehören zusammen.«

Die Lautäußerungen der Kraniche sind Botschaften an die Umwelt, also zum Beispiel an mich. Viele Menschen haben diese Lautäußerungen ebenfalls gehört, aber nicht verstanden. Ich bin sogar ein paar Schritte weiter gegangen und habe mit Kranichen kommuniziert. Wenn ich auf meinen Megaphon-Ruf eine Antwort erhalte, ist dies eine kleine, scheinbar einfache, aber im Grunde sensationelle Kommunikation: Ein Mensch und ein Kranichpaar unterhalten sich über zwei zentrale Fragen des Kranichlebens: Wem gehört dieses Revier, und ist derjenige verpaart?

Die Kommunikation wird komplexer, wenn ich nicht sofort eine Antwort bekomme, sondern entweder das

Paar auffliegt und zum Beispiel näher kommt, oder einer der Partner, meist das Männchen, allein in meine Richtung fliegt oder geht, um den Störenfried zu suchen. Dabei werden oft Gurr-Laute ausgestoßen, die von Neugier zeugen: »Was ist da los, wer ist denn da? Ich kenne euch nicht!« Ich habe ebenfalls solche Laute in meinem (digitalen) Repertoire[114] und betrieb manchmal aus Spaß eine regelrechte Konversation, indem ich durchs Megaphon zurückgurrte.

Ich bin mir gar nicht sicher, was ich dann »gesagt« habe, ich habe bei weitem nicht alles verstanden, was der Kranich sagte, aber es war wundervoll. Letztendlich wurde diese Art künstlicher vokaler Kommunikation sogar bei der Aufzucht der Schreikraniche in Wisconsin und beim Flugtraining für die Auswilderung erfolgreich eingesetzt. Ich empfinde dies als eine Bestätigung meiner Arbeit. Es könnte und müsste noch so viel mehr getan werden, um die Kranichkommunikation besser zu verstehen.

Ich darf mich glücklich schätzen, einen winzigen Bruchteil der Botschaften verstanden und damit einige der Rätsel der Kraniche gelöst zu haben, als erster Mensch weltweit, nach Tausenden von Jahren, in denen die Kraniche statt Aufklärung nur Mythen und Aberglauben zugelassen haben. Mich beeindruckt sehr, als wie intelligent sich die Kraniche erwiesen haben – sie sind sehr viel klüger, vorausschauender und planender, sich selbst bewusster, gefühlvoller, entdeckungsfreudiger, flexibler und kommunikativer, als ich es viele Jahre zuvor vermutet hatte.

Mein bewunderndes Staunen über die Natur und die Evolution wächst, je mehr Verhaltensweisen von Tieren sich nicht als angeboren, sondern als erlernt, ja sogar kulturell über Generationen weitergegeben erweisen. Je mehr Leistungen sich bei Tieren finden lassen, die man früher als ausschließlich »menschlich« angesehen hätte, desto mehr Achtung, desto mehr Respekt der Natur gegenüber, desto mehr Demut und Bescheidenheit sollten wir entwickeln. Denn es zeigt uns, dass wir uns Menschen bislang zu sehr als einzigartig betrachtet haben. Je mehr wir lernen, desto mehr bemerken wir, wie wenig wir eigentlich wissen.

All das sind meiner Ansicht nach gute Gründe, mehr über die Tiere und ihre Fähigkeiten erfahren zu wollen. Vor allem aber sollten es gute Gründe sein, ihre Lebensgrundlagen (und damit unsere eigenen) nicht noch weiter rücksichtslos zu zerstören. Allzu sehr neigen auch Naturschützer und Biologen dazu, Tiere als Objekte, nämlich »Beobachtungsobjekte«, anzusehen. Sie werden lediglich gezählt, erfasst und kartiert. Doch das bisher gesammelte Wissen über die Lebewesen dieser Erde beschreibt nicht die gesamte Dimension ihres Lebens, sondern nur die Oberfläche. Ebenso wie alle anderen hochentwickelten Wirbeltiere sind Kraniche eigenständige Lebewesen mit einer Persönlichkeit, mit demselben Recht auf Leben, wie wir Menschen es für uns reklamieren. Sie sind nur nicht so mächtig oder so rücksichtslos wie wir.

Diejenigen Tierarten, die wir in unserem Drang nach Alleinherrschaft als Konkurrenten ansehen, werden oder wurden verfolgt und bis zur Ausrottung gejagt – der Bär (der in Deutschland ausgerottet wurde), der Wolf (für den in Deutschland jetzt schon wieder lautstark Abschussquoten gefordert werden) oder der Seeadler mögen hier nur als Beispiel dienen. Andere Tierarten, die wir nicht als Konkurrenten ansehen, gelten uns entweder als reine Nutztiere, die wir fangen oder domestizieren, oder als »Schädlinge«, die wir bekämpfen. Alle übrigen Tiere, wie Kiebitze, Spatzen, Baummarder, Hasen, Feldhamster, Rebhühner oder Kraniche, werden ignoriert. Feuchtgebiete werden trockengelegt, Wiesen werden im Frühjahr, wenn die Wiesenvögel ihre Eier gelegt haben, mit tonnenschweren Walzen befahren, damit die Heuernte einfacher wird; die Feldlerchen finden auf den totgespritzten Äckern keine Nahrung mehr, und selbst diejenigen Insekten, die wir als »nützlich« ansehen, nehmen drastisch ab, weil ihnen auf den monotonen und wildblütenfreien Agrarflächen und in den sauberen städtischen Rhododendron-Gärten der Lebensraum fehlt.

Der WWF-Report 2018[115] zeigt, dass zurzeit nur etwa ein Viertel der Landfläche der Erde relativ frei ist von menschlichem Einfluss, und dass dieser Anteil bis 2050 auf zehn Prozent gefallen sein wird. Der Verlust an Wirbeltieren (Säugetiere, Fische, Vögel, Amphibien, Reptilien) zwischen 1970 und 2014 betrug im Durchschnitt 60 Prozent. Zugleich ist die Zahl der Insekten dramatisch zurückgegangen, wobei es bisher nur punktuelle Zahlen gibt – und die sind schreckenerregend.[116]

Als depressiver Jugendlicher begann ich mit dem Entdecken und Sammeln von Vogelfedern im Ruhrgebiet, machte als Chemiestudent im Vollschutzanzug auf der illegalen Cyanidkippe in Bochum drastische und lebensgefährliche Erfahrungen, las wenig später *Die Grenzen des Wachstums*, diskutierte engagiert darüber und entschied mich, mit meiner naturwissenschaftlichen Forschung als Chemiker zu nachhaltigem Wirtschaften beizutragen. Als junger Familienvater machte ich meine Söhne von Anfang an mit der Natur vertraut. All das führte mich erst zum Kranichschutz und dann auch zur Kranichforschung, und mir wurde Schritt für Schritt bewusst: Es ist nicht ausreichend, sich zum Beispiel nur auf Mülltrennung zu fokussieren oder nur auf die Rettung einer bestimmten Lurchart. Die Menschheit darf sich nicht auf isolierte Maßnahmen beschränken. Wir müssen in großen ökologischen Zusammenhängen denken, Artenschutz in umfassenden Naturschutz integrieren, Natur- und Umweltschutz als jeweils notwendige Elemente des Schutzes der Lebensgrundlagen der Erde verstehen. Dabei dürfen wir nicht den Fehler machen zu glauben, Natur- und Umweltschutz seien nur zwei verschiedene Ausdrücke für die gleiche Schutzbemühung.

Ich lehne die weit verbreitete Ansicht ab, wonach wir Menschen mit unserer Technologie die Natur »managen« und Schäden folgenlos »reparieren« könnten. Wir wissen bei weitem nicht genügend darüber, wie die Ökosysteme funktionieren, von denen wir leben. Wir wissen nicht einmal, wie viele Arten es gibt, geschweige denn, dass wir ihre Stellung, ihre Rolle, ihre Funktionen in den verschiedenen Ökosystemen kennen. Deshalb müssen wir der Natur alle *ihr* zur Verfügung stehenden Möglichkeiten lassen und ihr nur mit vorsichtigen, gut überlegten Maßnahmen helfen, ihre Selbstheilungskräfte wieder zu entfalten. Dazu sind sogar unsere üblichen (zumeist von Menschen gemanagten und genutzten) Naturschutzgebiete nicht ausreichend.

Es muss viel mehr und größere Gebiete geben, in denen die Natur sich selbst überlassen sein darf.

Zwar ist der Prozentanteil der Schutzgebiete, die im »global protected network« erfasst sind, von neun auf 15 Prozent der Landfläche der Erde angestiegen. Doch nach Aussage einer Forschergruppe um Professor Watson von der australischen Queensland University bestehen viele dieser Schutzgebiete nur auf dem Papier, weil den Staaten, zu denen sie gehören, das Geld und/oder der Wille fehlt, sie zu unterhalten. Und ein Drittel der ausgewiesenen Schutzflächen ist beeinträchtigt durch intensive menschliche Nutzung, sei es Bergbau, Bebauung mit Wohnhäusern oder Landwirtschaft[117] (im Brook ist es extensive Heuwirtschaft). Nur zehn Prozent der Flächen in Naturschutzgebieten und Nationalparks (also nur 1,5 Prozent der Landfläche der Erde) seien 2017 vollständig frei von menschlicher Nutzung gewesen – es handelt sich dabei um die sehr nördlich gelegenen Flächen Kanadas und Russlands.

Aber auch für die von Menschen genutzten Landschaften, in der Forst- und Landwirtschaft, muss ein umfassendes Umdenken stattfinden: Wälder müssen biologisch bewirtschaftet werden, die intensive Landwirtschaft und Viehzucht auf biologische Methoden umgestellt werden. Die Menschen müssen einbezogen werden. Jahrzehntelang (bereits in meiner mittelständischen Chemiefirma) praktizierte ich das Motto »Global denken, lokal handeln«. Ich stellte schon vor gut 25 Jahren einen Großteil des Stromverbrauchs (wir waren damals Schleswig-Holsteins zweitgrößter Stromverbraucher) auf Windkraft und eigenes

Blockheizkraftwerk um. Ich entwickelte Energie sparende und andere Umweltressourcen schonende Produkte und Verfahren und erforschte eine vollkommen neue Stoffklasse, die ich erfolgreich auf den Markt brachte, wo sie einen kleinen Beitrag dazu leistet, dass weniger Energie und Rohstoffe verbraucht werden. Schließlich habe ich vor zehn Jahren ein Drittel der Anteile eines damals noch kleinen und unrentablen biodynamisch arbeitenden Demeter-Hofes gekauft und dort investiert. Wir arbeiten nun an zwei Standorten nach Jahren starken Wachstums mit fast 60 Mitarbeitern profitabel auf etwa 450 Hektar Fläche und sind mit dem Geschäftsmodell »Solidarische Landwirtschaft«[118] (mit fast 1000 Mitgliedern und vier eigenen Läden) vermutlich Europas größter derartiger Betrieb. Wir lassen auf fünf Prozent unserer Ackerflächen Wildblumen blühen. Hier summt und brummt es, ebenso wie auf unseren Ackerflächen. Keine der von uns angelegten Schläge mit jeweils einer Feldfrucht ist größer als fünf Hektar. Darüber hinaus verfolgen wir für eine für jeden Bodentyp optimale Fruchtfolge so, dass zum Beispiel im Verlauf von sechs Jahren drei den Boden aufbauende Fruchtarten, in den folgenden drei Jahren abbauende (Nährstoffe entziehende) Fruchtarten angebaut werden.[119] Über die Jahre hinweg entwickeln unsere Böden eine viel tiefere Humusschicht, weisen ein um Größenordnungen aktiveres Bodenleben auf als konventionell bewirtschaftete Äcker; zudem leiten wir keinerlei Gifte ins Grundwasser ein, unser Brunnenwasser ist nachweislich gesund und schmackhaft. Wir können es bedenkenlos und ohne Nachbehandlung trinken. Wir halten genau so viele Tiere (Kühe und Schweine), wie wir benötigen, um unsere Flächen zu düngen, und alle unsere Tiere werden mit den Ernteerträgen unserer Äcker und Wiesen beziehungsweise Weiden ernährt. Die Tatsache, dass an unserem zweiten Standort, wo etwa 240 Hektar unserer Flächen sehr gut arrondiert, also »zusammenliegend« sind, und Jahr für Jahr mindestens sieben bis acht Feldlerchenreviere zu sehen und zu hören sind, dazu ein rundes Dutzend Wachtelreviere, ist ein Indikator für natürliche Landwirtschaft.

Wir Menschen müssen rasch handeln, um die Verwüstung von Biotopen, die Verschwendung von Boden durch Fehlernährung (viel zu viel Fleisch und zu hohe Lebensmittelverluste), die Verarmung der Agrarlandschaft und Bodenerosion durch Monokulturen, Überdüngung, Insektizide und Pestizide zu stoppen und trotz steigender Bevölkerungszahlen bei knappen Landflächen dennoch mehr Naturschutz- und Wildnisgebiete zu schaffen.[120] Meine Bemühungen im Kranichschutz und in der Kranichforschung sind in diese Gedanken und Vorstellungen eingebettet. Nicht zuletzt durch George Archibalds Einfluss wird Kranichschutz weltweit umfassend als Biotopschutz verstanden, der nicht gegen die Menschen, die in der Nähe der Kranichbrut-, Rast- oder Überwinterungsgebiete wohnen, durchgeführt werden kann, sondern nur mit ihnen.

Es ist ein großer Hoffnungsschimmer zu sehen, dass im indischen Bundesstaat Andhra Pradesh flächendeckend biologische Landwirtschaft eingeführt wird.[121] Es werden keine Herbizide und Pestizide mehr verwendet und kein Kunstdünger. Dasselbe gilt für den kleinsten Bundesstaat Indiens, Sikkim im Himalaya.[122] Seit 2015 wird Landwirtschaft hier ausschließlich biologisch betrieben. Besonders überraschend und für viele an Naturschutz und biologischer Landwirtschaft interessierte Menschen eher unglaublich ist, dass in Nordkorea die Äcker und Gärten nahezu ausschließlich biologisch bewirtschaftet werden.[123] Der Grund dafür ist, dass nach der Verschlechterung der Beziehungen zu den USA und anderen westlichen Staaten landwirtschaftlich eingesetzte Chemikalien immer knapper wurden. Als internationale Sanktionen eingeführt und dann strenger und schärfer durchgesetzt wurden, drohte die Lebensmittelversorgung komplett zusammenzubrechen. Notgedrungen entsann man sich ursprünglicher landwirtschaftlicher Anbaumethoden. Es ist weitgehend unbekannt, dass George Archibald und seine International Crane Foundation einen großen Anteil daran haben, dass in jenen Jahren auch moderne Kenntnisse über biologische Landwirtschaft in Nordkorea Einzug hielten. Dadurch verbesserte sich die Qualität der biologischen Anbaumethoden. George hatte Lehrbücher und Fachartikel ins Land gebracht, die übersetzt und verbreitet wurden, Fachleute, die an Ort und Stelle halfen, und Geld. George und seine ICF waren dort aktiv, wo es Interessenskonflikte zwischen Kranichschutz und Landwirtschaft gab. Sie sorgten dafür, dass diese Konflikte gelöst werden konnten.

Wir können der Natur unseren Respekt erweisen, indem wir zum Beispiel in der Land- und Forstwirtschaft oder bei Bebauungsplänen rücksichtsvoller planen, indem wir weniger Gebiete entwässern, weniger Boden versiegeln, andere Lebewesen einfach mehr in Ruhe lassen. Wir würden dafür reich belohnt – mit fruchtbaren Böden, sauberem und ausreichend vorhandenem Grundwasser sowie einer vielfältigen Pflanzen- und Tierwelt. Die Erosion würde gestoppt, verheerende Überschwemmungen würden seltener. Unsere Lebensgrundlagen würden gesünder und wir ebenfalls.

Leider sind wir davon noch weit entfernt, und so ist in Deutschland wie überall sonst die Welt für Kraniche und die allermeisten wild lebenden Tiere keineswegs in Ordnung. Die Grauen Kraniche werden zwar offiziell als »nicht mehr gefährdet« eingestuft, aber es ist eine Tatsache, dass es bis vor 100 Jahren in allen Bundesländern viele Kraniche gab. Heute brüten immerhin wieder knapp 10000 Paare in Deutschland, die sich jedoch auf einige wenige Bundesländer verteilen: Mehrheitlich finden sich die Kraniche in den neuen Bundesländern Mecklenburg-Vorpommern und Brandenburg (was dem erfolgreichen landesweiten Kranichschutz in der DDR zuzurechnen ist), etliche auch in Schleswig-Holstein und Niedersachsen. Diese Kraniche wanderten aus der damaligen DDR ein, weil es dort für die zahlreicher werdenden Vögel zu wenig Platz gab. In Nordrhein-Westfalen gibt es nur vereinzelt Kraniche, in Bayern oder Hessen gar keine.

Für mich ist es ein Armutszeugnis, wenn wir uns mit einigen tausend Kranichen zufriedengeben und dies für einen nicht weiter verbesserungswürdigen Zustand halten. Wäre es nicht erstrebenswert, wenn unsere Landschaften wieder vielfältiger würden und außer knapp 85 Millionen Menschen in Deutschland auch wieder mehr Tiere einen Lebensraum fänden? Damit meine ich nicht nur die 10000 Kranichpaare oder die gut 600 Seeadler-,

1200 Wanderfalkenpaare und andere seltene und nicht so seltene Arten, sondern ebenso diejenigen, die in unserer Nähe zu dulden uns nicht so leichtfällt, wie zum Beispiel Wölfe oder Bären. Und diejenigen, die uns nicht so auffallen, aber dennoch fehlen, wie Feldhamster oder Rebhuhn. In Deutschland haben wir nur 0,6 Prozent der Landfläche als Nationalparks ausgewiesen, nur ein Bruchteil davon ist echte Wildnis, in der die Natur sich wirklich selbst überlassen ist.[124]

Ich mache mir keinerlei Illusionen darüber, wie weit wir von dem hierzu erforderlichen gesamtgesellschaftlichen Bewusstsein entfernt sind. Wir als Bürger sind aber nicht darauf angewiesen zu warten, dass die Regierung oder die EU endlich entsprechende Gesetze erlässt. Schließlich kann jeder Einzelne etwas tun. Man kann sich zum Beispiel im Naturschutz engagieren, wobei ich darunter nicht das Verfassen von Leserbriefen oder Protestschreiben verstehe, sondern die aktive Mitarbeit: Anlegen und Pflege von Streuobst- und Wildblumenwiesen, Mithilfe beim Wiedervernässen von früher trockengelegten Feuchtgebieten, Teilnahme an lokalen Naturschutzprojekten ähnlich unserem vor fast 30 Jahren begonnenen Kranichschutz, dessen Erfolg heute klar zu sehen ist.[125]

Man kann zum Beispiel Mitglied bei einem der inzwischen zahlreichen biologisch arbeitenden landwirtschaftlichen Betriebe werden, die wie wir das Geschäftsmodell der solidarischen Landwirtschaft verfolgen. In Deutschland gibt es immerhin über 200 solcher Betriebe mit wohl über 25 000 Mitgliedern,[126] die diese finanzieren. In Frankreich sind es sehr viel mehr, nämlich über 2000 mit vermutlich über 320 000 Mitgliedern. In Italien sind es etwa 1000 Betriebe, und in ganz Europa dürften es um die 4000 sein. In Nordamerika sind es bereits über 13 000, davon die weitaus größte Zahl in den USA (wo allerdings manche nur online betrieben werden und es darunter offenbar etliche falsche »community-supported agricultures« gibt). Die Mitgliederzahlen der Betriebe reichen dort von einigen Dutzend bis weit über 10 000 Mitglieder, viel größer als der größte europäische Betrieb mit mehr als 1000 »Essern«, der Kattendorfer Hof. Und ob man es glaubt oder nicht: In China gibt es bereits um die 2000 solcher durch Mitglieder finanzierten Betriebe, und erfunden wurde diese Art zu wirtschaften Mitte der 60er Jahre in Japan. Sogar Südkorea ist in dieser Hinsicht weiter entwickelt als Deutschland.

Ein internationales Netzwerk[127] fördert weltweit das Konzept der solidarischen Landwirtschaft mit Rat und Tat sowie durch Erfahrungsaustausch. Man muss nicht gleich selbst einen solchen Bauernhof gründen; man kann schon viel bewirken, wenn man Mitglied der solidarischen Wirtschaftsgemeinschaft eines bestehenden Hofes wird; noch mehr, wenn man mit einem Bauernhof eine solche initiiert. Das Besondere an dieser Konstruktion ist, dass sie eine Win-win-win-Situation schafft, also einen dreifachen Gewinn: Es gewinnen die Kunden (die Mitglieder der solidarischen Wirtschaftsgemeinschaft), weil sie ehrliche, wohlschmeckende biologisch erzeugte Lebensmittel regionaler Herkunft erhalten, zu Preisen, die vergleichbar sind mit denen eines Bioladens. Es gewinnen die Bauern, weil sie nicht mehr über die erpresserisch preisdrückenden Meiereien und Bio-Großhändler verkaufen müssen, sondern direkt verkaufen können und die Handelsspanne selbst erhalten. In Krisenzeiten finanzieren die Mitglieder den Hof genau dann, wenn, wie 2018, die Milch, der Käse, das Gemüse knapp werden, weil es nicht regnet, denn es ist eine *solidarische* Wirtschaftsgemeinschaft (viele Bauern freuen sich auch, wenn ihre Kunden gelegentlich oder regelmäßig auf dem Hof mithelfen). Zum Dritten gewinnt die Natur, weil sie sich auf den biologisch bewirtschafteten Flächen erholen kann. Die Böden werden gesund, die Bodenerosion wird gestoppt, das Grundwasser wird wieder sauber, Insekten und Vögel kommen zurück.

So sehr es viele von uns quälen mag, wie langsam es mit dem Schutz der Natur vorangeht, sollten die erreichten Fortschritte uns dennoch optimistisch stimmen. Wen das nicht überzeugt, dem hilft vielleicht ein Blick auf die Kraniche: Diejenigen, die wieder einmal ihre Brut oder ihre Jungen verloren haben, fangen eine Nachbrut an. Falls auch diese scheitert, legen sie im nächsten Jahr wieder los. Seit sechzig Millionen Jahren.

Anhang

Emotionen, über die Kraniche meiner Beobachtung nach verfügen beziehungsweise nicht verfügen

Die folgende Aufzählung von menschlichen Emotionen (die keinen Anspruch auf Vollständigkeit erhebt) ist über die Jahre meiner Beschäftigung mit diesen Themen mithilfe verschiedener Quellen entstanden[128]. Ich vergleiche nun, welche der uns bekannten Emotionen bei Kranichen definitiv oder vermutlich zu finden sind.

Freude zeigten Kraniche meiner Meinung nach deutlich etwa bei der Ankunft im Revier oder nach dem ersten Flugtag eines Jungvogels (vgl. Kapitel 4, Kapitel 7).

Ärger meine ich mindestens einmal beobachtet zu haben, und zwar bei den Pionieren wegen eines Brutabbruchs, als ein Partner bei der Nahrungssuche war, der andere vom Nest zu ihm angeflogen kam, und sie beide offensichtlich erregt und mit ungewöhnlich großem Abstand hintereinander durch eine Gruppe von Pferden hindurchmarschierten, was sie sonst nie machen würden – mir kam das Verhalten »verärgert« vor (Kapitel 3).

Trauer: Ja, wie bei »Romeo«, der um »Julia« trauert (vgl. Kapitel 5).

Interesse: Ja, wie bei der japanischen Kranichversammlung, die sich den Marderhund anschaute (vgl. Kapitel 10).

Widerwille: Ich meine, ja; oft stellte ich fest, dass einer der Partner offensichtlich etwas nicht wollte, was der andere beabsichtigte, zum Beispiel, als ein Partner abfliegen, der andere aber nicht mitfliegen wollte.

Furcht: Ja, Kraniche fürchten sich mehr oder weniger stark, definitiv individuell verschieden, vor Füchsen, Seeadlern oder Menschen. Kraniche teilen ganz offensichtlich ihr Gefühl der Furcht mit anderen; sie teilen sich also mit: Der Kranich, der den Adler erkennt und sich fürchtet, stößt den Warnruf aus, der alle anderen Kraniche aus Furcht vor einem Angriff (auf junge oder altersschwache Mitglieder der Gruppe, nicht notwendigerweise aus Furcht vor einem Angriff auf sich selbst!) zum Verteidigen animiert.

Die nächste Stufe wird im englischen Sprachraum als (übersetzt) »selbstbewusste Emotionen« bezeichnet[129], ansonsten auch als »sekundäre Emotionen«. Hierunter fallen

Stolz: meine ich deutlich erkannt zu haben, etwa bei der phantastischen Balz, als der Hahn der »Schlitzohren« sich der Henne wie der »Bundesadler« präsentierte (vgl. Kapitel 3). Möglicherweise könnte man auch den für Kraniche typischen »Prahlmarsch«, mit dem häufig Reviergrenzen abgesteckt werden, unter »Stolz« einordnen.

Scham: Nein, konnte ich nie feststellen.

Schuldgefühl: Konnte ich ebenso wenig feststellen.

Verlegenheit: Das konnte ich auch nicht sehen.

Neid: Vielleicht. Futterneid unter Partnern habe ich nie beobachtet; wenn wir aber die wiederholten Versuche von Kranichen, andere Reviere zu erobern, oder den Versuch des Witwers »Romeo«, beim »verflixten siebenten Paar« das Weibchen abspenstig zu machen (vgl. Kapitel 5, Kapitel 8), unter »Neid« einordnen, könnte dies möglicherweise zutreffen.

Einfühlungsvermögen oder *Empathie*: Ich meine, ja, obwohl Marc Bekoff und Jessica Pierce Empathie nur Säugetieren zuschreiben.[130] Ich bin anderer Meinung, denn wenn die Kranicheltern beispielsweise den Jungen das Abheben und Fliegen geduldig vormachen, versetzen sie sich hinein in das Problem ihrer Jungen, fliegen zu lernen. Auch die Vorbereitung der Spielplätze für die Jungen im Schilfgras- und Seggen-Feuchtgebiet in der Ukraine weit vor der Schlupf spricht für die Fähigkeit zu Einfühlungsvermögen (vgl. Kapitel 14); ebenso die Planung der »Planer«, erst dann den engen Brutplatz zu verlassen, wenn die Jungen die mehrere hundert Meter lange Wanderung durch den verwilderten Wald schaffen konnten (vgl. Kapitel 3). Darüber hinaus habe ich sehr oft beobachtet, dass Kraniche sich in einen fremden Beobachter hineinversetzen, sich ihren Standort aus der Sicht dieses Beobachters vorstellen können. Die weiter unten beschriebene Geschichte von George Archibalds Kanadakranich-Nachbarn, dem flugunfähigen Sandy, dem die fremden Elterntiere eine Freundin zuführen, zeugt zweifellos von Empathie. Ebenso meine ich, wenn wir »gemeinsame Freude« beobachten (zum Beispiel »Romeo und Julia« bei ihrer Ankunft im Frühjahr, oder die »Füchse«, nachdem ihr Junges das erste Mal erfolgreich eine längere Runde geflogen ist), ist Empathie im Spiel: Der eine Kranich merkt, dass der andere sich ebenfalls freut, und dann äußern beide gemeinsam ihre Freude. Zumindest haben wir es dabei mit *Stimmungsübertragung*[131] zu tun: Dies ist ein wichtiges Element von Bewusstsein, und wir können die Übertragung von Stimmungen (Freude, Furcht, Sorge) bei Kranichen häufiger beobachten.

Im Grunde wissen wir nichts oder wenig darüber, ob und wie Emotionen von Kranichen bewusst empfunden und reflektiert werden. Schließlich können Kraniche nicht sprechen, und falls sie auf eine andere Weise differenziert miteinander kommunizieren, dann verstehen wir es nicht. An mindestens zwei Ereignissen meine ich aber, auch diese Fähigkeit erkennen zu können: Die Trauer von »Romeo«, und wie er sie mir mitteilte, und die Freude der »Füchse« am Ende des ersten Flugtages ihres Jungen, und wie sie ihre Freude miteinander teilten und sich einander mitteilten – beide Mitteilungen erfordern meines Erachtens ein gewisses Bewusstsein des eigenen emotionalen Zustands.

Die folgenden Fähigkeiten gehören ebenfalls zum Bewusstsein und bilden Facetten davon:

Nachahmung: Ja, junge Kraniche tun nichts anderes, während sie lernen. Die ukrainischen Kranichpaare, die *nicht* den Spielplatz erfunden haben (ein Paar wird damit als Erstes angefangen haben), sondern diese gute praktische Idee übernahmen, belegen ebenfalls die Fähigkeit zur Nachahmung (vgl. Kapitel 14).

Täuschung: Meiner Meinung nach versuchen Kraniche, ihre Umgebung und potenzielle Störer bewusst darüber zu täuschen, wo ihr Nest ist, vgl. die »Schlitzohren« (Kapitel 3) und die Geschichte »Mandschurenkraniche: Täuschung und Taktik« weiter unten. Nach Bekoff/Pierce erfordert die Fähigkeit zur Täuschung ein höheres kognitives Niveau als die Ehrlichkeit,[132] was wir unmittelbar selbst beobachten können: Kinder lernen erst mit der Zeit, ihre Umgebung zu täuschen. Kleine Kinder können oft ein Geheimnis nicht bei sich behalten. Wir alle wissen selbst sehr genau, dass man beim Täuschen »um die Ecke denken« muss...

Verstellung: Die Fähigkeit zur Verstellung geht meiner Meinung nach einher mit der Fähigkeit zur Täuschung und wird von den Kranichen beim »Solo-Duett« praktiziert (vgl. Kapitel 3).

Verwendung von Symbolen: Auch dies scheinen Kraniche zu tun. Erstens bei der Balz, wenn sie Kartoffeln, Steine oder Äste hinter sich werfen oder auch mal einen Stock balancieren (siehe auch im Bildteil Fotografie Nr. 2), was immer das bedeutet. Zweitens der »Prahlmarsch« bei der Revierverteidigung, eindeutig ein Symbol anstelle einer realen aggressiven Handlung.

Auf etwas zeigen: Schwierig festzustellen, aber ich bemerkte mehrfach, dass Eltern ihren Jungen etwas »zeigten«, also mit dem Schnabel dahin deuteten, wo es etwas zu fressen gab.

Rollenumkehr (also das Spielen anderer Rollen beziehungsweise das Sich-in-den-andern-Hineinversetzen): Schwierig zu beurteilen, es gibt aber Anzeichen wie etwa die Tatsache, dass nicht geschlechtsreife Paare Nester bauen, sogenannte »Spielnester«; vielleicht spielen sie »Brüten«? Ich erinnere auch nochmals an das Verhalten der »Planer«, die sich in die Welt ihrer Jungen hineinversetzen und verstehen konnten, dass diese erst mit zwei Wochen in der Lage sein würden, den Nestbereich zu verlassen (vgl. Kapitel 3); ähnlich beurteile ich die ukrainischen Spielplätze (vgl. Kapitel 14). Man denke auch an die Entscheidung des »Schlitzohr«-Männchens, *hinter* dem Knick herzufliegen, weil ich es dann nicht sehen konnte: Es konnte sich vorstellen, dass ich ihn vor dem Knick fliegend würde sehen können.

Wechselnde Koalitionen: Schon jugendliche Kraniche gehen häufig wechselnde Koalitionen ein. Ich erinnere hier auch an das Bilden von Sammel- und Reisegruppen, Schlafgruppen und Nahrungsgemeinschaften. All dies spricht für die Fähigkeit zu wechselnden Koalitionen. Ein besonders interessantes Beispiel dafür ist die folgende Beobachtung: Ich befand mich im Inneren des Nienwohlder Moores, am Rand des Hochmoor-Kerngebietes, und wollte Kranichrufe aufnehmen. Gerade als ich mein Megaphon starten wollte, um das eine oder andere der dortigen sechs Paare zur Antwort anzuregen, sah ich einen Adler einfliegen, von einer Adlerart, die man dort fast nie zu sehen bekommt: ein Schelladler! Er setzte sich am Rand des Hochmoors auf einen Baum. Sofort kamen mehrere der dortigen Revier-Kraniche angeflogen, stellten sich in einiger Entfernung vom Adler in Verteidigungshaltung auf (Hälse etwas zurückgebogen, Schnäbel nach oben vorn gerichtet, bereit zuzustechen) und gaben zischende Droh- oder Warnlaute von sich. Sie vertrieben den Schelladler erfolgreich (schade eigentlich, ich hätte ihn gern noch etwas länger beobachtet). Dieses Ereignis ist deshalb bedeutsam und als Beleg der Fähigkeit zu betrachten, wechselnde Koalitionen einzugehen, weil Kraniche eigentlich in dieser Jahreszeit täglich ihr Revier gegen die Nachbarpaare verteidigen. Nun aber gingen sie plötzlich mitten in der Brutsaison eine Koalition untereinander zum Vertreiben des Schelladlers ein.

Ebenso ist die Tatsache, dass Kraniche überall im Frühjahr und Sommer Reviere verteidigen, im Herbst und Winter aber gemeinsam ziehen, rasten, überwintern und in großen Gruppen auf geeigneten Flächen Futter suchen, ein Hinweis auf diese Fähigkeit. Hier ist das Stichwort »*Kooperation*« zu nennen, wobei noch zu beachten ist, ob Kooperation quasi automatisch, routinemäßig erfolgt (wie bei Ameisen) oder »nur« fallweise. Letzteres scheint mir bei

Kranichen der Fall zu sein, zum Beispiel bei den »Gruppenflügen« mit Umweg über Hamburg im Frühjahr; oder wenn Wächter vorgeschickt werden, die Schlafplätze für die Gruppe erkunden, bevor die ganze Truppe einfliegt (vgl. Kapitel 14).

Ich neige dazu, die in Kapitel 13 beschriebene schnelle Entwicklung neuer Rastplätze auf den Zugrouten und mehr noch die Entwicklung neuer Überwinterungsplätze (wie Arjuzanx in Frankreich) als »Kooperation« zu verstehen; eine Kooperation, die ohne eine relativ differenzierte *Kommunikation* kaum zu verstehen ist. Die Tatsache, dass Verwandte als nächste Nachbarn mit sich überlappenden Revieren geduldet werden, also die Differenzierung, mit wem kooperiert wird und mit wem nicht, gehört meines Erachtens ebenfalls hierher.

Mit diesen Aspekten verwandt ist das *Helfen* (Kooperation ist ja, wenn die kooperierenden Partner jeweils etwas beitragen zum Erreichen eines gemeinsamen Ziels; Helfen bedeutet, dass nur einer etwas tut, der andere etwas bekommt): Hier erinnere ich an den Ruf des hungrigen Kranichs, der zu lange auf dem Nest sitzen musste; der zu lange aushäusig herumlungernde Partner erkennt aus der Ferne die Stimme seines brütenden Partners, erkennt die Aufforderung, nach Hause zu kommen, kommt herangeflogen und übernimmt das Brüten (vgl. Kapitel 3).

Aus meiner Sicht haben die Fachleute die *Fähigkeit, sich zu verstecken,* als Kriterium für ein Bewusstsein seiner selbst übersehen. Sie wurde in den letzten Absätzen bereits mehrfach angesprochen.

Fähigkeit zum Eingehen von Beziehungen: Kraniche gehen stabile Beziehungen ein und sind praktisch immer zusammen, außer bei der Brut, wenn der Partner Futter sucht. Die Partnerwechsel, die zu einer anderen Beziehung führen, sind zusätzlich starke Belege für die Fähigkeit, Beziehungen einzugehen. Hierzu gehört meiner Meinung nach ebenso das

Gefühl für Gerechtigkeit/Fairness: Kraniche wechseln sich beim Brüten ab und verteilen die Brutzeit ziemlich fair untereinander, ebenso das Füttern und Führen der Jungen; interessant ist zu sehen, dass dann, wenn der eine Partner »zu lange« außer Haus ist, der auf dem Nest sitzende Partner ihn ruft, ihn an seine Pflichten erinnert – und dieser Partner kommt tatsächlich nach wenigen Minuten zurück.

Fähigkeit zur Planung: Revier- und Brutplatzwahl, Nestbau, Vorausschau des Wasserstandes, des Zugangs zur späteren Führungswiese, Auswahl des Überwinterungsortes und der Sammel- und Rastplätze, die Planung der Reiseroute und der begleitenden Reisegruppe – ich glaube, dass die Fähigkeit der Kraniche zur Planung von allen Kriterien für ein Bewusstsein seiner selbst die am weitesten entwickelte ist.

Spielen: Im Sommer und Herbst und während der Überwinterung kann man oft vor allem Jungkraniche beobachten, die ganz offensichtlich spielen – sie werfen Gegenstände, die sie finden, wie Äste, Plastikteile oder Kartoffeln, in die Luft, tanzen dabei, nehmen sie wieder auf und werfen sie wieder hoch oder hinter sich. Das Anlegen von »Spielnestern« könnte gleichfalls als Spielen betrachtet werden.

Erlebnisse mit »Sandy«, dem flugunfähigen Kanadakranich

Ich kenne »Sandy« und »Katie« nicht persönlich – ihre Namen haben sie von George Archibald erhalten, dem Gründer und damaligen Präsidenten der ICF. Sie sind nordamerikanische Kanadakraniche und gehören zu den wenigen Kranichen dieses Buches, die menschliche Namen tragen. Diese Ausnahme kam nur deshalb zustande, weil die Vögel von George so genannt wurden und praktisch seine »Hauskraniche« geworden waren.

Sandy war zwei Jahre alt, hatte durch einen Unfall eine Hälfte seines rechten Flügels verloren und war von einem Farmer aufgelesen und gepflegt worden. Er verbrachte den Winter in einer Scheune bei George auf dem Grundstück, gemeinsam mit einem anderen Pflegefall, den George »Norman« nannte.

Im Frühsommer baute George auf seinem großen Grundstück für Sandy und Norman einen Zaun um Teile eines von einem Biber angelegten Teiches. Erst als sich die Kraniche an das Gebiet und die Umgebung gewöhnt hatten, wurde der Zaun entfernt. Von da an hatten sie volle Bewegungsfreiheit. Sie fraßen gerne Grashüpfer am Straßenrand eines belebten Highways. Diese nahrhafte Stelle hatten sie selbst entdeckt, wanderten regelmäßig tagsüber dorthin und kamen abends wieder zu Fuß in ihr Übernachtungsrevier zurück.

Im folgenden Winter froren alle Gewässer zu, bis auf eine Stelle nahe der Quelle beim Biberteich, wo die beiden

Kraniche zusammen mit einem Paar Trompeterschwäne übernachteten. Unglücklicherweise wurde Norman von einem Kojoten erlegt, Sandy verschwand, und George nahm an, dass er ebenfalls tot war.

Doch zwei Tage später erschien Sandy auf einmal wieder, zusammen mit einem Trupp Wasservögel aus der Gegend. George fing ihn ein (er konnte ja nicht fliegen) und brachte ihn in die Scheune zurück, in der er schon den vorhergegangenen Winter verbracht hatte. Im März wurde Sandy wieder freigelassen und verschwand sofort. Zwei Tage später sah George ihn auf einem Maisfeld. Er hatte seine Federn zum Teil braunrot eingefärbt (vgl. dazu Kapitel 13), und bei ihm war eine wild lebende Kranichhenne.

George hatte dann doch Angst, Sandy könnte wie Norman von einem Raubtier erlegt werden, fing ihn darum wieder ein und steckte ihn in einen Hühnerhof. Dessen Zaun war eigens auf zweieinhalb Meter erhöht worden, damit Sandy ihn nicht überspringen konnte.

Am nächsten Tag erschien eine Kranichhenne am Zaun (vermutlich das Tier, mit dem George Sandy einige Tage zuvor beobachtet hatte). Sandy tanzte und trompetete und versuchte, den Zaun zu überwinden. Am Tag darauf sah George beide zusammen beim Biberteich – Sandy hatte den zweieinhalb Meter hohen Zaun übersprungen!

Alle Anzeichen deuteten darauf hin, dass die beiden Partner harmonierten. Das Paar rief häufig im Duett, tanzte und fraß gemeinsam. Doch plötzlich griff ein aggressives Kranichpaar Sandy und seine Partnerin an, offenbar, um deren Revier zu erobern. Zwei Wochen dauerten die Auseinandersetzungen an, dann hatte das Weibchen Sandy verlassen, und Sandy verschwand ebenso. Aber auch die Aggressoren waren nicht mehr zu sehen. Vielleicht hatte ihnen das eroberte Revier doch nicht gefallen, oder der Kranichhahn hatte eigentlich Sandys Henne erobern wollen.

Nach ungefähr einer Woche, in der George und seine Frau dachten, Sandy sei tot, meldete er sich gesund und munter zurück. Kurz darauf erschien ein Kranichpaar mit seinem einjährigen Jungvogel. Dieses Paar griff Sandy nicht an, der sich deutlich unterwürfig zeigte. Die vier übernachteten gemeinsam, und in der Morgendämmerung des folgenden Tages kopulierte das Elternpaar.

Am nächsten Tag war die Familie verschwunden, Sandy war wieder allein. Ein paar Tage später kam die Familie zurück, blieb eine Nacht, verschwand wieder. Dies wiederholte sich einige Male, bis schließlich die junge Henne allein bei Sandy zurückblieb und ihre Eltern abzogen. Die beiden riefen dann erstmalig im Duett; an der Stimme der jungen Kranichhenne war zu hören, dass sie erst gut ein Jahr alt war.

Im Sommer proklamierten beide gemeinsam die Umgebung gegenüber anderen Kranichen als ihr Revier. »Katie«, wie George die junge Henne nannte, flog an die Reviergrenzen, beide gemeinsam oder allein zeigten durch den »Prahlmarsch«, wessen Revier hier besetzt war.

An einem Tag im August desselben Jahres – George arbeitete gerade im Garten – waren plötzlich Kranich-Flugrufe aus der Luft zu hören. Und dann landeten drei Kraniche bei Sandy und Katie. Es waren zwei erwachsene und ein ganz junger, gerade flügge gewordener Kranich, der noch zimtbraun war. Die Alten waren über Georges Anwesenheit nicht beunruhigt, doch das Junge war nervös. Die Altvögel schienen die Umgebung zu kennen. Waren es Katies Eltern?

Katie ging auf die Alten zu, Sandy war zögerlich. Schließlich aber kamen die Kraniche für einige Minuten zusammen. Sandy schien das nicht sehr zu gefallen. Die Anwesenheit fremder Kraniche bedeutete Stress für ihn, er entfernte sich ca. 200 Meter in Richtung des nächsten Teiches. Von dort rief er.

Katie aber blieb bis zum Abend bei den anderen Kranichen, flog dann in Richtung Sandy, zog einige tiefe Kreise über ihm und landete bei ihm. Nun riefen die beiden im Duett, das andere Paar antwortete aus seinem Teich heraus, und der Duett-Wettstreit ging einige Male hin und her. Am nächsten Morgen wurden wieder Duettrufe ausgetauscht, die Familie verließ anschließend das Gebiet und kam nie wieder.

Sandy und Katie blieben im Feuchtgebiet, sogar über den Winter. Sie wurden von George mit Mais gefüttert, den sie von einem Teller in der Scheune fraßen. Eines Tages war der Maisvorrat aufgebraucht, der Teller blieb leer. Die beiden Kraniche marschierten dann zielstrebig zu Georges Haus, schritten die beiden Stufen zum Eingang hoch auf die Terrasse, gingen am Haus entlang und schauten durch das Glas der Küchentür hinein. George und seine Frau waren ziemlich überrascht und gaben den Kranichen natürlich erst einmal etwas anderes zu fressen.

Es ist erstaunlich, wie intelligent sich diese Kraniche verhalten haben, die durch die Behinderung von Sandy ja mit ganz anderen Herausforderungen konfrontiert waren als alle anderen Kraniche. Sie suchten das Futter in Georges Haus, obwohl sie dort noch nie gefüttert worden waren. Sie hatten lediglich beobachten können, dass diejenigen, die das Futter in die Scheune brachten, aus dem Haus traten, und zwar aus der Küchentür. Offensichtlich hatten sie den logischen Schluss gezogen, dass sich in der Küche die eigentliche Quelle des Futters befinden musste, und fanden sich dort ein, als es in der Scheune nichts mehr gab.

Ein anderer interessanter Aspekt der Geschichte von Sandy und Katie ist, dass Katie offenbar von ihren Eltern im Revier eines alleinstehenden männlichen Kranichs regelrecht »abgeliefert« wurde. In einer Umwelt, in der der Besitz eines Feuchtgebietes eine wesentliche Voraussetzung für die erfolgreiche Fortpflanzung ist – andere Kraniche hatten ja bereits versucht, Sandys Revier zu erobern –, war das Verkuppeln der Tochter vielleicht kein dummer Schachzug der Eltern. Leider wurde Sandy im folgenden Jahr ein Opfer von Kojoten; seine Unfähigkeit zu fliegen kostete ihn schließlich doch das Leben. Doch Sandy und Katie haben uns einige wichtige Beiträge zum besseren Verständnis der Kranichintelligenz geliefert.

Mandschurenkraniche: Täuschung und Taktik

Yulia Momose hat in Japan häufig beobachten können, dass Mandschurenkraniche in der Lage sind, Menschen zu täuschen. Die japanischen Kranichschützer und -forscher beringen jedes Jahr einige (noch nicht flügge) Jungkraniche. Dabei gehen sie anders vor als deutsche oder amerikanische

Beringer, die sich bei solchen Aktionen plötzlich von mehreren Seiten auf das Kranichjunge stürzen.

Die Japaner schleichen sich geduldig und vorsichtig von allen Seiten an, ein »General« steht mit einem Fernrohr auf einer Anhöhe und bringt per Funk seine »Truppen« um das Kranichjunge herum in Stellung. Die Helfer müssen dabei einiges aushalten: die Feuchtigkeit, die auch durch die beste Schutzkleidung hindurchsickert, die Mücken und Zecken und die Langeweile, wenn sie stundenlang unbeweglich verharren müssen.

Der »General« sieht zumeist gar nicht den Jungkranich, sondern nur die Altvögel. Bei Mandschurenkranichen kann man oft beobachten, dass einer der Alten wegfliegt und für sich selbst oder das Junge aus weiter entfernten Tümpeln leckere Mahlzeiten (zumeist köstliche, schwabbelige Blutegel) besorgt. Erfahrene Kraniche, die solche Beringungsaktionen schon aus den Vorjahren kennen und merken, dass ihre Jungen eingefangen werden sollen, haben anscheinend begriffen, dass sie diejenigen sind, die die Mitarbeiter zu dem Jungen führen. Der Leiter der Beringungsaktion beobachtet also einen Kranich, der sich offenbar um sein Junges bemüht, sieht dabei aber nur *einen* Altvogel. Wenn dann seine Truppe bei diesem Altvogel ankommt, fliegt der plötzlich weg – und kein Junges ist bei ihm! Er hat sich nur scheinbar um sein Junges gekümmert, während sich sein Partner mit diesem versteckt hatte. Ein solcher Tag ist für die Beringer ein Fehlschlag, für den Kranichfreund ein Erlebnis, für den Kranichforscher ein Erkenntnisgewinn.

In den meisten Fällen aber gelingt es den Fängern, sich

anzuschleichen. In der Nähe der Kranichfamilie angelangt, können sie sogar die leisen Kontaktlaute der Vögel hören. Plötzlich duckt sich das Kleine, nachdem die Alten etwas »gesagt« haben. Sie entfernen sich langsam, wiederum mit eifriger »Pflege« des Jungen, das gar nicht mehr bei ihnen ist. Wenn die Fänger vorher nicht genau beobachtet haben, wo sich das Junge versteckt, ist ein Fehlschlag programmiert. Interessant finde ich dabei, dass die Töne, die wir als »Purr«-Kontaktlaut klassifizieren und die sich für uns alle gleich anhören, einmal »Folge mir« bedeuten und dann wieder »Duck dich, warte auf uns«. Sie klingen für Kraniche wahrscheinlich sehr verschiedenartig und transportieren jeweils andere Bedeutungen.

Oft aber sind die Fänger trotz der zahlreichen Täuschungsmanöver erfolgreich. Wenn sie dann das Kranichjunge gefangen haben und vorsichtig, aber schnell beringen, fliegen die Altvögel meist über die Gruppe hinweg und rufen. Oft sind es aber nicht die aufgeregten Alarmrufe, sondern beruhigende »Purr«-Laute, die nun – so glaubt und hofft Yulia – vielleicht bedeuten: »Keine Angst, wir kommen schnell wieder zu dir, sie lassen dich gleich los.« Schließlich haben die meisten Paare diese Prozedur schon einige Male erlebt.

Übrigens hat das Beringungsprojekt ein interessantes Ergebnis erbracht[133]: Es wurde erfasst, wann die beringten Jungvögel sich verpaarten und wo sie Reviere suchten. Die Männchen siedelten im Schnitt nur 9,7 Kilometer vom Heimatort entfernt, die Weibchen 45,3 Kilometer entfernt. Das stimmt mit Beobachtungen an Grauen Kranichen und Kanadakranichen im Wesentlichen überein.

Friedfertige Kraniche?

Kraniche wirken stets sehr friedfertig, ruhig und gemessen, ja majestätisch. Sie hacken nicht aufeinander ein, bei ihren Revierkämpfen fliegen keine Fetzen, nicht einmal Federn, geschweige denn, dass Blut fließt.

Warum haben die Friedensbewegung und die UNO dann die Taube, aber nicht den Kranich zu ihrem Symboltier erwählt, obwohl der Kranich in China Symbol des Friedens ist? Vielleicht hat die UNO in Fachbüchern gelesen, dass Kraniche schon mal das Gelege von Konkurrenten zerstören, was Tauben möglicherweise nicht tun, weshalb diese als noch friedfertiger gelten?

Der schwedische Fotograf Sture Tranevig hat mit der Illusion von der Friedfertigkeit der Kraniche endgültig aufgeräumt. Er hat dokumentiert, wie ein Kranich während der Brutzeit regelmäßig das Nest eines Gänsesägerpaars besuchte, das in unmittelbarer Nachbarschaft brütete. Als die Sägerjungen geschlüpft waren, kam der Kranich wieder vorbei und fraß sie auf. Er wusste also, dass aus Eiern Küken schlüpfen (episodisches Gedächtnis!). Und er hat vorausgesehen, dass die Mahlzeit nach der Schlupf interessanter sein würde, oder er weiß vielleicht mit Eiern nicht so viel anzufangen wie Krähen. Er hat geplant und abgewartet.

Auf der Europäischen Kranichkonferenz Ende 2018 in Südwestfrankreich nahe Arjuzanx berichteten norwegische Wissenschaftler über erste Beobachtungen und Vermutungen, wonach dort, wo Kraniche brüten, der Bruterfolg von Watvögeln beeinträchtigt wird. Dies seien jedoch nur erste, unsichere Beobachtungen. Man starte eine Studie, um Genaueres sagen zu können, berichteten sie. Diese ersten Beobachtungen stehen mit dem, was Sture Tranevig beobachtete, im Einklang. In Norwegen gibt es erst seit kurzem – wieder! – Kraniche. Ein Brutpaar versuchte es sogar an der für Europa vermutlich nördlichsten Stelle, auf 70°39‘ nördlicher Breite – viel nördlicher geht es selbst in Norwegen nicht!

In Deutschland soll einmal ein Kranichpaar einem anderen deren Junge entführt haben (etwas Ähnliches erlebten wir bei der Generalprobe mit »Operation Migration« in Wisconsin, wie in Kapitel 12 berichtet). Das deutsche »Entführerpaar« soll zuvor jahrelang ohne Nachwuchs gewesen sein.

Kraniche sind also nicht grenzenlos friedfertig, aber friedfertiger als wir Menschen oder manche Affen. Zumindest regeln sie ihre innerartlichen Konflikte fast immer unblutig.

USA: menschliche Freunde und Feinde

Dass Kraniche nicht nur akustisch, sondern auch ausgesprochen visuell orientiert sind, zeigt die Fähigkeit von in Gefangenschaft aufgezogenen Kranichen bei der ICF oder in Patuxent, ihre Pfleger zu erkennen und differenziert auf sie zu reagieren. Scott Swengel, der damalige Chef-Pfleger der ICF, hat mir hierüber viel erzählt.

Er selbst wird von den Kranichen »gehasst«. Sie mögen

ihn ganz und gar nicht. Er nimmt ihnen die Eier weg, er stiehlt ihnen die Küken, bevor sie flügge werden, er nimmt ihnen Blut ab – lauter böse Dinge. Dass er ihnen manchmal Futter bringt, rechnen sie ihm nicht positiv an. Die Reaktionen sind von Kranich zu Kranich verschieden und drücken in verschiedenem Ausmaß entweder Unterwerfung oder Aggression aus.

Nun könnte man vermuten, dass die Kraniche Scott Swengel an seiner Körpergröße und an seiner Kleidung erkennen und ihre charakteristische »Anti-Scott-Reaktion« zeigen, wenn er in seiner Arbeitskleidung kommt. Wenn Scott aber zum Beispiel sonntags die Führungen begleitet, erkennen die Kraniche ihn sogar, wenn er mitten in einer Menschentraube steht und völlig anders gekleidet ist als werktags.

Manchmal gibt es Praktikanten (zumeist weibliche), für die die Kraniche offenbar viel Sympathie empfinden. Sie freuen sich sichtlich, wenn eine bestimmte Praktikantin vorbeischaut. Erscheint sie aber in Begleitung der Tierärztin, ist die Reaktion pure Furcht. Die Ärztin wird mit unangenehmen Erfahrungen verbunden: »Jetzt werde ich wieder untersucht, oje« – ein Phänomen, das auch uns Menschen nicht unbekannt ist.

Alle Kraniche scheinen die Fähigkeit zu haben, das Geschlecht ihres menschlichen Gegenübers zu erkennen. Woran sie das feststellen, haben die ICF-Mitarbeiter noch nicht herausgefunden. Vielleicht an der Stimme? Es ist immer wieder zu beobachten: Kranichhähne finden weibliche Bezugspersonen netter, Hennen freunden sich eher mit Männern an. Bereits junge Kranichhennen, die nicht in Isolation aufgezogen werden, sondern im direkten Kontakt mit Menschen, folgen lieber den Männern, die Junghähne lieber den Frauen unter dem Pflegepersonal. Diese Gewohnheit wird sogar dazu genutzt, eine erste Geschlechtsbestimmung der Küken vorzunehmen. Das Geschlecht zu bestimmen, ist bei Kranichen nicht ganz einfach. Offensichtlich nehmen sie an uns mehr Feinheiten wahr als wir an ihnen.

Der Duvenstedter Brook und der Hansdorfer Brook

Was ist das für ein Gebiet im Norden von Hamburg, in dem sich Kraniche plötzlich, wohl erstmalig seit Jahrhunderten, wieder niederließen?

Der Duvenstedter Brook ist kein Rothirschreservat, obwohl er für seine Rothirsche, die größte Herde Norddeutschlands, berühmt ist. Er ist ebenso wenig ein Kranichreservat, obwohl er die größte Kranichdichte der alten Bundesländer aufweist. Er ist ein Naturschutzgebiet mit einer außerordentlich großen Vielfalt, und das macht seinen Reiz aus, macht ihn interessant für Pflanzen, Tiere und Menschen. Wer selbst eine kleine Wanderung durch den Brook unternehmen kann, wird sicherlich einige der von mir geschilderten Beobachtungen noch besser verstehen. Für diejenigen, die zu weit entfernt wohnen, mag dieser Abschnitt als kleiner Ersatz dienen.[134] Der Duvenstedter Brook (Brook: alt-norddeutsch = Bruch, also ein Wald mit feuchten Stellen) ist eine sehr vielgestaltige, kleinräumige Landschaft. Ihm ist im Osten der »Hansdorfer Brook«

angegliedert, der sich auf Schleswig-Holsteiner Gebiet im Kreis Stormarn befindet. Zusammen sind beide Gebiete etwas mehr als zehn Quadratkilometer groß, und wenn man den angrenzenden Wohldorfer Wald sowie das erst 2002 ausgewiesene (und bisher nicht gut entwickelte) Naturschutzgebiet »Ammersbek-Niederung« hinzurechnet, sind es gut fünfzehn.

Schon bei der Anfahrt mit Auto oder Fahrrad fällt auf, dass das Naturschutzgebiet weiträumig von Landwirtschaft umrahmt ist. Ein Wanderweg, der auch als Fahrweg für land- und forstwirtschaftliche Nutzfahrzeuge dient, führt ins Naturschutzgebiet hinein.

Ein Schild aus knorrigem Holz informiert über die Entstehungsgeschichte, gemahnt zur Ruhe und deklariert, dass das Verlassen der Wege, die Entnahme von Pflanzen (»Auch Pilze sind geschützt.«) und das Campen verboten sind. Hunde mitzunehmen (auch angeleint) ist ebenfalls verboten.

Das engere Gebiet ist eiszeitlichen Ursprungs und im Kern ein Moor. Seine Entwicklung begann mit dem Ende der letzten Eiszeit vor ungefähr 15 000 Jahren. Inlandeis und Schmelzwässer haben eine vielgestaltige Oberflächenform und Bodenzusammensetzung hinterlassen. Da in der Umgebung zum Teil lehmige Böden (Moränen) zu finden sind, fließt von dort einiges an Wasser in die flache Brookniederung. Dort bleibt es in Senken stehen, fließt langsam ab oder versickert in sandigeren Bereichen.

Unter den sandigen Böden ist in ein bis drei Meter Tiefe oft wieder Lehm zu finden, sodass viele Senken ständig mit Wasser gefüllt sind. In einigen haben sich in früheren

Zeiten Torfmoore entwickelt, die später teilweise abgestochen wurden.

Sicher hat es ursprünglich auf trockeneren Plätzen früher schon Wald, Busch oder Heide gegeben, aber der größte Teil des Waldes ist erst mit der Entwässerung entstanden. Im Mittelalter wurden einige der Wälder gerodet und zu Acker- oder Weideland umgestaltet, einige Wälder waren als »Allmende« gemeinschaftlich genutzte Waldweide zur Schweinemast. Diese Nutzungen waren der Beginn intensiver Entwässerung und die Grundlagen der Strukturen, die wir heute noch finden.

In den 1930er Jahren änderte sich die Landschaft. Einige Dauerbrachen entstanden, andere Äcker wurden intensiver genutzt, zum Teil bis in die 60er Jahre. Es setzte hier und da eine Wiederbewaldung des Grün- oder des Heidelandes ein, gefördert dadurch, dass weite Flächen aufgrund der früheren Nutzung als Ackerland immer noch intensiv entwässert wurden (und werden).

Heute finden wir Birkenwälder, Heideflächen (die allmählich von Birken überwachsen werden, wenn diese nicht daran gehindert werden), Reste von Mooren, die dort, wo die Aufstaumaßnahmen erfolgreich waren, sehr langsam wieder lebendig werden. Hier gedeihen Torfmoose und Wollgras. Wir finden Erlenbrüche, die zumeist noch relativ trocken sind, erst einen davon konnten wir Mitte der 90er Jahre erneut »unter Wasser« setzen, indem die Abflüsse verstopft beziehungsweise höher gelegt wurden.

Dazwischen gibt es Grünland – hier eine öde Wiese, der man die Zeiten der Intensivdüngung ansieht, so gleichmäßig ist sie mit Kulturgras und Löwenzahn bestanden, dort andere Weiden und Wiesen, die ungedüngt geblieben und vielfältig bewachsen sind. Das beweist die reiche Pracht an Orchideen im Mai (vor allem die drei Arten *Dactylorhiza incarnata*, *Dactylorhiza majalis* und *Dactylorhiza Fuchsii*). In den letzten Jahren haben sich die Schlüsselblumen prächtig vermehrt, sicher auch, weil die Menschen gelernt haben, sie stehen zu lassen.

Über die Jahrhunderte hinweg wurde der Brook genutzt, »kultiviert«, war also Teil der Kulturlandschaft. Er ist kein Urwaldrest oder ein naturbelassenes, vergessenes Moor. Man geht entlang beweideter Wiesen, sieht die tiefen Entwässerungsgräben und fragt sich, ob Entwässerung in einem Naturschutzgebiet, das ein Feuchtgebiet sein soll, eine Berechtigung hat.

Um die 300 Kilometer Gräben haben die Menschen im Brook in Hunderten von Jahren ausgehoben und freigehalten. Sie haben Weiden und Waldflächen geschaffen, das Moor abgetorft und das Gebiet weitgehend entwässert. Die gültige Naturschutzverordnung von 1958 bestimmt, dass der Brook wiedervernässt werden soll, doch es werden immer noch alte, bestehende Gräben wieder ausgehoben, was ihre Entwässerungsleistung steigert – ein dauernder Streitpunkt zwischen uns Vertretern des Naturschutzes einerseits, dem Senat, dem Förster und den Jägern andererseits. Dort, wo die Entwässerung nicht allzu gründlich wirkte, sich also weder das Moor halten konnte noch die Nutzung als Wiese oder Ackerland lohnte, hat sich Moorbirkenwald entwickelt.

Im Frühjahr fiel den Besuchern des Brooks früher schnell der rege Flugverkehr der Graureiher auf. Etwa 1970 hatte sich hier eine Brutkolonie gebildet, die immer größer wurde und an die 40 Brutpaare zählte. Die Reiher brüteten auf Erlen und sogar auf dem Boden auf sogenannten »Bulten«, also kleineren bewachsenen Erhebungen im Moor. Ende der 90er Jahre aber waren die Reiher plötzlich verschwunden; der Grund dafür ist nicht bekannt.

Wer heute in der Zeit nach Pfingsten in diesen Bereich des Brooks kommt, hört im Moorbirkenwald mindestens einen Pirol. In den 90er Jahren gab es im gesamten Brook etwa acht bis zehn Paare, heute sind es vermutlich nur noch ein oder zwei. Auch Bekassinen brüten inzwischen nicht mehr im Brook. Früher konnte man sie sehr früh morgens oder abends beim Revierflug beobachten. Gelegentlich sieht man einen oder zwei Kiebitze, auch von ihnen gab es früher deutlich mehr. Inzwischen brüten sie nur noch selten im Brook; außerhalb des Schutzgebietes finden sich zwei bis drei Paare.

Dennoch kann man bei einer Wanderung durch den Brook nach wie vor viele Vögel sehen oder hören. An einem frühen Morgen im Frühling lassen sich um die 50 Arten beobachten. Am Flüsschen Ammersbek gibt es ein Schellentenpaar, zum ersten Mal brütete diese Entenart im Jahr 1996 wieder auf Hamburger Gebiet. Das dürfen wir als Erfolg der Naturschutzarbeit aller Beteiligten verbuchen. 1997 und 1998 waren es schon zwei Paare. Auch Eisvögel kann man hin und wieder entdecken, sie scheinen ebenfalls an der Ammersbek zu brüten.

Insgesamt brüten im Brook 86 verschiedene Vogelarten. Zusammen mit den Wintergästen und Durchzüglern lassen sich im Verlaufe des Jahres wohl 172 Arten beobachten.[135]

Das ist sicherlich außergewöhnlich. Sogar Braunkehlchen können immer wieder als Durchzieher beobachtet werden, brüten jedoch nicht. Dafür aber Neuntöter sowie viele Spechtarten: Bunt-, Klein- und Mittelspecht, Grün- und Schwarzspecht. Und man kann regelmäßig eine Uhubrut beobachten. Leider gibt es seit etwa 20 Jahren hier keine Rohrdommeln oder Großen Brachvögel mehr, obwohl sie eigentlich in unser Gebiet gehören. Aber irgendwie scheinen sie das nicht zu wissen, oder es sind keine mehr übrig, die zu uns ziehen könnten. Ältere Einheimische berichten, dass sie vor etwa 70 Jahren »überall« zu sehen waren, und in meinen ersten Jahren im Brook habe ich selbst gelegentlich Rohrdommeln (die im »Großen Moor« brüteten) und Brachvögel gehört, nun aber schon lange nicht mehr. Es bleibt also in Sachen Vogelschutz noch einiges zu tun.

Überraschende neue Beobachtungen und praktische Hinweise für Leser, die selbst Vogelrufe aufnehmen und analysieren möchten

Eingangs dieses Buches habe ich erwähnt, dass ich seit Mitte 2018 in einem Haus lebe, das sich direkt an der Grenze zum Brook befindet. So ist es für mich und meine Lebensgefährtin inzwischen normal, täglich mehrfach Kraniche zu sehen und zu hören. Einige der Reviere liegen nur 500 bis 1000 Meter von uns entfernt. Die Kraniche fliegen nur wenige Dutzend Meter entfernt am Haus vorbei, suchen Futter nur 100 oder 200 Meter vor unserem Wohnzimmerfenster, und erstaunlicherweise spielen sich sogar Tanzvorführungen und Revierauseinandersetzungen ab, die wir vom Sessel aus beobachten können[136] oder die durch eines unserer Fenster hineinschallen. So dauerte es nicht lange, bis ich die Rufe anhand ihrer Tonlage unterscheiden konnte. Doch manchmal kamen mir Zweifel: Waren es wirklich nur drei Paare, die ich hier rufen hörte, und nicht doch vier?

Also reaktivierte ich im Frühling 2019 mein Sennheiser-Mikrofon, setzte anstelle der alten Minidisc-Geräte für die Aufnahmen zuerst mein Smartphone ein, bis ich damit unzufrieden war und mir ein kleines, aber leistungsfähiges digitales Aufnahmegerät zulegte.[137] Doch wie sollte ich die Aufnahmen analysieren? Ich war nicht bereit, wegen meiner neu entfachten Neugier gleich einige hundert Euro auszugeben für Lizenzen professioneller Programme wie »Raven Pro«[138], »Matlab« oder »mathematica«, die jeweils spezielle Unterprogramme benötigen. Nach vielen Recherchen und frustrierend ausgegangenen Versuchen, eine kostengünstige oder sogar kostenlose Lösung zu finden, landete ich bei zwei Programmen: Einerseits »audacity«[139]. Mit diesem Programm kann ich Aufnahmen von meinem Smartphone ins geeignetere *.wav-Format bringen (»Datei«/»exportieren«/»als WAV exportieren«), vor allem aber bearbeite ich die Dateien (entferne störende Nebengeräusche, verstärke zu leise Rufe – »Effekt => Normalisieren«) oder führe Teile verschiedener Aufnahmen zusammen.

Andererseits das Programm »Avisoft SASLab Lite«[140]: Es hat in den vergangenen Jahren erheblich an Funktionen hinzugewonnen. Mit diesem Programm gehe ich folgendermaßen vor: Ich öffne die wav-Datei (entweder das Original von meinem ZOOM-Recorder oder eine mit audacity bearbeitete Aufnahme), markiere den Ruf oder die Stelle eines Rufes, die mich interessiert, und generiere das »Power-Spektrum«, das Frequenzspektrum mit den Schritten »Analyze«/»One-dimensional Transformation«/»Power Spectrum logarithmic, Evaluation Window Hamming, Channel 1/Ok«. Das liefert ein Spektrum von Null bis 22 500 Hz, in dieser Form vollkommen unbrauchbar für meine Zwecke. Also lege ich als Erstes ein Raster über das Ergebnis (»Display«/»Grid«), diese Einstellung bleibt für nachfolgende Operationen bestehen. Nun klicke ich auf »Display«/»Display Range« und gebe im Fenster »X-Axis« bei X_{min} = 0,6 kHz, bei X_{max} = 1,2 kHz ein (das ist der Frequenzbereich, in dem die allermeisten Grauen Kraniche rufen)[141]; danach klicke ich auf »Edit«/»Smooth« und gebe »Average over 41 points« ein; das Ergebnis ist eine unglaublich viele Seiten umfassende Grafik, die ich erst einmal mit »File«/»Print« in ein pdf umwandele, das nun ebenso viele Seiten umfasst. Anschließend drucke ich Seite 1 dieser pdf-Datei in horizontaler Ausrichtung auf Papier aus, sodass das DIN-A4-Format voll ausgefüllt ist. Nun kann ich die Ausdrucke verschiedener Aufnahmen übereinanderlegen oder vor eine Lampe halten: Die »Berge und Täler« müssen, wenn es sich um Rufe desselben Paars handelt, in etwa bei den gleichen Frequenzen liegen. Abweichungen von etwa fünf Hertz sind normal, ebenso Unterschiede in der Intensität (Lautstärke) bei der jeweiligen Frequenz; schließlich sind Kraniche keine Maschinen, sondern lebende Wesen. Die »Berge« in den Spektren zeigen die Frequenzen, mit denen der jeweilige Kranich ruft.[142]

Im März 2019 waren die Revierbesetzungen offensichtlich noch nicht abgeschlossen. Einige Paare brüteten, andere balzten noch und paarten sich, aber sie mussten sich diverser neidischer Eindringlinge erwehren, die ebenfalls in ihr Revier wollten. In meiner unmittelbaren Nachbarschaft gibt es zwei Revierbesitzer, die sich offensichtlich tolerierten (und im April brüteten), aber Grenzen absteckten, in einem Gebiet, in dem früher nur ein Paar wohnte (zuerst »Romeo und Julia«, dann die »Schlitzohren«). Es gibt zurzeit mindestens zwei weitere Paare, die hier ebenfalls Ansprüche anmelden.

Direkt daneben besetzt ein weiteres Paar das Revier, das am wenigsten einsehbar ist und schon seit Mitte der 80er Jahre genutzt wird; dort gibt es wahrscheinlich noch ein zweites Paar.

Im Zentrum des Brooks schienen die Verhältnisse ebenfalls noch nicht geklärt zu sein, denn an den verschiedenen Tagen meiner Aufnahmen erfasste ich insgesamt fünf Paare, die von dort Duette riefen. Vermutlich waren es letztlich zwei oder maximal drei Paare, die dort Reviere fest besetzten und die anderen Paare vertrieben.

An den Rändern des Brooks war die Situation noch unklar, das ist zu Beginn einer Saison ganz normal. Und für jemanden wie mich, der die Kraniche nun doch wieder persönlich kennenlernen möchte, der ihre konstanten und wechselnden Gewohnheiten beobachtet, war die Situation besonders verwirrend, denn viele Rufe aus einem Gebiet (aus dem man etwas hört, aber meistens nichts sieht) von verschiedenen Tagen passten nicht zueinander. Stattdessen stellte ich beim Auffächern der anfänglich an die 50, inzwischen mehr als 250 Rufaufnahmen fest, dass aus einem Revier heraus an unterschiedlichen Tagen ganz verschiedene Paare riefen.

Während der gewöhnliche Beobachter eines Revieres sagt: »Da schau, das Kranichpaar ist wieder da!«, frage ich: »Welches Paar? Wer wohnt denn nun eigentlich hier? Ich habe schon drei verschiedene Paare aus der gleichen Ecke Duette rufen hören!« Das wird sich erst im Verlauf der Saison klären, spätestens mit Beginn der Brut – falls es in dem jeweiligen Revier überhaupt zu einer Brut kommt, denn wenn es Streit um ein Revier gibt, findet ein Kranichpaar oft nicht genügend Ruhe, um ein Nest zu bauen, sich oft genug zu paaren, Eier zu legen und zu bebrüten. Insgesamt habe ich in der Brutsaison 2019 26 Paare im Brook an ihren Stimmen identifiziert (und das in einer einzigen Saison!), aber vermutlich haben nur zehn oder zwölf Paare ein geeignetes Revier besetzt und zumindest zu brüten versucht, was für dieses Gebiet eine ganze Menge ist, denn besonders im Zentrum des Brooks ist es sehr eng.[143] Der Bruterfolg nimmt erfahrungsgemäß ab, wenn zu viele Paare auf engstem Raum miteinander konkurrieren. Und eng scheint es wirklich zu werden: An einem Tag im Mai sah ich auf einer großen Wiese im Zentrum des Brooks mindestens 65 Kraniche, die nacheinander in drei größeren Gruppen am Spätnachmittag einflogen. Zusammen mit den Revierpaaren (damals wohl noch etwa fünfzehn) waren also an die einhundert Kraniche im Brook! Dies ist ein großartiger Erfolg des langjährigen Naturschutzes und ist erfreulicherweise nicht einzigartig, denn ähnliche Entwicklungen konnten wir an vielen Orten in West- und Nordeuropa feststellen.

Diejenigen Leser, die überlegen, ob sie vielleicht selbst als Hobby-Bioakustiker solche oder ähnliche Studien betreiben möchten (und nicht nur gelegentlich mal spielerisch hineinhören, was allein schon sehr lohnenswert sein kann), sollten sich von vornherein klarmachen: Wenn Sie wirklich etwas über die Individuen, deren Rufe Sie aufnehmen, herausbekommen wollen (unabhängig davon, um welche Vogelart es sich handelt), müssen Sie einiges an Zeit investieren. Es reicht nicht, eine Handvoll Rufe aufzunehmen. Sie benötigen (je nach Anzahl der Individuen, die Sie identifizieren wollen) einige Dutzend bis einige hundert Rufe an mehreren Tagen der Saison, denn Vögel sind sehr dynamisch, sie setzen sich mit ihren Nachbarn und ihrer Umwelt auseinander, und nichts ist, wie es noch zwei Tage zuvor mal war…

Also müssen Sie sich mit den Widrigkeiten der Aufnahmetechnik, des Wetters, der allzu frühen Tageszeit und der Vögel auseinandersetzen (die selten dann rufen, wenn Sie bereit sind, sondern besonders gern dann, wenn Sie gerade am Gerät herumfummeln). Sie müssen sich mit den Komplikationen der Programme und vor allem des Druckers herumschlagen. Wenn man dann aber doch schließlich alle Ausdrucke beisammen hat, die man vergleichen möchte, entpuppt sich die scheinbar einfache Fragestellung als ein ziemlich konfuses Puzzle: Wer ist denn eigentlich von wo nach wo geflogen und hat an vollkommen unterschiedlichen Orten gerufen? Oder: War nicht in diesem einen Revier schon klar, wer die Revierbesitzer sind, wieso ruft hier jetzt ein ganz anderes Paar, ohne Widerspruch zu ernten?

Der Lohn all dieser Mühen und die Kompensation für die Frustrationen, wenn man das Puzzle gelöst hat, ist zunächst ein besseres Verständnis dessen, was man beobachten oder hören konnte. Im Lohn enthalten sind die neuen Fragen, die sich auftun, wenn man ein Rätsel entschlüsselt hat, so wie bei mir im März 2019: Da ist ein Paar, dessen Ruf in mir beim wiederholten Anhören Zweifel weckt – so hört sich doch kein Duett an! Das Sonagramm[144] sieht aus, als ob zwei Männchen im Duett rufen würden (die Form des Duettteils von Hahn und Henne sind grundverschieden), kann das sein? Wenn es so ist: Bisher kannte ich gleichgeschlechtliche Beziehungen unter Kranichen nur aus Erzählungen über Zookraniche. Es könnte aber auch sein, dass hier zwei Männchen benachbarter Paare ihr Revier in einem Duett-Solo anzeigen, während die Weibchen möglicherweise anderswo auf dem Nest sitzen und deshalb nicht rufen. Ursprünglich glaubte mir niemand, dass verpaarte Kranichmännchen gelegentlich auch allein ihren Teil des Duetts rufen, bis ich es ein paar Jahre später mit meinen Aufnahmen beweisen konnte. In diesem Jahr habe ich bereits mehrfach Kranichhähne allein rufend aufgenommen. Aber zwei gleichzeitig, nebeneinanderstehend? Sehr merkwürdig, eine ganz neue Beobachtung, selbst wenn sie kein schwules Paar sein sollten.

Oder die beiden benachbarten (nur hörbaren, aber nicht sichtbaren) Kranichpaare, bei denen die Weibchen nahezu identische Spektren aufweisen[145], die Männchen aber deutlich verschieden sind. Die beiden Rufe, bei denen mir die akustische Ähnlichkeit der Weibchen auffiel, kamen aus sehr enger Nachbarschaft mit nur etwa fünfzehn Minuten Abstand voneinander: Sind die Weibchen eng miteinander verwandt (Zwillinge?), oder ist das eine die Tochter des anderen Weibchens? Oder habe ich eine der schnellsten Neuverpaarungen aller Zeiten gehört und das Weibchen hat zuerst mit dem einen, dann mit dem anderen Männchen praktisch an gleicher Stelle im Duett gerufen? Alle drei Antworten wären überraschend, denn bisher haben ich selbst und andere nur beobachtet, dass *männliche* Nachkommen von Kranicheltern in direkter Nachbarschaft ihres Heimatreviers brüten (ich habe das aus der Ähnlichkeit des männlichen Teils der Spektren geschlossen, andere aus Beringungsprojekten). Doch noch überraschender wäre ein Partnerwechsel innerhalb von einer Viertelstunde und am gleichen Ort. Da das Männchen aus dem zweiten Duettruf in darauffolgenden Wochen mit einem anderen Weibchen rief und das Weibchen beider Rufe an den späteren Aufnahmetagen mit dem ersten Männchen zusammen rief, ist für mich »speed-dating« die wahrscheinlichste Erklärung.

Ein weiterer Lohn der Mühen beim Aufnehmen der Vogelrufe besteht darin, dass die akustische Beobachtung gegenüber der visuellen die Vielfalt genauer abbildet: Ich erwähnte bereits, dass sich mir im Frühjahr 2019 26 Kranichpaare durch ihre Rufe vorgestellt haben. Der Lohn all der Mühen und des Zeitaufwands geht aber noch tiefer: Man entwickelt eine wachsende Nähe zu den Vögeln, die man beobachtet und aufnimmt. Mir jedenfalls geht es so: Je öfter ich meine direkten Nachbarn und die anderen

Kraniche im Brook höre, ihre Rufe aufnehme, analysiere, ausdrucke, vergleiche, umso vertrauter werden sie mir, fast wie Freunde. Ich erlebe es als Glück, als ein großes Geschenk, dass ich auf diese Weise einige der vokalen Botschaften der Kraniche – nicht mehr und nicht weniger sind die Rufe: Es sind Botschaften! – hören und entschlüsseln, einige von den Kranichen persönlich kennenlernen und wiedererkennen darf.

Meine Erlebnisse und Erfahrungen mit den Kranichen machen mir immer wieder bewusst, dass ich selbst wie wir alle ein winziger Teil des Kosmos bin. Bei meiner chemischen Forschung bin ich in einigen Gebieten sehr in die Tiefe gegangen und wusste zugleich, wie viel ich nicht wusste, wie viel ich nicht verstand (ebenso wie weltweit alle anderen Menschen, die auf diesen Gebieten forschen). Als allgemein naturwissenschaftlich interessierter Chemiker, der gern in die Physik, Astronomie, Genetik oder Ökologie hineinschnuppert, wird mir immer wieder deutlich, dass wir Menschen von unserer Welt nur einen kleinen Ausschnitt kennen und verstehen – und vielleicht wird vieles, was wir heute zu wissen glauben, in einigen Jahren oder Jahrzehnten als überholt gelten.

Wenn ich dann wieder einmal den Kranichen lausche, bin ich ganz nah bei ihnen, erfahre mich als Teil der Natur und mache mir bewusst: Die Welt um uns herum ist voller großer und kleiner Geheimnisse. Wo es uns gelingt, sie zu entschlüsseln, sagen sie uns: Wir Menschen haben allen Grund zur Bescheidenheit und dazu, uns gegenüber der Natur respektvoll zu verhalten.

Dank

Ich bin so vielen Menschen dankbar für ihre Hilfe beim Entstehen dieses Buches. Zuerst George Archibald, ohne dessen Ermutigung ich Kraniche weiterhin nur im Brook beobachten würde. Meinen Söhnen, die viele meiner ersten Beobachtungen begleiteten, vor allem meinem älteren Sohn, mit dem ich gemeinsame Kranichbewacher-Wochen verbrachte. Meiner Lebensgefährtin, die einige Versionen des Manuskriptes las, mir zahlreiche kritische Anregungen gab und auch in der letzten Phase der ständigen nochmaligen Bearbeitung des Manuskripts bis zur endgültigen Freigabe unendlich viel Geduld mit mir hatte. Besonders dankbar bin ich dafür, dass sie inzwischen meine Leidenschaft für Kraniche und die Natur teilt. Mein Dank gilt auch meiner Agentur, dem Verlag Goldmann und dem Lektorat danke ich dafür, dass sie mein Buchprojekt als geeignet ansahen, es einer an der Natur interessierten Leserschaft anzubieten, und für die vielen wertvollen Bemerkungen und Anregungen. Den Fotografen Carsten Linde, Kunikazu Momose, Ted Thousand, Tom Lynn, Larry Mattney, Mike Endres, den Kranichschutzorganisationen ICF (International Crane Foundation) und Red-crowned Crane Conservancy Hokkaido sowie dem Chefpiloten von Operation Migration, Joe Duff, danke ich sehr herzlich für die Zurverfügungstellung von Fotos, die meine eigenen Fotos ergänzen.

Anmerkungen

1 Vgl. http://www.spiegel.de/spiegel/print/d-43144036.html

2 Vgl. https://www.bernhard-wessling.com/Duettruf Rufaufnahmen: http://bit.ly/2Wem64C oder http://bit.ly/2petlNJ (eine Übersicht über alle in den folgenden Anmerkungen erwähnten Rufe mit Links finden Sie hier: https://www.bernhard-wessling.com/Rufaufnahmen)

3 Wintertanz: Vgl. https://www.bernhard-wessling.com/wintertanz Video: https://www.youtube.com/watch?v=qnOo2mB90-Y

4 Vgl. https://www.bernhard-wessling.com/am-nest

5 Vgl. https://www.wissenschaft.de/erde-klima/schon-dinos-hatten-farbige-eier/

6 Lorcan O'Toole, Vortrag auf der Europäischen Kranichkonferenz 2018 in Arjuzanx/Frankreich

7 Einen guten Überblick über die Kraniche betreffende Literatur kann man sich bei der »International Crane Foundation« mit einer computergestützten Recherche verschaffen. Bibliothek und Datenbank dürften dort nahezu vollständig sein.

8 Als nur eines von zahllosen Beispielen: https://bit.ly/2G7PnIk (zuletzt besucht am 8. 10. 2019)

9 Vgl. https://www.bernhard-wessling.com/youngster

10 Vgl. https://www.bernhard-wessling.com/kopulation

11 Vgl. https://www.bernhard-wessling.com/Kopf-Nahaufnahme

12 Hier eine etwa 25 Minuten dauernde Revierauseinandersetzung, die sehr langsam mit Duettrufen aus der Distanz beginnt und überwiegend aus »Umeinanderherumgehen« besteht, bis schließlich das stärkere Paar einen Partner des schwächeren (vermutlich jungen, wie man an den Stimmen hören kann) Paares vertreibt: http://bit.ly/2qgaNgl; sieben Minuten Ausschnitt und Zusammenschnitt aus einer längeren Aufnahme von Bertram Preuschhof, der mich auf dieses Video hinwies.

13 Zumindest wusste ich damals nichts davon. Im Jahr 2018 allerdings hielt sich eine etwa 24 Individuen große Gruppe von jugendlichen

und von erwachsenen nicht-brütenden Kranichen im Brook auf und hat vermutlich gelegentlich im zentralen Moorteich übernachtet, im weiteren Verlauf der Saison aber wohl meist im Mühlenteich einige Kilometer nördlich außerhalb des Brooks.

14 Carl-Albrecht von Treuenfels: Kraniche, Vögel des Glücks. Hamburg: Rasch und Röhring 1998, Erstauflage 1989

15 Hartwig Prange: Der Graue Kranich: Grus grus. Lutherstadt Wittenberg: Ziemsen1989, S. 58.

16 Einer der der beiden Kraniche im Erlenbrook: https://www.bernhard-wessling.com/Erlenbruch

17 Vgl. https://www.bernhard-wessling.com/warnrufRufaufnahme: http://bit.ly/2MJZ4zi

18 Beispiel von »kullernden« beziehungsweise »gurrenden« Lauten, die ich später aufnahm: http://bit.ly/32QcYFG

19 Ich führte in einer der anstrengendsten, kritischsten und stressigsten beruflichen / geschäftlichen Zeiten meines Lebens zehn Jahre lang von 1996 bis 2006 ein Tagebuch, allerdings nicht täglich, sondern alle paar Wochen, wenn »gefühlt« eine Phase abgeschlossen war, ein Schritt nach vorn geglückt oder ein massiver Rückschlag zu verkraften war; ich schrieb meistens, wenn ich etwas Ruhe hatte – im Flugzeug, im Hotel in den USA, Japan, Korea, oder wenn ich für einige Tage meistens im Anschluss an eine geschäftliche Aktivität irgendwo in der Welt draußen in der Natur ein paar Tage allein verbrachte oder zum Tauchen gefahren war.

20 Vgl. https://photos.app.goo.gl/kWbiium6ii6ENxgp8

21 Abflugabstimmungslaute Grauer Kraniche: https://soundcloud.com/bernhard-wessling-225998183/14preflight/s-xeAS2

22 Kontaktlaute Grauer Kraniche: https://soundcloud.com/bernhard-wessling-225998183/22-contact/s-vzym0

23 Vgl. hierzu Fußnote 18.

24 Ein Beispielsonagramm ist zu finden unter https://www.bernhard-wessling.com/sonagram-example (Dank an Dr. Frommolt, Museum für Naturkunde und Leiter des Tierstimmenarchivs, Berlin, der mir bessere Sonagramme erstellte, als ich sie damals mit SoundForge machte; der bunte Ausschnitt oben rechts im Bild stammt aus einem SoundForge-Sonagramm.)

25 Beispiel für ein Power-Spektrum: https://www.bernhard-wessling.com/powerspektrum

26 Hier kann man je ein Beispiel von Rufen des gleichen Paares, von

zwei verschiedenen Paaren und von einem Partnerwechsel sehen: https://www.bernhard-wessling.com/powerspektren-vergleichen

27 Übersichtstabelle: www.bernhard-wessling.com/table-overview-10years-brook-sonagraphy, hinzu kommen vereinzelte Analysen von Videosequenzen aus 1996/97

28 So schreibt sogar »Kranichschutz Deutschland« (der Träger praktisch aller Kranichschutz- und -forschungsaktivitäten in Deutschland) auf seiner Webseite https://www.kraniche.de/de/faqs-haeufige-fragen.html noch heute (zuletzt besucht am 1.4.2019): »*4. Sind Kraniche einander treu?* Ja, Kraniche leben in ›Dauerehe‹. Allerdings konnte durch Beringung nachgewiesen werden, dass auch Partnerwechsel stattfinden. Zu einer neuen Paarung kommt es vor allen Dingen bei Erkrankung oder Verlust des Partners sowie wenn das Männchen nicht in der Lage ist, das Brutrevier zu verteidigen.« Meine Forschung zeigte, dass dies so nicht stimmt.

29 Solo-Duettruf: http://bit.ly/32YhXEg

30 Vgl. https://www.savingcranes.org/

31 Vgl. https://www.savingcranes.org/about-icf/financial-information/

32 Bill starb am 30. 12. 2017 im Alter von 78 Jahren

33 https://bit.ly/2RuugSB (zuletzt besucht am 8.10.2019)

34 https://de.wikipedia.org/wiki/Amy_und_die_Wildg%C3%A4nse

35 George Archibald: My Life with Cranes – A collection of stories. Baraboo: International Crane Foundation 2016

36 Meines Wissens gibt es von diesem Teil der Show keine komplette Online-Video-Kopie, aber es gibt ein von der ICF zusammengestelltes Video, in dem Ausschnitte aus der Sendung zu sehen sind: https://bit.ly/2S0cgUU (zuletzt besucht am 8.10.2019) unter https://vimeo.com/58841603, außerdem ein Video mit Originalaufnahmen sowie eines über George anlässlich eines Preises, den er 2006 erhielt. Auch dieses Video enthält Ausschnitte aus Originalaufnahmen seiner Tänze mit Tex und aus der Johnny-Carson-Tonight-Show: https://www.youtube.com/watch?v=qyzJCvZoI44 (zuletzt besucht am 4. 2. 2019)

37 Anne Lacy, ICF, Vortrag auf der Europäischen Kranichkonferenz 2018 in Arjuzanx/Frankreich

38 George Archibald: Memories and anecdotes about the fifteen Species of Cranes. Baraboo: International Crane Foundation 2018, S. 16/17. George gab hier meine Beobachtung mit dem Paar »die Füchse« wieder, über die ich später hier im Buch berichte.

39 https://www.worldcat.org/identities/lccn-n78013681/, https://www.researchgate.net/profile/Hiroyuki_Masatomi

40 Vgl. https://www.bernhard-wessling.com/Hokkaido-1

41 https://www.bernhard-wessling.com/Hokkaido-2

42 Vgl. https://www.bernhard-wessling.com/hokkaido-3, Mandschurenkranich im Flug

43 Rufaufnahme »Neugier«: http://bit.ly/2BTJj2R

44 Rufaufnahme Mandschurenkranich »Achtung Adler!«: http://bit.ly/2JkqDwY

45 »Riesenseeadler« ist nicht, wie manche Leser vielleicht vermuten möchten, eine literarisch gemeinte Übertreibung, um auszudrücken, dass mir dieser Seeadler sehr groß vorkam: Es handelt sich um den deutschen Namen einer in Ostasien vorkommenden Seeadler-Art, die nochmals deutlich größer ist als unser Seeadler, und deren Schnabel wirklich furchterregend mächtig ist.

46 Adlerwarnruf Grauer Kranich: http://bit.ly/2WdHPtr

47 Vgl. https://www.bernhard-wessling.com/recording-equipment

48 Vgl. https://www.bernhard-wessling.com/hokkaido-Juni, aufgenommen ohne Teleobjektiv!

49 Abschiedsfoto, nachdem wir mit den Soldaten ein entspanntes Verhältnis aufgebaut hatten: https://www.bernhard-wessling.com/dmz-soldaten

50 Vgl. https://www.researchgate.net/publication/247411615_comparison_RC_Crane_Japan_-_Korea_DMZ; ich habe später zusammen mit einer russischen Forschergruppe eine entsprechende Veröffentlichung machen können: https://www.researchgate.net/publication/247208727_Between-population_differences_in_duets_of_the_red-crowned_crane

51 Vgl. https://www.bernhard-wessling.com/dmz-schneekranichjungvogel

52 In früheren Jahren wurden Schreikraniche im Nationalpark beringt; diese Praxis wurde später aufgegeben aufgrund der hohen Kosten und Risiken (für Kranich und Mensch; einmal sind die Fänger fast im Moor versunken).

53 Inzwischen gibt es wieder mehr.

54 Vgl. https://www.bernhard-wessling.com/herons-flat-pair

55 Aufnahme des Duettrufs des Herons-Flat-Paars: http://bit.ly/32JOuy4

56 Vgl. https://www.bernhard-wessling.com/anwr-deich, hinten am Wasser Schreikraniche

57 Vgl. https://www.bernhard-wessling.com/matagorda-pair, Aufnahme ohne Teleobjektiv!

58 Vgl. https://www.bernhard-wessling.com/anwr-decoy

59 Rufaufnahme Flugrufe Kanadakraniche: http://bit.ly/32R74o1

60 Vgl. https://www.bernhard-wessling.com/anwr-alligator

61 Vgl. https://www.bernhard-wessling.com/anwr-wc-am-wasserloch

62 ungekürzte, unbearbeitete Aufnahme, die nach Trinken, Abflugabstimmung und Flug noch weitere Umgebungsgeräusche wie z. B. von einer Ente wiedergibt: http://bit.ly/33zsMgF

63 deutsche Ausgabe 2016 im S. Bertelsmann-Verlag, englische Originalausgabe 2015

64 Vgl. https://www.bernhard-wessling.com/anwr-truthahngeier

65 Vgl. https://www.bernhard-wessling.com/anwr-sonnenaufgang-morgennebel

66 Vgl. https://www.bernhard-wessling.com/anwr-sonnenuntergang-matagorda

67 Vgl. https://www.bernhard-wessling.com/anwr-decoy

68 Vgl. https://www.bernhard-wessling.com/schreikranichduett-sonagramm

69 Vgl. https://www.bernhard-wessling.com/sonagram-example

70 Vgl. https://bit.ly/2MGZxjz, siehe auch https://bit.ly/2SuI4Rx und https://bit.ly/2GBaByz (zuletzt besucht am 8.10.2019)

71 http://bit.ly/2LIyd6f (zuletzt besucht am 8. 10. 2019)

72 Bill Lishman: Vater der Gänse, München: Droemer Knaur 1996. Ebenfalls interessant zu lesen: https://www.thecanadianencyclopedia.ca/en/article/bill-lishman-profile

73 In https://en.wikipedia.org/wiki/Winged_Migration kann man im Zusammenhang mit der dortigen Fußnote [3] lesen: »Bill Lishman - He imprinted geese and taught them to follow him in a low-speed ultralight aircraft in a migration path from Canada to Virginia. The idea of the traveling birds we owe to him. Lishman appears in the ›Making of‹ documentary on the DVD release.«

74 Der Vollständigkeit halber will ich auch erwähnen, dass ebenfalls basierend auf Lishmans Vorarbeiten und begleitet vom WCRT ein weiteres Ultraleichtflugzeug-Migrations- und Auswilderungsprojekt von Kent Clegg durchgeführt wurde. Diese Versuche – zum Teil sogar mit Schreikranichen – wurden aber abgebrochen, nach meiner Meinung zu Recht, denn Lishmans »Operation Migration« leistete einfach solidere und besser fundierte Arbeit. Hier ist das gesamte Logbuch

von Operation Migration, die nun aber abgewickelt ist, zu finden: https://operationmigration.org/site-map.asp

75 Vgl. https://www.bernhard-wessling.com/ulf-toronto, Bill ist der Pilot, ich sitze hinten; das Megaphon ist rechts zu sehen.

76 Vgl. https://www.bernhard-wessling.com/nnwr-sandhill-follow, zweites Foto aus dem Ultraleichtflugzeug heraus

77 Vgl. https://www.bernhard-wessling.com/nnwr-sandhill

78 Vgl. https://www.bernhard-wessling.com/patuxent-bodentraining

79 Vgl. https://www.bernhard-wessling.com/nnwr-whooper-training

80 Start zum Trainingsflug nach dem 11. 9. 2001: https://www.bernhard-wessling.com/nnwr-start-trainingsflug

81 Leider musste in Patuxent 2017 die 51 Jahre lang betriebene Nachzucht von Schreikranichen aufgegeben werden aufgrund von Budgetkürzungen der Trump-Regierung. Die in Patuxent lebenden Kraniche wurden überwiegend zur ICF nach Wisconsin gebracht, teilweise nach Calgary (Kanada), wo im dortigen Zoo ebenfalls eine Aufzucht in Gefangenschaft besteht. Ich habe den Calgary-Zoo im Jahr 1999 besucht und dort ebenfalls Aufnahmen gemacht, die allerdings nicht brauchbar waren. Die Beendigung der großartigen Arbeit des Patuxent-Instituts durch die Trump-Administration kann nur als schlimmer Angriff auf den Artenschutz bezeichnet werden.

82 Anne Lacy, ICF, Vortrag auf der Europäischen Kranichkonferenz 2018 in Arjuzanx/Frankreich

83 Hartwig Prange: Die Welt der Kraniche. Minden: Media Natur Verlag 2016, S. 350f.

84 Vgl. Übersichtsartikel: Miriam Liedvogel, Zugvogelgenetik – wie finden Vögel ihren Weg?, Max-Planck-Gesellschaft Jahrbuch 2016 / 2017, 1–7.

85 Juan S. L. Ramos, Kira E. Delmore, Miriam Liedvogel, Candidate genes for migration do not distinguish migratory and non-migratory birds, J. Com. Physiol. A, Juli 2017, Band 203, Nr. 6–7, S. 383–397. https://link.springer.com/article/10.1007%2Fs00359-017-1184-6

86 https://www.zellbiologie.uni-bonn.de/arbeitsgruppen-1/prof.%20herzog/129.-epigenetik-blog-beitrag.pdf

87 Amy Lehrner, Rachel Yehuda, Cultural trauma and epigenetic inheritance, https://www.cambridge.org/core/journals/development-and-psychopathology/article/cultural-trauma-and-epigenetic-inheritance/8C1FC1DCFF459B4B07F574386627F9DD#, Volltext hier:

https://www.researchgate.net/publication/327942788_Cultural_trauma_and_epigenetic_inheritance

88 https://www.spektrum.de/news/epigenetik-maeusekinder-erben-erfahrungen-der-grosseltern-spektrum-de/1215397

89 Vorangehende Informationen aus: H. Prange, a. a. O., Kapitel »Zugverhalten«; vgl. aber https://www.nabu.de/tiere-und-pflanzen/voegel/artenschutz/kranich/14589.html. Hier findet man folgende Notiz, die meiner Interpretationen entgegenkommt: »Im Voralpenraum zu beobachtende Kraniche starten in der Regel im Baltikum und fliegen zunächst auf der östlichen Linie in Richtung des großen Rastplatzes im ungarischen Nationalpark Hortobágy. Statt wie die Mehrzahl der Ostzieher dann weiter über den Balkan, die Türkei, Jordanien und Israel zu ziehen, biegen die Vögel nach Westen ab. Sie fliegen entlang des Alpennordrandes und vereinigen sich teils mit den Westziehern, teils ziehen sie dann aber auch über Italien nach Nordafrika. Warum sich die neue Zugroute etabliert hat, ist nicht geklärt. Kraniche haben keine genetisch fixierten Zugwege.«

90 A. Leito, I. Ojaste, U. Sellis, »The migration routes of Eurasian Cranes breeding in Estonia«, Hirundo 24 (2), 2011, 41 – 53, zu finden hier: https://www.eoy.ee/hirundo/file_download/65; eine weiter aktualisierte Karte findet sich im Vortrag von I. Ojaste (Coautor A. Leito) auf der Europäischen Kranichkonferenz 2018 in Arjuzanx (Proceedings to be published)

91 Vgl. http://www.satelliittikurjet.fi/aino/aino_gmap.html

92 Vgl. http://www.satelliittikurjet.fi/matti/matti_gmap_2008.html

93 Petr Lumpe, Marketa Tichackowa, Vortrag auf der Europäischen Kranichkonferenz 2018 in Arjuzanx/Frankreich

94 Einige der vorstehend beschriebenen Beispiele sind auf Konferenzen verbreitet worden, viele andere lassen sich finden in: H. Prange: Die Welt der Kraniche, a. a. O.

95 Guo YuMin, Vortrag auf der Europäischen Kranichtagung 2018 in Arjuzanx/Frankreich

96 A. Salvi, Vortrag auf der Europäischen Kranichtagung 2018 in Arjuzanx/Frankreich

97 M. Haase, Vortrag auf der Europäischen Kranichtagung 2018 in Arjuzanx/Frankreich

98 Bert Brüshaber in »naturschutz heute« 4/2000

99 Bert Brüshaber in »naturschutz heute« 4/2000

100 http://bit.ly/32zIN4A

101 http://www.pm.ruhr-uni-bochum.de/pm2008/msg00249.htm

102 https://www.spektrum.de/alias/r-hauptkategorie/hirngespinst-willensfreiheit/968930, vergleiche auch https://www.spektrum.de/news/wie-frei-ist-der-mensch/1361221

103 Für einen ersten Einstieg in diese komplexe Thematik ist dieser Artikel recht gut geeignet: https://www.zeit.de/zeit-wissen/2012/02/Mensch-Individuum-Selbstbewusstsein/komplettansicht

104 1976 veröffentlichte Julian Jaynes ein Buch mit einer interessanten These: Das, was wir heute als »Bewusstsein unserer selbst« ansehen, entstand erst vor etwa 3000 Jahren. Er leitete dies aus der Analyse historischer Texte ab. Sein Buch (deutsch: Der Ursprung des Bewusstseins, Reinbek: Rowohlt 1993) ist sehr lesenswert und macht anschaulich, wie sich »Bewusstsein« entwickelt haben könnte, es macht uns bewusst, dass auch »Bewusstsein seiner selbst« ein Resultat der Evolution ist, und was den Menschen anbelangt, möglicherweise sogar erst in geschichtlicher Zeit.

105 Roger Penrose, »Im Schatten des Geistes«, Spektrum Akademischer Verlag 1995, u.a. S.82; hierzu passt, dass scheinbar kluge »deep-learning«-Programme, die beim Go-Spiel die Besten der Welt schlagen, keinerlei Zahlenverständnis haben und z.B. »1+1+1+1+1+1+1+1« nicht korrekt rechnen können, sondern fälschlicherweise auf »6« kommen: https://www.spiegel.de/plus/kuenstliche-intelligenz-in-der-krise-zu-dumm-zum-rechnen-a-00000000-0002-0001-0000-000166735218; bisher »versteht« keine KI, was wirklich auf einem erkannten Foto zu sehen ist, und kann krasse Fehler machen; keine KI »versteht« eine menschliche Konversation. Solange alles normal läuft und sich die Regeln (wie beim Brettspiel Go) nicht ändern, kann KI eingesetzt werden, aber selbst kleinste Überraschungen führen zu absurd anmutenden Fehlern. Ein Computer kann nützliche Routinedinge sehr gut erledigen, versteht aber im echten Sinne von Verständnis gar nichts davon, was er da tut.

106 Vgl. https://news.berkeley.edu/2019/02/04/audio-map-of-exclamations/; Original-Veröffentlichung zu lesen hier: https://www.researchgate.net/publication/329824563_Mapping_24_Emotions_Conveyed_by_Brief_Human_Vocalization. Zu meinem Erstaunen fehlen in dieser Karte unsere non-verbalen Ausdrucksformen von Bejahung und Verneinung beziehungsweise Einverständnis und Uneinigkeit, die Tiere möglicherweise ebenfalls zur Kommunikation

zur Verfügung haben, und mehr noch vermisse ich »Lust« beziehungsweise »Begehren«, was wir Menschen wohl auch fast ausschließlich non-verbal kommunizieren.

107 Marc Bekoff/Jessica Pierce: Sind Tiere die besseren Menschen? Stuttgart: Kosmos, Neuausgabe 2017

108 Antonio Damasio: Im Anfang war das Gefühl – Der biologische Ursprung menschlicher Kultur. München: Siedler 2017

109 Vgl. https://www.nature.com/articles/26216, in diesem Artikel und generell wird diese Fähigkeit nur als »episodic-*like* memory« bezeichnet, also nur als »dem menschlichen episodischen Gedächtnis *ähnlich*« angesehen: https://en.wikipedia.org/wiki/Episodic-like_memory. Warum diese Einschränkung?

110 Bekoff/Pierce, a. a. O. S. 205–207

111 Bekoff/Pierce, a. a. O., sowie ein leicht verständlicher Übersichtsartikel von J. Pierce, M. Bekoff unter: https://www.chronicle.com/article/Moral-in-ToothClaw/48800/

112 Vgl. https://www.zeit.de/2007/26/N-Raben/komplettansicht, ein interessanter Artikel – lesbar nach Registrierung –, der das gleiche Thema hat wie die Kapitel 13 und 14 dieses Buches. Im Mittelpunkt stehen nicht wilde Kraniche, sondern Kolkraben in einem Forschungsinstitut. Vgl. auch https://www.welt.de/kmpkt/article178370042/Raben-reden-gezielt-miteinander-und-rufen-auch-um-Hilfe.html

113 Emmanuelle Pouydebat: Was Tiere können, München: Goldmann 2019, S. 142 ff.

114 z. B. http://bit.ly/32QcYFG

115 M. Grooten/R. Almond (eds): WWF 2018 Living Planet report – »Aiming Higher«, Gland: WWF

116 Vgl. https://www.nytimes.com/2018/11/27/magazine/insect-apocalypse.html, siehe auch neue umfassendere Studienergebnisse, Übersichtsartikel hier: https://www.zeit.de/2019/46/artensterben-insekten-klimawandel-oekologie-langzeitstudie; Quellennachweis hier: https://www.zeit.de/wq/2019-46#sie-zaehlen-was-stirbt, v. a. die Veröffentlichung in »nature«: https://www.nature.com/articles/s41586-019-1684-3

117 Vgl. http://science.sciencemag.org/content/360/6390/788; sowie https://www.bbc.com/news/science-environment-44155592

118 Vgl. https://kattendorfer-hof.de/solidarische-landwirtschaft/

119 https://kattendorfer-hof.de/kattendorfer-hof/ackerbau/

120 Vgl. hierzu eine in »The Lancet« veröffentlichte Studie https://www.thelancet.com/pdfs/journals/lancet/PIIS0140-6736(18)33179-9.pdf, sowie eine Diskussion zwischen dem bekannten US-amerikanischen Biologen E. O. Wilson und der deutschen Meeresbiologin A. Boetius: https://epaper.zeit.de/webreader-v3/index.html#/843443/33 (lesbar nur mit Digital-Abonnement)

121 Vgl. https://www.zeit.de/2018/27/landwirtschaft-kosten-lebensmittel-umwelt-un-bericht (lesbar nach Registrierung), sowie https://www.presseportal.de/pm/7840/4017822

122 Vgl. https://schrotundkorn.de/lebenumwelt/lesen/willkommen-in-sikkim.html

123 Vgl. https://www.wiwo.de/unternehmen/handel/landwirtschaft-nordkoreas-bauern-sollen-auf-bio-duenger-setzen/19473324.html

124 Die Welt vom 8.10.2019, siehe https://www.welt.de/wissenschaft/umwelt/plus201308558/Unterwegs-in-deutschen-Nationalparks.html

125 Mehr dazu im Anhang

126 Eine aktuelle Liste der bestehenden Betriebe findet sich hier: https://www.solidarische-landwirtschaft.org/solawis-finden/liste-der-solawis-initiativen/

127 Vgl. http://urgenci.net/

128 Neben vielen anderen Quellen Joseph Ledoux, Das Netz der Gefühle, Hanser 1998; vgl. auch Dorsch, Lexikon der Psychologie, dort: »primäre« bzw »sekundäre Emotionen«, oder »Unterscheidung von Emotionen nach Mees 1991«, in: https://de.wikipedia.org/wiki/Emotion sowie Lexikon der Neurowissenschaft: Rüdiger Vaas, Emotionen, https://www.spektrum.de/lexikon/neurowissenschaft/emotionen/3405, Akademischer Verlag Heidelberg 2000

129 https://en.wikipedia.org/wiki/Self-conscious_emotions

130 Bekoff/Pierce, a. a. O., S. 132.

131 Bekoff/Pierce, a. a. O., S. 138.

132 Bekoff/Pierce, a. a. O., S. 85, vgl. auch V. Arzt, I. Birmelin, »Haben Tiere ein Bewusstsein?« Goldmann 1995, unter anderem S. 265. Übrigens beziehen auch diese Autoren sich nahezu ausschließlich auf Forschung über Säugetiere und dabei überwiegend auf Tiere in Gefangenschaftshaltung. Vögel spielen im Buch eine sehr untergeordnete Rolle. Frau Pepperbergs Papagei Alex und ihre Arbeiten mit ihm werden beschrieben, auch Professor Birmelins Beobachtungen an seinen Wellensittichen im geräumigen Käfig finden Erwähnung,

ansonsten sind aber die Vögel extrem unterrepräsentiert, entsprechend dem Mangel an Forschungsarbeiten, v.a. an wild lebenden Vögeln.

133 K. Momose: Banding study of Red-crowned Cranes in Japan, in: Proceedings of the VIIth European Conference on Cranes, Stralsund 2010

134 Hier finden Sie eine Karte des Duvenstedter Brooks, aus der auch die Lage des Hansdorfer Brooks hervorgeht: https://www.bernhard-wessling.com/duvenstedter-brook-karte

135 Die Zahlen stammen aus dem Jahresbericht 2017 des NABU Walddörfer

136 Vgl. https://photos.app.goo.gl/5arAuwHzm2CLK8tG8

137 ZOOM H2n Handy-Recorder

138 Entwickelt und vertrieben von der Cornell University (USA)

139 audacity 2.3.0, https://www.audacityteam.org/

140 Version 5.2.13, https://www.avisoft.com

141 Für andere Vogelarten muss man natürlich erst schauen, in welchem Frequenzbereich sie rufen. Dazu erstellt man sich ein Sonagramm, das auch dazu dienen kann, störende Zwischenrufe zu erkennen, die man dann mit audacity herauslöschen kann. Ich erstelle Sonagramme jetzt, nachdem ich nicht mehr mit SoundForge arbeite, leider nicht mit freier Definition des Frequenzbereichs online auf folgender Webseite: https://academo.org/demos/spectrum-analyzer/

142 Zwei Beispiele von zwei unterschiedlichen Kranichpaaren: https://www.bernhard-wessling.com/power-spectrum-examples

143 https://www.bernhard-wessling.com/karten

144 Vgl. https://www.bernhard-wessling.com/two-males-unison-call? Sonagramm online, erstellt mit https://academo.org/demos/spectrum-analyzer/

145 Vgl. https://www.bernhard-wessling.com/speeddating-2019-03-06

Bildnachweis

Bildinnenteil

Bild 1: Tanzende Graue Kraniche, © Carsten Linde

Bild 2: Dieser tanzende Kranich jongliert einen Stock, © Carsten Linde

Bild 3: Graue Kraniche bei der Paarung, © Carsten Linde

Bild 4: Ein Grauer Kranich setzt sich auf die Eier im Bruchwald, © Carsten Linde

Bild 5: Ein Kranich wird bei der Futtersuche von einem Kiebitz geärgert, © Bernhard Weßling

Bild 6: Duettruf eines Paars Grauer Kraniche, © Carsten Linde

Bild 7: So sieht es aus, wenn ich auf Rufe von Kranichen warte, © privat

Bild 8: Ein Altvogel mit einem heranwachsenden Jungvogel, © Bernhard Weßling

Bild 9: Der Jungvogel bekommt etwas vom Altvogel zugesteckt, © Bernhard Weßling

Bild 10: Im Winterquartier in Frankreich, Arjuzanx, © Bernhard Weßling

Bild 11: Weiteres Foto vom Winterquartier in Frankreich, Arjuzanx, © Bernhard Weßling

Bild 12: Ein Paar Mandschurenkraniche beim Tanz, © Ted Thousand, Druck mit freundlicher Genehmigung der ICF

Bild 13: Ein Mandschurenkranich und sein Jungvogel, © Red-crowned Crane Conservancy Hokkaido

Bild 14: Mandschurenkraniche auf Hokkaido, © Red-crowned Crane Conservancy Hokkaido

Bild 15: Ein Paar Kanadakraniche am beziehungsweise auf dem Nest und im Duett rufend, © Ted Thousand, Druck mit freundlicher Genehmigung der ICF

Bild 16: Kanadakraniche und ein wenige Tage altes Küken im Nest, © Tom Lynn, Druck mit freundlicher Genehmigung durch International Crane Foundation

Bild 17: Eine Schreikranichfamilie mit einem Jungvogel auf dem Flug von Nordkanada nach Texas ins Winterquartier, © Larry Mattney
Bild 18: Im Winterquartier in Texas: Schreikranich und Kanadakraniche bei einer Meinungsverschiedenheit, © Mike Endres
Bild 19: Auszuwildernde Schreikraniche bei der Migration, © Joe Duff
Bild 20: Schwarzhalskraniche und Graue Kraniche in China jeweils beim Duettruf, © International Crane Foundation

Kartenillustrationen

Karte 1: Erstellt nach den Aufzeichnungen von Bernhard Weßling; Illustrator: Peter Palm
Karte 2: Erstellt nach den Aufzeichnungen von Bernhard Weßling; Illustrator: Peter Palm
Karte 3: Erstellt mit freundlicher Genehmigung des Kranichschutz Deutschland: © NABU-Kranichzentrum, Kranichschutz Deutschland; Illustrator: Peter Palm, gezeichnet nach einer Vorlage von Anne Kettner
Karte 4: Erstellt mit freundlicher Genehmigung und nach einer Vorlage von Ivar Ojaste; Illustrator: Peter Palm
Karte 5: Abdruck mit freundlicher Genehmigung von Guo Yumin

Abbildungen im Fließtext

Schema der Spielplätze: Erstellt nach Zeichnungen und mit freundlicher Genehmigung von Sergej Winter; © Bernhard Weßling; Illustratorin: Anne Schmidt